普通高等院校城乡规划专业系列规划教材

数字技术与设计

DIGITAL TECHNOLOGY AND DESIGN

董秀明　王　磊 ◎ 主　编

贾　震　李超明 ◎ 副主编

中国建设科技出版社有限责任公司

China Construction Science and Technology Press Co., Ltd.

北　京

图书在版编目（CIP）数据

数字技术与设计/董秀明，王磊主编；贾震，李超明副主编.
北京：中国建设科技出版社有限责任公司，2025.3. --（普通高等
院校城乡规划专业系列规划教材）.
ISBN 978-7-5160-3712-6

Ⅰ.TU201.4

中国国家版本馆 CIP 数据核字第 2024CV4216 号

数字技术与设计
SHUZI JISHU YU SHEJI
董秀明　王　磊　主编
贾　震　李超明　副主编

出版发行：中国建设科技出版社有限责任公司
地　　址：北京市西城区白纸坊东街 2 号院 6 号楼
邮　　编：100054
经　　销：全国各地新华书店
印　　刷：北京印刷集团有限责任公司
开　　本：787mm×1092mm　1/16
印　　张：26.75
字　　数：600 千字
版　　次：2025 年 3 月第 1 版
印　　次：2025 年 3 月第 1 次
定　　价：**88.00 元**

本书编委会

主　　编　董秀明（内蒙古工业大学副教授）
　　　　　王　磊（内蒙古工业大学副教授）
副 主 编　贾　震（内蒙古工业大学讲师）
　　　　　李超明（内蒙古工业大学讲师）
参　　编　迈力斯（内蒙古工业大学实验师）
　　　　　吴志平
　　　　　（北京飞时达先锋信息技术有限公司高级工程师）

前 / 言

FOREWORD

在全国高校土建类专业的教学体系当中，"计算机辅助设计"是一门非常重要的学科基础课程，通过此课程的学习，可以培养学生在本专业领域的计算机应用能力，为今后的学习和工作打下坚实的基础。

本书的作者均为此课程的授课教师，在日常的教学当中发现，国内适用于高校土建类专业"计算机辅助设计"的教材比较少，在教学中缺乏合理的指导与规范，因此我们在 2016 年产生了编著一本适用教材的想法，并付诸实施，出版了《计算机辅助设计》。在过去的几年中，我们收到了来自各方的反馈与建议，基于这些宝贵的意见和教学实践中的不断探索，我们对原有内容进行了全面的梳理与升级，力求使新教材更加符合当前的教学需求和学习习惯。

本次修订了 Auto CAD、总图设计 CAD、天正建筑、SketchUp、Photoshop 及光辉城市等软件，同时结合现阶段的科技成果，新书加入 AI 相关的内容，并将新教材更名为《数字技术与设计》。此教材基本覆盖了现阶段高校土建类专业计算机辅助设计教学的需要，从实践来看，这些软件仍是现今主流的土建类专业制图软件，是在校学习和工作中的必用软件。其中 SketchUp 是一款三维图形处理软件，易学、快捷是其鲜明特点，应用广泛；Photoshop 是一款功能强大的绘图软件，在土建类专业中常用来做后期处理。这几款软件可以配合使用，满足土建类从业人员的学习和工作需要。

本书编写工作安排如下：董秀明（内蒙古工业大学）编写第 1～9 章、迈力斯（内蒙古工业大学）编写第 10、14～16 章，吴志平（北京飞时达先锋信息技术有限公司）编写第 11～13 章，王磊（内蒙古工业大学）编写第 17～22 章，李超明（内蒙古工业大学）编写第 23～27 章、贾震（内蒙古工业大学）编写第 28～32 章。

感谢所有参与教材编写、修订工作的专家学者、教师同人及广大学生的支持与贡献，尤其是郭榕（研究生）、常学勤（研究生）、赵浩程（研究生）等同学，是你们的智慧与热情，共同铸就了这本教材的灵魂与价值。

由于时间仓促，加之编者水平有限，书中难免有错漏之处，敬请读者批评指正。

编 者

2024 年 11 月

目 / 录

CONTENTS

AutoCAD 2022 部分

第 1 章 AutoCAD 2022 基础 ················· 2

1.1 图形绘制前准备 ················· 2

1.2 AutoCAD 2022 的用户界面与工作空间 ················· 3

1.3 AutoCAD 2022 图形文件管理 ················· 5

1.4 退出 AutoCAD 2022 ················· 7

第 2 章 绘制二维平面图形 ················· 8

2.1 点的绘制及应用 ················· 8

2.2 直线类图形的绘制 ················· 10

2.3 绘制曲线类对象 ················· 14

第 3 章 编辑二维平面图形 ················· 21

3.1 图形的初级编辑 ················· 21

3.2 图形的高级编辑 ················· 29

第 4 章 图层管理及应用 ················· 34

4.1 设置图层的意义 ················· 34

4.2 图层的设置与创建 ················· 34

第 5 章 文字标注、表格及尺寸标注 ················· 39

5.1 文字标注 ················· 39

5.2 创建表格 ················· 44

5.3 尺寸标注 ················· 46

第 6 章 块及外部参照 ················· 58

6.1 块的制作意义与原理 ················· 58

6.2 外部参照制作与应用 ················· 64

第 7 章 图形输出 ················· 66

7.1 图形输出参数设置 ················· 66

7.2 图形输出 ················· 74

GPCADZ（总图设计软件）部分

第8章　道路绘制 ··· 83

8.1　功能简介 ·· 83

8.2　线转道路 ·· 83

8.3　道路的绘制 ·· 84

8.4　路转圆弧路 ·· 86

8.5　道路重绘 ·· 86

8.6　交叉口处理 ·· 86

8.7　回车场环岛 ·· 87

8.8　喇叭口车港 ·· 88

8.9　绿化分隔带 ·· 89

8.10　道路编辑 ··· 90

8.11　道路标准横断面 ·· 91

8.12　道路信息编辑 ·· 93

8.13　道路名称 ··· 93

8.14　道路节点编号 ·· 94

8.15　道路范围线 ·· 94

8.16　道路填充 ··· 94

8.17　道路长度面积 ·· 95

8.18　道路坐标表 ·· 95

8.19　道路一览表 ·· 96

第9章　总平面布置 ·· 97

9.1　功能简介 ·· 97

9.2　建筑坐标网 ·· 97

9.3　建设用地范围 ··· 98

9.4　代征用地 ·· 98

9.5　围墙 ··· 98

9.6　便道绘制 ··· 100

9.7　地面铺砌 ··· 100

9.8　沿路布置路灯 ·· 100

9.9　停车场车位 ·· 100

9.10　图例表格绘制 ··· 101

9.11　风玫瑰与指北针 ··· 101

9.12　运动场地图库 ·· 102

第 10 章　绿化布置 ·· 103

10.1　功能简介 ·· 103

10.2　区间小路的绘制 ·· 103

10.3　绿篱的绘制 ·· 104

10.4　草坪的绘制 ·· 105

10.5　林带的绘制 ·· 106

10.6　树木的布置 ·· 106

10.7　树木编辑 ·· 108

10.8　树种统计表 ·· 109

10.9　绿化图库 ·· 109

第 11 章　管线竖向与管线综合 ······································ 110

11.1　功能简介 ·· 110

11.2　管井标高 ·· 110

11.3　管线标高 ·· 111

11.4　管线检查 ·· 111

11.5　管块穿越检查 ·· 112

11.6　管线横断面 ·· 112

11.7　管线纵断面 ·· 112

11.8　综合信息查询 ·· 113

11.9　间距/长度计算 ··· 113

11.10　管线标注 ··· 113

11.11　平面间距检查 ··· 113

11.12　管线节点坐标表 ··· 114

11.13　管线交叉制表 ··· 116

11.14　管线统计表格 ··· 117

11.15　管线出图 ··· 117

11.16　管线三维/平面互转 ·· 117

第 12 章　总图指标统计 ·· 118

12.1　工业总图指标 ·· 118

12.2　民用详规指标 ·· 120

第 13 章　出图设置 ·· 127

13.1　功能简介 ·· 127

13.2　出图图框的添加 ·· 127

13.3　图纸空间出图 ·· 127

13.4　风玫瑰、指北针的添加 ·· 128

天正建筑部分

第 14 章　天正建筑 10.0 概述 ················· 130

14.1　天正建筑概述 ················· 130

14.2　天正建筑 10.0 的特点 ················· 130

14.3　TArch 软件交互界面 ················· 132

14.4　TArch 的基本操作 ················· 135

第 15 章　轴网与柱子 ················· 145

15.1　创建轴网 ················· 145

15.2　轴网标注与编辑 ················· 152

15.3　柱子 ················· 159

15.4　实战演练——绘制并标注轴网 ················· 165

15.5　实战演练——创建并编辑柱子 ················· 168

第 16 章　绘制与编辑墙体 ················· 170

16.1　墙体的基本知识 ················· 170

16.2　墙体的创建 ················· 172

16.3　墙体的编辑 ················· 178

16.4　墙体编辑工具 ················· 182

第 17 章　门　窗 ················· 184

17.1　门窗的概念 ················· 184

17.2　创建门窗 ················· 188

17.3　门窗编辑和门窗表 ················· 192

第 18 章　楼梯及室内外设施 ················· 197

18.1　各种楼梯的创建 ················· 197

18.2　楼梯扶手与栏杆 ················· 208

18.3　其他设施的创建 ················· 208

第 19 章　房间和屋顶 ················· 212

19.1　房间面积的概念 ················· 212

19.2　房间面积的创建 ················· 213

19.3　房间的布置 ················· 216

19.4　洁具布置工具 ················· 218

19.5　创建屋顶 ················· 223

第 20 章　尺寸标注、文字和符号 ················· 225

20.1　尺寸标注 ················· 225

20.2 文字和表格 233

20.3 符号标注 241

第 21 章 工具 247

21.1 常用工具 247

21.2 曲线工具 251

21.3 观察工具 255

21.4 其他工具 260

第 22 章 文件与布图 262

22.1 图纸布局的概念 262

22.2 图纸布局命令 264

22.3 天正图案工具 271

SketchUp 部分

第 23 章 SketchUp 界面与基本操作 276

23.1 SketchUp 2024 界面 276

23.2 SketchUp 基本操作 281

第 24 章 SketchUp 基本功能 288

24.1 绘图工具 288

24.2 编辑工具 291

24.3 常用工具 296

24.4 建筑施工工具 300

24.5 相机工具 304

第 25 章 SketchUp 高级功能 306

25.1 群组与实体工具 306

25.2 沙盒工具 308

25.3 图层与截面工具 310

25.4 地理位置与阴影工具 312

第 26 章 素材库与扩展程序 313

26.1 3D Warehouse 资源库 313

26.2 Extension Warehouse 扩展程序库介绍 317

第 27 章 光辉城市 Mars2020 for SketchUp 渲染 320

27.1 Mars2020 安装 320

27.2 Mars2020 操作方式及快捷键 321

27.3 Mars2020 漫游场景介绍 322

27.4　SketchUp 模型处理方法 ·· 327

27.5　Mars SketchUp 插件 ·· 333

27.6　Mars 2020 功能详解 ·· 336

Photoshop 部分

第 28 章　Photoshop 界面与基本操作 ································ 344

28.1　认识 Photoshop 界面 ··· 344

28.2　Photosho 相关参数设置 ·· 346

28.3　文件菜单操作 ··· 348

第 29 章　Photoshop 工具选项栏命令 ································ 351

29.1　选区工具 ··· 351

29.2　移动工具 ··· 352

29.3　套索工具 ··· 353

29.4　魔棒工具栏 ·· 354

29.5　裁剪工具 ··· 355

29.6　吸管工具 ··· 355

29.7　修复画笔工具 ·· 356

29.8　画笔工具 ··· 357

29.9　仿制图章工具 ·· 359

29.10　历史记录画笔工具 ··· 360

29.11　橡皮擦工具 ·· 360

29.12　渐变工具 ··· 361

29.13　模糊工具 ··· 362

29.14　减淡工具 ··· 363

29.15　钢笔工具 ··· 363

29.16　文字工具 ··· 365

29.17　路径选择工具 ·· 366

29.18　形状工具 ··· 366

29.19　抓手工具 ··· 367

29.20　放大、缩小工具 ··· 368

29.21　前景色、背景色切换工具 ·· 368

29.22　快速蒙版工具 ·· 369

29.23　设计模式 ··· 370

第 30 章 Photoshop 菜单栏常用命令 ·· 371

30.1 编辑菜单 ·· 371

30.2 图像菜单 ·· 376

30.3 选择菜单 ·· 381

30.4 滤镜菜单 ·· 382

30.5 视图菜单 ·· 387

30.6 窗口菜单 ·· 388

第 31 章 常用浮动窗口面板解析 ·· 389

31.1 历史记录窗口面板 ··· 389

31.2 图层窗口面板 ··· 389

31.3 通道窗口面板 ··· 393

31.4 路径窗口面板 ··· 394

第 32 章 效果图绘制实例 ··· 395

32.1 彩色总平面图绘制实例 ·· 395

32.2 效果图处理实例 ··· 405

参考文献 ··· 414

AutoCAD 2022 部分

第 1 章　　AutoCAD 2022 基础

第 2 章　　绘制二维平面图形

第 3 章　　编辑二维平面图形

第 4 章　　图层管理及应用

第 5 章　　文字标注、表格及尺寸标注

第 6 章　　块及外部参照

第 7 章　　图形输出

第1章

AutoCAD 2022 基础

AutoCAD 2022 是美国 Autodesk 公司开发的一个交互式绘图软件，是用于二维及三维设计、绘图的系统工具，用户可以使用它来创建、浏览、管理、打印、输出、共享富含信息的设计图形。

AutoCAD 2022 具有良好的用户界面，通过交互菜单或命令行方式便可以进行各种操作。它的多文档设计环境，让非计算机专业人员也能很快地学会使用，在不断实践的过程中更好地掌握它的各种应用和开发技巧，从而提高工作效率。

AutoCAD 自 1982 年推出第一个版本以来，即迅速风靡世界。AutoCAD 2022 至今已先后推出了 R10～2022 等多个版本，应用范围涉及机械、电子、航天、造船、建筑、土木等几乎所有的工程设计领域。由于 AutoCAD 2022 具有操作方便、体系结构开放、二次开发方便等优点，得到了各国工程技术人员的广泛使用。

1.1 图形绘制前准备

1. AutoCAD 2022 的安装

AutoCAD 2022 系统进行图形处理时，要进行大量的数值运算，因此对计算机的软硬件环境要求较高，运行 AutoCAD 2022（非网络用户）所需的最低软、硬件配置如下：

操作系统（64 位）：Microsoft Windows 10 等。

浏览器：Microsoft Internet Explorer 6.0 Service Pack 1。

处理器：Intel Core i5-3210M 或更高主频的 CPU（最低 2.5GHz）。建议使用 3＋GHz 以上 CPU。

RAM：最低 8GB，建议采用 16GB 以上内存来处理三维模型。

硬盘容量：10GB。

显示器：具有真彩色的 1920×1080 或更高分辨率的显示器。

光驱：4 倍速以上光盘驱动器（仅用于软件安装）。

鼠标或其他定位设备。

其他可选设备，如打印机、绘图仪、数字化仪、调制解调器或其他访问 Internet

的连接设备、网络接口卡等。为了保证 AutoCAD 2022 的流畅运行，建议采用更高的配置，以提高工作效率。

　　AutoCAD 2022 安装光盘上带有自动运行程序，将 AutoCAD 2022 的安装光盘放入光驱，系统会自动运行安装程序。AutoCAD 2022 的安装界面与其他 Windows 应用软件类似，安装程序具有智能化的安装向导，用户只需按照提示操作即可完成安装。安装结束后重启计算机，会在计算机桌面上生成 AutoCAD 2022 的快捷图标

2. AutoCAD 2022 的启动与退出

　　AutoCAD 2022 的启动与退出与其他 Windows 应用软件相同，现作简要介绍。
　　（1）AutoCAD 2022 的启动
　　启动 AutoCAD 2022 的方法有以下几种：
　　① 双击 Windows 桌面上 AutoCAD 2022 的快捷图标图。
　　② 单击 Windows 桌面左下角的"开始"→"程序"→"AutoCAD 2022-Simplified Chinese"→"AutoCAD 2022-简体中文"。
　　③ 双击 Windows 桌面上"我的电脑"→双击"驱动器 C"→双击"Program Files 文件夹"→双击"AutoCAD 2022 文件夹"→双击"acad. exe 图标"。
　　④ 双击已存盘的任意一个 AutoCAD 2022 图形文件（＊. Dwg 文件）。
　　（2）AutoCAD 2022 的退出
　　退出 AutoCAD 2022 的方法有以下几种：
　　① 单击标题栏上的⊠关闭按钮。
　　② 菜单栏：【文件】→【退出】。
　　③ 命令行：Ctrl＋Q 或 Quit。
　　④ 单击鼠标右键：在 Windows 桌面下方"任务栏"中 AutoCAD 2022 活动图标上单击右键，在弹出的快捷菜单上单击【关闭】。
　　如果图形文件没有存盘，退出 AutoCAD 2022 时，系统会弹出"退出警告"对话框，操作该对话框后，即可退出 AutoCAD 2022。

1.2　AutoCAD 2022 的用户界面与工作空间

　　启动 AutoCAD 2022 后便进入用户界面。用户界面主要由标题栏、菜单栏、工具栏、绘图区、命令行、状态栏、坐标系图标等组成，如图 1-1 所示。

1. 标题栏

　　AutoCAD 2022 标题栏在工作界面的最上面，其中间用于显示 AutoCAD 2022 图标、名称、版本级别及文件名称。右端的各按钮，可用来实现窗口的最小化、最大化、还原和关闭，操作方法与 Windows 界面相同。

2. 菜单栏

　　菜单栏位于标题栏的下方，单击主菜单的某一项，会显示出相应的下拉菜单。下拉菜单有如下特点：

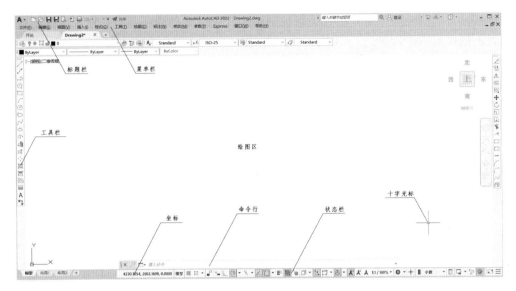

图 1-1　AutoCAD 2022 用户界面

（1）菜单项后面有【…】省略号时，表示单击该选项后，会打开一个对话框；

（2）菜单项后面有黑色的小三角时，表示该选项还有子菜单；

（3）有时菜单项为浅灰色时，表示在当前条件下这些命令不能使用。

3. 绘图区

绘图区是绘制图形的区域。把鼠标移动到绘图区时，鼠标变成了十字形状，可用鼠标直接在绘图区中定位，在绘图区的左下方有一个用户坐标系的图标，它表明当前坐标系的类型，图标左下角为坐标的原点（0，0，0）。

4. 工具栏

AutoCAD 2022 共提供了 52 个工具栏，通过这些工具栏可以实现大部分操作。其中，常用的默认工具为【标准】工具栏、【绘图】工具栏、【修改】工具栏、【图层】工具栏、【对象特性】工具栏、【样式】工具栏等。如果把光标指向某个工具按钮并停顿一下，屏幕上就会显示出该工具按钮的名称，并在状态栏中给出该按钮的简要说明。

调用工具栏方法：单击上方菜单栏的"工具"→"工具栏"→"AutoCAD"，屏幕上将弹出工具栏选项板，单击鼠标左键，可以弹出或关闭相应的工具栏。

5. 命令行

命令行位于绘图窗口的下方，主要用来接受用户输入的命令和显示系统的提示信息。AutoCAD 2022 将命令行设计成了浮动窗口，可以将其拖动到工作界面的任意位置。

6. 状态栏

状态栏位于 AutoCAD 2022 工作界面的最下边，主要反映当前的绘图状态，包括当前光标的坐标、栅格与捕捉显示、正交打开状态、极坐标状态、自动捕捉状态、线宽显示状态及当前的绘图空间状态等。

7. 十字光标和坐标系图标

绘图区的左下方是坐标系图标，它主要用来显示当前使用的坐标系和坐标方向。

十字光标是 AutoCAD 中的主要定位工具，它允许用户在绘图区域进行精确的点定位。十字光标附近通常会有动态输入提示，显示当前命令的参数和选项，用户可以直接在键盘上输入值。

1.3 AutoCAD 2022 图形文件管理

文件的管理包括新建图形文件，打开、保存已有的图形文件，以及退出打开的文件。在如图 1-1 所示的工作界面中可进行以下操作。

1. 新建图形文件

（1）输入命令（选用下列方法之一）

① 菜单栏：选择【文件】菜单→【新建】命令。

② 工具栏：在【标题栏】中单击 ▢ 按钮。

③ 命令行：键盘输入 NEW 命令。

（2）操作格式

执行上面命令之一，系统弹出【选择样板】对话框，如图 1-2 所示。选择合适的绘图样板即可。

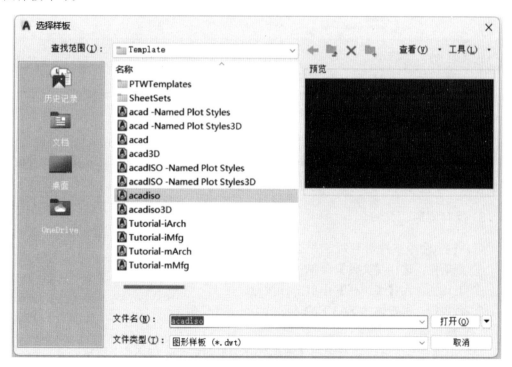

图 1-2 【选择样板】对话框

2. 打开已有文件

（1）输入命令（选用下列方法之一）

① 菜单栏：选择【文件】菜单→【打开】命令。

② 工具栏：在【菜单栏】中单击◇按钮。

③ 命令行：键盘输入 OPEN 命令。

（2）操作格式

执行上面命令之一，系统弹出【选择文件】对话框，如图1-3所示。

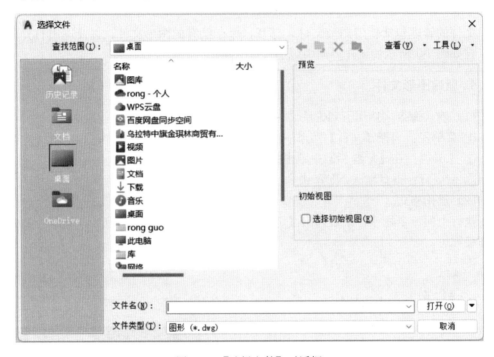

图1-3　【选择文件】对话框

通过对话框的【搜索（I）】下拉菜单选择需要打开的文件。AutoCAD 2022 的图形文件格式为.dwg 格式，在【文件类型】下拉列表框中显示。可以在对话框的右侧预览图像后，单击【打开】按钮，文件即被打开。

3. 保存图形

（1）输入命令（选用下列方法之一）

① 菜单栏：选择【文件】菜单→【保存】命令。

② 工具栏：在【菜单栏】中单击🖫按钮。

③ 命令行：键盘输入 SAVE 命令。

（2）操作格式

执行上面命令之一，系统弹出【图形另存为】对话框，如图1-4所示。

在【保存于】下拉列表框中指定图形文件保存的路径，在【文件名】文本框中输入图形文件的名称，在【文件类型】下拉列表框中选择图形文件要保存的类型。设置完成后，单击【保存】按钮，文件即被保存。

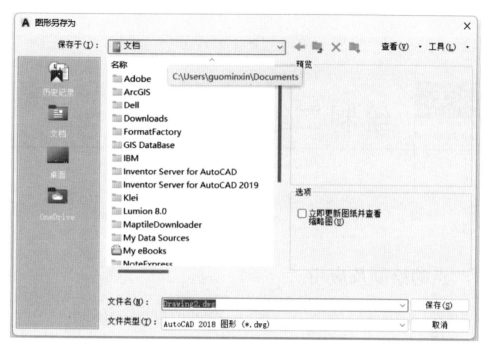

图 1-4 【图形另存为】对话框

1.4 退出 AutoCAD 2022

退出 AutoCAD 2022 的方法:

(1) 单击工作界面右上角的关闭图标;

(2) 用快捷键 Ctrl＋Q;

(3) 选择【文件】菜单→【退出】命令;

(4) 在命令行中输入 QUIT,然后按 Enter 键。

第2章

绘制二维平面图形

2.1　点的绘制及应用

点是组成图形的基本对象之一，常作为标记在图中起辅助定位的作用。

2.1.1　设置点样式

一般通过菜单栏（也可以通过系统变量 Pdmode 改变点样式）：选择【格式】→【点样式】后，会弹出"点样式"对话框，如图 2-1 所示。

选取对话框内所列样式，可改变点的形状，通过"点大小（S）"文本框可定义点的大小。其中"相对于屏幕设置大小（R）"是指按屏幕尺寸的百分比设置点相对于屏幕的大小，点的大小不随缩放改变。"按绝对单位设置大小（A）"是指按一定的实际单位，设置点显示的大小，点的大小随屏幕缩放而改变。

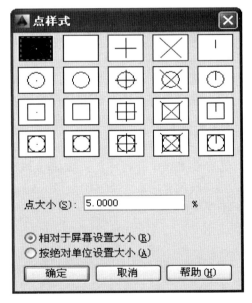

图 2-1　【点样式】对话框

2.1.2　点的绘制

1. 功能

【点】命令用于绘制点。

2. 命令

（1）"绘图"工具栏：按 ▫ 钮。

（2）【绘图】菜单栏：【点】→【单点】或【多点】。

（3）命令行：键盘输入 POINT（PO）命令。

2.1.3　点的应用

1. 定数等分

命令用于在指定对象上按给定的数目等间距地定出等分点，并在等分点处放置点符号或块。

（1）命令

① 菜单栏：【绘图】→【点】→【定数等分】。

② 命令行：键盘输入 DIVIDE（DIV）命令

（2）命令说明

① 点定数等分的对象：选择定数等分的对象。

② 执行线段数目：沿指定对象等间距等分线段的份数。

③ 块（B）：沿指定对象等间距放置块。

④ 定数等分的对象可以是直线、圆、圆弧、椭圆、椭圆弧、多段线和样条曲线。

⑤ 定数等分对象，是沿对象的长度或周长放置点对象或块。

2. 定距等分

（1）功能

该命令用在对象上以靠近拾取点的端点开始，按指定间隔定出等分点，并放置点符号或块。

（2）定距等分的具体用法

【例 2-1】如图 2-2 所示，将一条长 100 的线 5 等分并用点（点样式为"×"）标记出来。

操作步骤如下：

将点样式更改为"×"。

【绘图】菜单栏：【点】→【定距等分】

命令：_ MEASURE

选择要定距等分的对象：（选择直线）

指定线段长度或［块（B）］：20

结果如图 2-2（b）所示。

在定距等分中，光标拾取点位置决定着等分的开始点和结果，定距等分从靠近光标拾取点的一端开始等分对象。

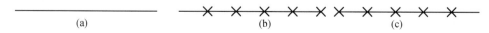

    (a)   (b)   (c)

图 2-2　【例 2-1】点定距等分对象

（a）定距等分前；（b）定距等分后（拾取左侧）；（c）定距等分后（拾取右侧）

2.2　直线类图形的绘制

2.2.1　绘制原理

1. 坐标输入法

在 AutoCAD 2022 二维绘图中，一般使用直角坐标系或极坐标系输入坐标值。这两种坐标系都可以采用绝对坐标或相对坐标。

（1）直角坐标系

直角坐标系默认的原点位于绘图窗口的左下角，x 轴为水平方向，y 轴为竖直方向，两轴的交点为坐标原点，即（0，0）。

① 绝对直角坐标系

绝对直角坐标是指相对于坐标原点的坐标。例如，坐标（5，6）表示在 x 轴正方向距离原点 5 个单位，在 y 轴正方向距离原点 6 个单位的一个点。

② 相对直角坐标系

相对直角坐标是指相对于上一个输入点的坐标。使用相对坐标，须在坐标前面添加一个"@"符号。例如，坐标"@5，6"表示在 x 轴正方向距离上一指定点 5 个单位，在 y 轴正方向距离上一指定点 6 个单位的一个点。

（2）极坐标系

极坐标系使用距离和角度确定点。使用极坐标要输入距离和角度，距离和角度的连接符号是"＜"。默认情况下，逆时针方向为正，顺时针方向为负。

① 绝对极坐标系

绝对极坐标是指相对于坐标原点的坐标。例如，坐标"15＜30"，表示从 x 轴正方向逆时针方向旋转 30 度，距离原点 15 个单位的一个点。

② 相对极坐标系

相对极坐标是指相对于上一个输入点的坐标。使用相对极坐标，须在极坐标前面添加一个"@"符号。例如，坐标"@15＜30"表示在距离上一指定点 15 个单位，从 x 轴正方向逆时针方向旋转 30 度的一个点。

2. 坐标系的切换

（1）切换坐标系的方法

① 按 F6 键，实现循环切换，即静态直角坐标—动态极坐标—动态直角坐标—静态直角坐标—（实现循环）。

② 单击状态行坐标显示处。

③ 使用快捷键 Ctrl＋D。

（2）切换过程

① Command 状态下：按 F6 键，实现循环切换，即静态直角坐标—动态极坐标—动态直角坐标—静态直角坐标—（实现循环）。

② Command 空白状态下：静态直角坐标（灰色）—F6—动态极坐标（黑色）—F6—动态直角坐标（黑色）—F6—静态直角坐标（灰色）—（实现循环）。

2.2.2 绘制方法

AutoCAD 2022 中常用命令输入方法有 4 种：命令行输入、菜单栏输入、工具栏输入、快捷键输入。

1. 命令行输入

命令行输入是 AutoCAD 2022 最基本的输入方式。在命令行【Command：】后输入任何命令并按 Enter 键，命令行会有提示或指令，可根据提示或指令进行相应的操作。

2. 菜单栏输入

通过下拉菜单找到需要的命令即可。同时在命令行中也会有提示或指令，可根据提示或指令进行相应的操作。

3. 工具栏输入

默认状态下，AutoCAD 2022 显示 8 个工具栏，当需要执行某个命令时，可以随时调出相应的工具栏，如图 2-3 所示。采用工具栏命令按钮的方式绘图，比前两种方法要迅速快捷。

图 2-3 工具栏

4. 快捷键输入

在下拉菜单中每一个命令的后面，会有 Ctrl＋C、Ctrl＋V 等快捷方式的提示，一些 AutoCAD 2022 的高级用户喜欢用这种方式。

另外，在不执行命令的情况下，按 Enter 键或在工作界面的绘图区右击并进行相应选择，都可以重复上一次操作的命令。

2.2.3 实例应用

1. 直线的绘制

最常用的绘制直线的方式：两点确定一条直线。

（1）输入命令（选用下列方法之一）

① 菜单栏：选择【绘图】菜单→【直线】命令。

② 工具栏：在【绘图】工具栏中单击 按钮。

③ 命令行：键盘输入 L 命令。

（2）操作方法

【例2-2】执行上面命令之一，系统提示如下。

指定起点：50，100↵（输入起始点，单击绘图区域或输入数值）

指定下一点或【放弃（U）】：@200，200.↵（输入第2点）

指定下一点或【闭合（C）/放弃（LD）】：@200＜270↵（输入第3点）

指定下一点或【闭合（C）/放弃（U）】：C↵（自动封闭多边形并退出命令）

绘制完成后，如图2-4所示。

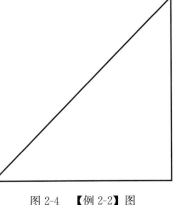

图2-4 【例2-2】图

2. 多段线的绘制

绘制连续的等宽或不等宽的直线或圆弧。

（1）输入命令（选用下列方法之一）

① 菜单栏：选择【绘图】菜单→【多段线】命令。

② 工具栏：在【绘图】工具栏中单击【多段线】按钮。

③ 命令行：键盘输入PL命令。

（2）操作格式

【例2-3】执行上面命令之一，系统提示如下。

指定起点：单击绘图区（指定多段线的起点）

当前线宽为0（提示当前线宽是"0"）

指定下一点或【圆弧（A）/半宽（H）/长度（L）/放弃（U）/宽度（W）】：@8＜0↵

指定下一点或【圆弧（A）/半宽（H）/长度（L）/放弃（U）/宽度（W）】：W↵（输入线段宽度）指定起点宽度【0】：0.6↵

指定端点宽度【1】：0↵

指定下一点或【圆弧（A）/半宽（H）/长度（L）/放弃（U）/宽度（W）】：@8＜0↵

指定下一点或【圆弧（A）/半宽（H）/长度（L）/放弃（U）/宽度（W）】：↵（输入完毕）

绘制完成后，如图2-5所示。

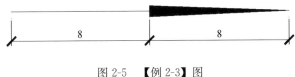

图2-5 【例2-3】图

【例2-4】绘制如图2-6所示的剖切符号。

绘图过程如下：

命令：PLINE

指定起点：在绘图窗口单击，即为点A

当前线宽为0

指定下一个点或【圆弧（A）/半宽（H）/长度（L）/放弃（U）/宽度（W）】：W↵

指定起点宽度（0）：0.6↵

指定端点宽度（1）：0.6↵

指定下一点或【圆弧（A）/半宽（H）/长度（L）/放弃（U）/宽度（W）】：@5<90↵

指定下一点或【圆弧（A）/闭合（C）/半宽（H）/长度（L）】放弃（U）/宽度（W）】：W↵

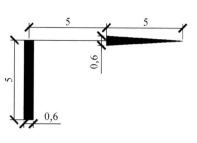

图 2-6　【例 2-4】图

指定起点宽度（0.6）：0↵

指定端点宽度（1）：0↵

指定下一点或【圆弧（A）/闭合（C）/半宽（H）/长度（I）/放弃（U）/宽度（W）】：@5<0↵

指定下一点或【圆弧（A）/闭合（C）/半宽（H）/长度（L）/放弃（U）/宽度（W）】：W↵

指定起点宽度（0）：0.6↵

指定端点宽度（1）：0↵

指定下一点或【圆弧（A）/闭合（C）/半宽（H）/长度（I）/放弃（U）/宽度（W）】：@5<0↵

指定下一点或【圆弧（A）/闭合（C）/半宽（H）/长度（I）/放弃（U）/宽度（W）】：↵ 绘制完成。

3. 直线与多段线的转换

（1）多端线转换为直线：命令“分解”（快捷键 X）。

（2）直线转换为多段线：命令“PE”。

4. 绘制正多边形

（1）功能

【正多边形】命令可绘制内接于圆的（默认方式）正多边形、外切于圆的正多边形，还可以根据边数和边长绘制正多边形。

（2）命令

① “绘图”工具栏：按 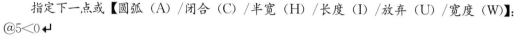 钮。

② 菜单栏：【绘图】→【正多边形】

③ 命令行：键盘输入 POLYGON（或 POL）命令。

（3）操作与命令说明

命令：-POLYGON 输入边的数目<4>：

直接按 Enter 键可绘制正四边形，或输入正多边形的边数。

指定正多边形的中心点或【边（E）】：-（指定正多边形的中心点，即多边形外接圆或内切圆的圆心）

输入选项【内接于圆（I）/外切于圆（C）】<I>：-（画内接于圆的正多边形）

指定圆的半径：（输入外接圆的半径）

其他选项的含义如下：

外切于圆（C）：通过指定从正多边形中心点到各边中点的距离来画外切于圆的正多边形。

边（E）：通过指定第一条边的两个端点定义正多边形。

指定圆的半径：指内接圆（I）半径或外切圆（C）半径

【正多边形】命令所绘制的正多边形也是一个整体多段线对象。

用"内接于圆（I）"和"外切于圆（C）"方式绘制正多边形时，圆并未画出，只是作为画正多边形的参考条件而已。

2.3 绘制曲线类对象

2.3.1 绘制原理

圆及弧线主要用于建筑特殊构件和相关节点大样图的绘制，如网架结构的建筑施工图等。在命令窗口中输入相应的命令，或在"绘图"菜单选择相应的命令，或单击绘图工具栏的相应按钮，然后可以根据命令窗口中的提示，或在"绘图"面板中选择与绘图环境相适应的绘制方法就可以完成绘制。

2.3.2 绘制方法

主要讲述圆、圆弧、椭圆和椭圆弧等曲线类对象的绘制命令。

1. 圆

AutoCAD 2022 提供了 6 种绘制圆的方式，如图 2-7 所示。

（1）功能

【圆】命令用于根据各种已知条件绘制圆。

（2）命令

① "绘图"工具栏按 ⊙ 钮。

② 菜单栏：【绘图】→【圆】。

③ 命令行：键盘输入 C 命令。

图 2-7 圆的绘制方式

（3）操作与命令说明

在命令执行过程中，可使用右键快捷菜单快速选取画圆方式。

① 根据圆心、半径画圆。

命令：C（输入命令）

指定圆的圆心或【三点（3P）/两点（2P）/相切、相切、半径（T）】：（指定圆心 O）

指定圆的半径或【直径（D）】：200↵（键入半径值或用鼠标拖动确定半径，200）

绘制结果如图 2-8 (a) 所示。

② 根据圆心、直径画圆。

命令：C（输入命令）

指定圆的圆心或【三点（3P）/两点（2P）/相切、相切、半径（T）】：（指定圆心 O）

指定圆的半径或【直径（D）】：D［或弹出右键快捷菜单选择"直径（D）"］

指定圆的直径：400↵

绘制结果如图 2-8 (b) 所示。

③ 三点方式画图。

命令：C（输入命令）

指定圆的圆心或【三点（3P）/两点（2P）/相切、相切、半径（T）】：3P↵（或在右键快捷菜单中选择"三点"）

指定圆的第一点：（输入第 1 点的坐标或捕捉第 1 点 A）

指定圆的第二点：（输入第 2 点的坐标或捕捉第 2 点 B）

指定圆的第三点：（输入第 3 点的坐标或捕捉第 3 点 C）

绘制结果如图 2-8 (c) 所示。

④ 两点方式画圆。

命令：C（输入命令）

指定圆的圆心或【三点（3P）/两点（2P）/相切、相切、半径（T）】：2P↵（或在右键快捷菜单中选择"两点"）

指定圆的第一点：（输入第 1 点的坐标或捕捉第 1 点 A）

指定圆的第二点：（输入第 2 点的坐标或捕捉第 2 点 B）

绘制结果如图 2-8 (d) 所示。

⑤ 相切、相切、半径方式画圆。

命令：C（输入命令）

指定圆的圆心或【三点（3P）/两点（2P），相切、相切、半径（T）】：T↵（或在右键快捷菜单中选择"相切、相切、半径"）

在对象上指定一点作圆的第一条切线：（指定第一个相切对象：单击 AB）

在对象上指定一点作圆的第二条切线：（指定第二个相切对象：单击 AC）

指定圆的半径：200↵（键入公切圆半径）

绘制结果如图 2-8 (e) 所示。

⑥ 相切、相切、相切方式画圆。

下拉菜单：【绘图】→【圆】→【相切、相切、相切】或 命令：_ circle 指定圆的圆心或【三点（3P）/两点（2P），相切、相切、半径（T）】：3p↵

指定圆上的第一个点：tan 到（单击第一个要相切的对象 AB）

指定圆上的第二个点：tan 到（单击第二个要相切的对象圆 C）

指定圆上的第三个点：tan 到（单击第三个要相切的对象圆 D）

绘制结果如图 2-8 (f) 所示。

（4）注意与提示

① 用圆命令绘制的是没有宽度的单线圆，有宽度的圆可用圆环命令绘制。

② 圆是一个整体，不能用【分解】、【PEDIT】（编辑多段线）命令进行编辑。

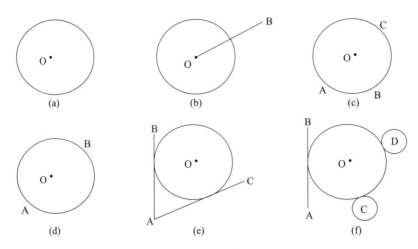

图 2-8　绘制圆的常用方法

(a) 圆心：O，半径：200；(b) 圆心：O，直径 OB：(400)；(c) 过 A、B、C 三点画圆；(d) 过 A、B 两点画圆；

(e) 与 AB、AC 相切，半径 200 的圆；(f) 与 AB、圆 C、圆 D 相切的圆

2.2.3　实例应用

1. 圆弧的绘制

（1）功能

【圆弧】命令用于绘制圆弧。有多种绘制圆弧的方式，如图 2-9 所示。这些方式是根据圆弧的起点、圆心、端点、角度、长度、方向、半径等参数来控制的。

（2）命令

①"绘图"工具栏：按 钮。

②菜单栏：【绘图】→【圆弧】。

③命令行：键盘输入 ARC（A）命令。

（3）命令说明

①圆心（C）：指定圆弧的圆心。

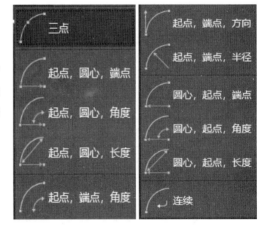

图 2-9　绘制圆弧的常用方法

②端点（E）：指定圆弧的端点（终点）

③方向（D）：所绘制的圆弧在起点处与指定方向相切。

④角度（A）：从起点向端点按逆时针（角度为正）或顺时针（角度为负）绘制圆弧。

⑤弦长（L）：起点与端点间的直线距离弦长为正时，以起点向端点逆时针绘制劣弧，为负时逆时针绘制优弧。

⑥半径（R）：圆弧半径为正时以起点向端点逆时针绘制劣弧，为负时逆时针绘制优弧。

如果未指定圆弧的起点就按回车键，AutoCAD 2022 将把当前正在绘制的直线（或圆弧）的端点作为起点，并提示指定新圆弧的端点。这样将创建一条与刚绘制的直线（或圆弧、多段线）相切的圆弧。

（4）【圆弧】子菜单的选项与操作

① 三点方式（默认方式）。

菜单栏：【绘图】→【圆弧】→【三点】

命令：ARC 指定圆弧的起点或【圆心（C）】：（指定圆弧要通过的第一点）

命令：指定圆弧的第二个点或【圆心（C）/端点（E）】：（指定圆弧要通过的第二点）

指定圆弧的端点：（指定圆弧要通过的端点）

绘制出通过指定 A、B、C 三点的圆弧，如图 2-10（a）所示。

② 起点、圆心、端点方式。

菜单栏：【绘图】→【圆弧】→【起点、圆心、端点】

命令：ARC 指定圆弧的起点或【圆心（C）】：（指定起点：捕捉点 S）

指定圆弧的第一点或【圆心（C）/端点（E）】：（指定圆弧的圆心：捕捉点 O）

指定圆弧的端点或【角度（A）/弦长（L）】：（指定终点：捕捉点 E）

绘制出如图 2-10（b）所示的圆弧。

③ 起点、圆心、角度方式。

菜单栏：【绘图】→【圆弧】→【起点、圆心、角度】

命令：ARC 指定圆弧的起点或【圆心（C）】：（指定起点：捕捉点 S）

指定圆弧的第二个点或【圆心（C）/端点（E）】：指定圆弧的圆心：（指定圆心"O"）

指定圆弧的端点或【角度（A）/弦长（L）】：A↵

指定包含角：80↵

绘制出如图 2-10（c）所示的圆弧。

④ 起点、圆心、长度方式。

菜单栏：【绘图】→【圆弧】→【起点、圆心、长度】

命令：ARC 指定圆弧的起点或【圆心（C）】：（捕捉起点 S）

指定圆弧的第二个点或【圆心（C）/端点（E）】：C 指定圆弧的圆心

指定圆弧的端点或【角度（A）/弦长（L）】：L 指定弦长：-60↵

绘制出如图 2-10（d）所示的圆弧。（用这种方式画圆弧，是从起点开始逆时针方向画圆弧。弦长为正值时，画小于半圆的圆弧；弦长为负值时，画大于半圆的圆弧）。

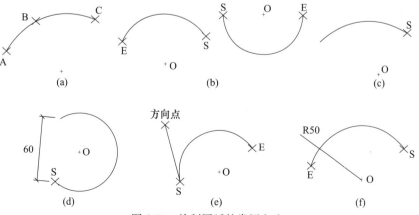

图 2-10 绘制圆弧的常用方法

（a）过 A、B、C 三点画弧；（b）起点 S，圆心 O，端点方式；（c）起点 S，圆心 O，角度（80°）方式；
（d）起点 S，圆心 O，长度（60）方式；（e）起点 S，端点 E，方向方式；（f）起点 S，端点 E，半径（50）方式

⑤ 起点、端点、方向方式。

菜单栏：【绘图】→【圆弧】→【起点、端点、方向】

命令：ARC 指定圆弧的起点或【圆心（C）】：（捕捉起点 S）

指定圆弧的第二个点或【圆心（C）/端点（E）】：E

指定圆弧的端点：（捕捉端点 E）

指定圆弧的圆心或【角度（A）/方向（D）/半径（R）】：D

指定圆弧的起点切向（指定方向点），如图 2-10（e）所示。

⑥ 起点、端点、半径方式。

菜单栏：【绘图】→【圆弧】→【起点、端点、半径】

命令：ARC 指定圆弧的起点或【圆心（C）】：（捕捉起点 S）

指定圆弧的第二个点或【圆心（C）/端点（E）】：E

指定圆弧的端点：（捕捉端点 E）指定圆弧的圆心或【角度（A）/方向（D）/半径（R）】：R

指定圆弧的半径（输入半径值），如图 2-10（f）所示。

（5）注意与提示

① 圆弧有方向之分，输入正的角度值圆弧按逆时针方向绘制，输入负的角度值圆弧按顺时针方向绘制；定位点位置相同，而定位顺序不同，绘制的圆弧不相同。

②【圆弧】命令不能一次绘制封闭的圆或自身相交的圆弧。

③ 圆弧的显示精度由 Viewres 系统变量控制。

其他绘制圆弧的方式在此不再介绍，如果读者需要可参考软件中的"帮助"或参阅其他资料。

2. 椭圆及椭圆弧的绘制

（1）功能

【椭圆】命令用于绘制椭圆或椭圆弧，在工程图中常用来绘制小的物品，如洗手盆、坐便器、装饰图案及圆的透视图等。AutoCAD 2022 提供了"轴端点"方式、"椭圆中心点"方式和"旋转"方式 3 种画椭圆的方式。图 2-11 显示的是【椭圆】菜单及其选项。

（2）命令

①"绘图"工具栏：按 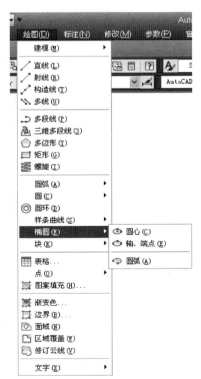 钮。

②菜单栏：【椭圆】→子菜单。

③命令行：键盘输入 ELLIPSE（EL）命令。

（3）命令说明

① 轴端点方式（缺省方式）。该方式用定义椭圆与两轴的三个交点（即轴端点）画一个椭圆。

命令：ELLIPSE（输入命令）

指定椭圆的轴端点或【圆弧（A）/中心点（C）】：（指定第 1 点）

指定轴的另一个端点：（指定该轴上第 2 点）

图 2-11 【椭圆】菜单及其选项

指定另一条半轴长度或【旋转（R）】：（指定第 3 点确定另一半轴长度）

结果如图 2-12（a）所示。

② 椭圆中心方式。该方式用定义椭圆中心和椭圆与两轴的各一个交点（即两半轴长）画一个椭圆。

命令：ELLIPSE（输入命令）

指定椭圆的轴端点或【圆弧（A）/中心点（C）】：C↵（选择椭圆中心方式）

指定椭圆的中心点：（指定椭圆中心点 O）

指定轴的端点：（指定轴端点"1"或其半轴长度）

指定另一条半轴长度或【旋转（R）】：（指定轴端点 2 或其半轴长度）

结果如图 2-12（b）所示。

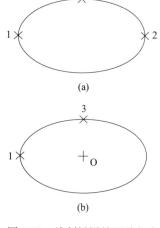

图 2-12　绘制椭圆的两种方式
（a）轴端点方式；（b）椭圆中心方式

③ 旋转方式。该方式是指先定义椭圆长轴的两个端点，然后使以这两个端点之间的距离为直径的圆绕该长轴旋转一定角度，该圆在水平面上的投影就是要画的椭圆。若旋转角度为 0°，则画出一个圆；旋转角度不小于 89.4°，椭圆看上去像一条直线；旋转角度为 30°、45°、60°和 89.4°的效果如图 2-13 所示。

命令：ELLIPSE（输入命令）

指定椭圆的轴端点或【圆弧（A）/中心点（C）】：（指定第 1 点）

指定轴的另一个端点：（指定该轴上第 2 点）

指定另一条半轴长度或【旋转（R）】：R↵（选择旋转角方式）

指定绕长轴旋转的角度：（指定旋转角度：30 ↵）

效果如图 2-13（a）所示。

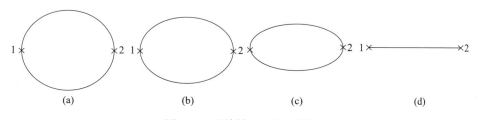

图 2-13　"旋转"方式画椭圆
（a）旋转 30°；（b）旋转 45°；（c）旋转 60°；（d）旋转 89.4°

（4）绘制椭圆弧

利用绘制椭圆命令也可画椭圆弧。其方式是启动绘制椭圆命令，首先选择"圆弧（A）"选项，然后采用上述 3 种方法之一绘出椭圆，再根据提示输入椭圆弧的起点和终点即可。

按画椭圆的缺省方式来画椭圆弧操作过程如下：

命令：ELLIPSE（输入命令）

指定椭圆的轴端点或【圆弧（A）/中心点（C）】：A ↵（选择画椭圆弧）

指定椭圆弧的轴端点或【中心点（C）】：（指定第 1 点）

指定轴的另一个端点：（指定该轴上第 2 点）

指定另一条半轴长度或【旋转（R）】：（指定第 3 点确定另一半轴长度）

指定起始角度或【参数（P）】：（指定切断起始点 A 或指定起始角度）

指定终止角度或【参数（P）饱含（1）】：（指定切断终点 B 或指定终止角度）

结果如图 2-14 所示。

若在出现"指定终止角度或【参数（P）/饱含（I）】"：提示时，选中"I"选项，可指定保留椭圆段的包含角；若在出现"指定起始角度或【参数（P）】:"或"指定终止角度或【参数（P）/饱含（I）】:"提示时，选中"P"选项，可按矢量方式输入起始或终止角度。

（5）注意与提示

①【椭圆】命令绘制的椭圆是一个整体，不能用【分解】命令、【PEDIT】（编辑多段线）命令进行编辑。

②绘制椭圆弧应先绘制椭圆。

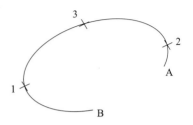

图 2-14　用【椭圆】命令中的【圆弧】选项画椭圆弧

第 3 章

编辑二维平面图形

3.1 图形的初级编辑

3.1.1 编辑图形的特征及内容

1. 删除（Erase）

在命令窗口中输入 Erase 命令，或在"修改"面板中选择 ![按钮]，然后在绘图区内选择已经绘制的任意图形，按 Enter 键或单击鼠标右键，被选择的图形信息就被擦除。也可以选中要删除的图形对象，然后按 Delete 键，效果与 Erase 命令相同。

如果想恢复刚刚删除的对象，则可以在命令窗口输入 Oops 命令，按 Enter 键即可。也可以使用回退命令（Ctrl＋Z），此命令每使用一次，就将恢复前一步命令的操作，这个命令在绘图过程中非常常用。

2. 移动（Move）

Move 命令在制图过程中使用的频率非常高，该命令可以将对象元素移动到坐标系内任意地方。在命令窗口中输入 Move 命令，或在"修改"面板中单击 ![按钮] 按钮。选择对象元素后，根据提示指定基点，可以通过直接输入绝对坐标，也可以用鼠标光标在绘图区内任意指定基点，但一般是指定对象元素中的特殊点为基点（如端点、终点等），然后可以用同样的方法确定定位点，即已指定基点需要移动到的地方；或在命令窗口输入需要移动的位移，然后用鼠标确定需要移动的方向（移动方向一般为水平或竖直方向），按 Enter 键或单击鼠标右键即可。这样可以将一些分开绘制的图形元素，重新排列布置，在符合规范的前提下，尽可能地使图面美观、整洁。

3. 复制（Copy）

Copy 命令用于复制所选的对象，与 Move 命令不同的是，对象元素的位置和性质都保持不变。在命令窗口中输入 Copy 命令，或在"修改"菜单中选择"复制"命令，也可以在"修改"面板中单击 按钮。选择对象后，操作与 Move 命令的操作过程相似，不同的是 Copy 命令可以复制出多个对象。

4. 镜像（Mirror）

Mirror 命令主要用于对称的图形，只需要绘制出对称轴一边图形即可，然后用镜像命令完成图形的全部，如单元式住宅平面设计等。在命令窗口中输入 Mirror 命令，或在"修改"面板中单击 按钮，然后选择对象，按下 Enter 键，根据提示在对称轴上任意选择两点，视情况选择"是否删除源对象"。如果在镜像过后有重合的元素，则需要根据实际情况进行适当的修改。

5. 偏移（Offset）

Offset 命令可以对直线、多段线、样条曲线、圆等进行平行移动（源对象不变），偏移后的新对象与源对象相似。在命令窗口中输入 Offset 命令，或在"修改"面板中单击 按钮，使用命令后，命令窗口会出现输入偏移距离的提示，如下所示：

命令：_OFFSET

当前设置：删除源＝否　图层＝源　OFFSETGAPTYPE＝0

指定偏移距离或【通过（T）/删除（E）/图层（L）】＜55.63＞：

按 Enter 键，选择要偏移的对象，再选择要偏移的方向（偏移方向只能是 X 轴或 Y 轴方向）。如果在命令窗口中输入"T"（通过），则选择需要对象后，再确定需要偏移到的点的位置（该点可能是在 X 轴或 Y 轴上的投影点）。Offset 命令只能对二维单个对象（如直线、构造线、椭圆、圆弧、矩形等）进行偏移，而对其他对象（如块等）将无法偏移，如使用"偏移"命令会提示"Cannot offset that object"（无法偏移该对象）的信息。

6. 阵列（Array）

AutoCAD 2022 中的阵列有矩形和环形两种方式。沿当前捕捉旋转角定义的基线建立矩形阵列，该角度的默认设置为 0，因此矩形阵列的行和列与图形的 X 轴和 Y 轴正交，默认角度 0 的方向设置可以在 Units 命令中修改。创建环形阵列时，阵列按逆时针或顺时针方向绘制，这取决于设置填充角度时输入的是正值还是负值，阵列的半径由指定中心点与参照点或与最后一个选定对象上的基点之间的距离决定。可以使用默认参照点（通常是与捕捉点重合的任意点），或指定一个要用作参照点的新基点。AutoCAD 2022 也可以进行三维阵列，使用 3d Array 命令，可以在三维空间中创建对象的矩形阵列或环形阵列。除了指定列数（X 方向）和行数（Y 方向）以外，还要指定层数（Z 方向）。

7. 旋转（Rotate）

AutoCAD 2022 中的旋转就是绕指定点旋转对象。在命令窗口中输入 Rotate 命令，或在"修改"面板中单击 按钮，命令窗口提示如下：

UCS 当前的正角方向：ANGDIR＝逆时针 ANGBASE＝0

系统设置正角度的方向。从相对于当前 UCS 方向的 0 角度测量角度值。0 为逆时针，1 为顺时针。

选择对象后指定基点（旋转对象绕行的点），可在绘图内选取，也可在命令窗口中输入基点绝对坐标值。命令窗口提示如下：

指定旋转角度，或【复制（c）/参照（R）】<10>：

输入旋转角度值（正值为逆时针旋转，负值为顺时针旋转），还可以按弧度、百分度或勘测方向输入值。选择"复制（C）"，创建要旋转的选定对象的副本；选择"参照（R）"，可将对象从指定的角度旋转到新的绝对角度。

指定参照角的方向正好与系统默认旋转方向相反，即正角度为顺时针方向，负角度为逆时针方向。而指定新角度的方向与系统默认方向相同。因此如果指定参照角的数值与指定新角度的数值相同，则所选对象无旋转变化。

8. 缩放（Scale）

Scale 命令可以调整对象大小使其在一个方向上，或是按比例增大或缩小，但被调整对象的内部各个元素间的比例不变。在命令窗口中输入 Scale 命令，或在"修改"面板中单击 按钮，根据提示选择对象以及指定基点。命令窗口提示如下：

指定基点：

指定比例因子或【复制（c）/参照（R）】<1.0000>：

按提示直接输入比例因子（按指定的比例放大选定对象的尺寸。大于 1 的比例因子使对象放大，介于 0 和 1 之间的比例因子使对象缩小）。如果选择"R"（参照），命令窗口提示如下：

指定比例因子或【复制（c）/参照（R）】<2.0000>：r

指定参照长度<1.0000>：3

指定新的长度或【点（P）】<2.0000>：10

参照长度与新长度的比值可以看作是比例因子，用数学公式表示为：缩放后对象尺寸＝对象源尺寸×（新长度/参照长度），一般参照长度需要用 Dist（查询距离）命令得出。要将边长为 3 的直线，缩放为边长为 10 的直线，则参照长度为 3，新长度为 10，即可以完成该操作。参照选项主要在无法得出准确的比例因子时使用，因此同样可以精确绘制图形。

9. 拉伸（Stretch）

Stretch 命令可以通过移动端点、顶点或控制点来拉伸某些对象，拉伸的对象只是针对被框选点，因此同一图形元素（块、矩形等），如果没有框选的点，就不在被修改之列。需要注意的是，必须使用交叉选择的框选方法选择对象。

在命令窗口中输入 Stretch 命令，或在"修改"面板中单击 按钮，选择对象及指定基点。在命令窗口输入拉伸距离，或在绘图区内选取。命令窗口提示如下：

选择对象：

指定基点或【位移（D）】<位移>：100

指定第二个点或<使用第一个点作为位移>：

10. 拉长（Lengthen）

Lengthen 命令可以更改圆弧等包含角和某些对象的长度。可以修改开放直线、圆弧、开放多段线、椭圆弧和开放样条曲线的长度，结果与延伸和修剪命令相似。可以使用以下多种方法改变长度：

① 动态拖动对象的端点。

② 按总长度或角度的百分比指定新长度或角度。

③ 指定从端点开始测量的增量长度或角度。

④ 指定对象的总绝对长度或包含角。

在命令窗口输入 LENGTHEN 命令，或在修改面板扩展器中单击 按钮，命令窗口提示如下：

命令：_ LENGTHEN

选择对象或【增量（DE）/百分数（P）/全部（T）/动态（DY）】：

命令行提示项的含义如下：

① 选择对象：显示对象的长度和包含角（如果对象有包含角）。

② 增量：以指定的增量修改对象的长度，该增量从距离选择点最近的端点处开始测量。增量还以指定的增量修改弧的角度，该增量从距离选择点最近的端点处开始测量。正值扩展对象，负值修剪对象。

③ 长度增量：以指定的增量修改对象的长度。

④ 角度：以指定的角度修改选定圆弧的包含角。

⑤ 百分数：通过指定对象总长度的百分数设置对象长度。百分数也按照圆弧总包含角的指定百分比修改圆弧角度。

⑥ 全部：通过指定从固定端点测量的总长度的绝对值来设置选定对象的长度。"全部"选项也按照指定的总角度设置选定圆弧的包含角，其中"总长度"指将对象从离选择点最近的端点拉长到指定值，"角度"指设置选定圆弧的包含角。

⑦ 动态：打开动态拖动模式，通过拖动选定对象的端点之一来改变其长度，其他端点保持不变。

11. 修剪（Trim）

Trim 命令在规划建筑工程图绘制过程中使用非常广泛。该命令可以修剪对象，使它们精确地终止于由其他对象定义的边界。选择的剪切边或边界边无须与修剪对象相交，可以将对象修剪或延伸至投影边或延长线交点，即对象延长后相交的地方。在命令窗口输入 Trim 命令，或在"修改"面板中单击 按钮。命令窗口提示如下：

命令：_ TRIM

当前设置：投影＝ucs，边＝无

选择剪切边…

选择对象或<全部选择>：指定对角点：找到 5 个

选择对象：

选择要修剪的对象，或按住 Shift 键选择要延伸的对象，或【栏选（F）/窗交（C）/投影（P）/边（E）/删除（R）/放弃（U）】：

根据提示选择作为剪切边的对象（剪切边可以是直线、圆弧、圆、多段线、椭圆、样条曲线、参照线、射线、块和射线，也可以是图纸空间的布局视口对象），按回车键（或单击鼠标右键），然后选择要修剪的对象。如果在输入 Trim 命令后，不选择修剪边，而直接按回车键，则所有对象都将成为可能的边界（这称为隐含选择。要选择块内的几何对象作为边界，必须使用单一、交叉、栏框或隐含边界）。

如果选择修剪边后在命令窗口中输入 F 命令，该命令用于修剪两条修剪边之间或修剪边一侧的多个图形元素，即栏选点形成区域内的所有元素都将被修剪。

Trim 命令除了能修剪图形外，还可以将图形延伸，根据命令窗口提示，由 Shift 键辅助操作完成。

Extend（延伸）命令与修剪的操作方法相同。可以延伸对象，使它们精确地延伸至由其他对象定义的边界。

修剪和延伸宽多段线使中心线与边界相交。因为宽多段线的末端与这个片段的中心线垂直，如果边界不与延伸线段垂直，则末端的一部分延伸时将越过边界。如果修剪或延伸锥形的多段线线段，延伸末端的宽度将被更改以将原锥形延长到新的端点。如果此修正给该线段指定一个负的末端宽度，则末端宽度被强制为 0。

12. 打断于点（Break）

在"修改"面板中单击 按钮，根据提示选择对象，再指定打断点，对象就被此点分为 2 个图形元素。

13. 打断（Break）

在命令窗口中输入 Break 命令，或在"修改"菜单选择"打断"命令，也可以在"修改"面板中单击 按钮，如果使用定点设备选择对象，AutoCAD 2022 将选择对象，同时把选择点作为第一个打断点。在下一个提示下，可以继续指定第二个打断点或替换第一个打断点（在命令窗口输入 F 即可指定第一个打断点）。

要将对象一分为二，并且不删除某个部分，输入的第一个点和第二个点应相同。通过输入@指定第二个点即可实现此过程。

直线、圆弧、圆、多段线、椭圆、样条曲线、圆环及其他几种对象类型都可以拆分为两个对象或将其中的一端删除。AutoCAD 2022 按逆时针方向删除圆上第一个打断点到第二个打断点之间的部分，从而将圆转换成圆弧。

此命令与修剪命令（Trim）有相似之处，但在不同的绘图条件下需要使用不同的命令，需要用户灵活运用。

14. 分割（Divide）

Divide 命令通过沿对象的长度或周长放置点对象或块，在选定对象上标记相等长的指定数目。可定数等分的对象包括圆弧、圆、椭圆、椭圆弧、多段线和样条曲线。

在命令窗口输入 Divide 命令，命令窗口提示如下：

命令：_ DIVIDE

选择要定数等分的对象：

输入线段数目或【块（B）】：

根据提示输入分割数量，则沿选定对象等间距放置点对象。如果选择输入"块"，则沿选定对象等间距放置块。根据提示输入要插入的块名。

15. 倒角（Chamfer）

Chamfer 命令是在两条非平行线之间创建直线的快捷方法，它通常用于表示角点上的倒角边，在规划工程图的绘制中有非常重要的作用。因为各种规划红线多为倒角转角，因此熟练使用倒角命令将有助于迅速而准确地绘制规划工程图。可在命令窗口中输入 Chamfer 命令，或在“修改”面板中单击按钮，本例倒方角前后对比如图 3-1 所示，命令窗口提示如下：

命令：_CHAMFER

（“修剪”模式）当前倒角距离 1＝ 0.0000，距离 2＝0.0000

选择第一条直线或【放弃（U）/多段线（P）/距离（D）/角度（A）/修剪（T）/方式（E）/多个（M）】：d

指定第一个倒角距离＜0.0000＞：30

指定第二个倒角距离＜10.0000＞：50

选择第一条直线或【放弃（U）/多段线（P）/距离（D）/角度（A）/修剪（T）/方式（E）/多个（M）】：

选择第二条直线，或按住 Shift 键选择要应用角点的直线：

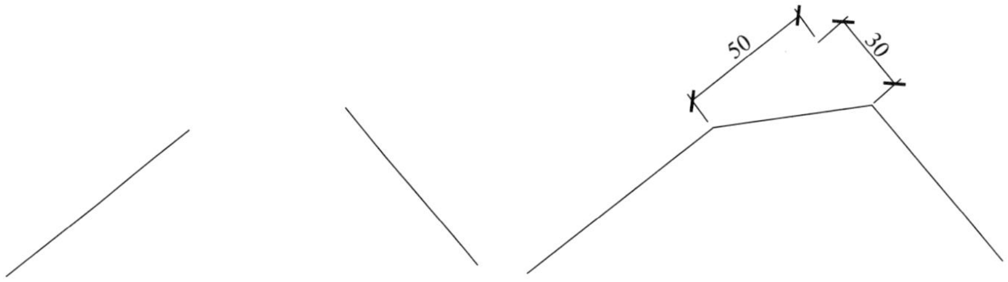

图 3-1　倒方角前后效果对比

命令行提示项含义如下：

① 倒角距离：倒角距离的初始值为 0，AutoCAD 2022 将延伸或修剪相应的两条线以使二者终止于同一点。在命令窗口输入 D（距离），设置倒角至选定边端点的距离，分别输入第一倒角和第二倒角的距离。选择第一条直线，即指定定义二维倒角所需的两条边中的第一条边，或要倒角的三维实体边中的第一条边。然后选择第二条直线，如果选中的两条直线是多段线线段，那么它们必须相邻或者被最多一条线段分开。如果它们被一条直线或弧线段分开，AutoCAD 2022 将删除此线段并代之以倒角线。

② 多段线：如果在命令窗口输入 P（多段线），AutoCAD 2022 将对多段线每个顶点处的相交直线段倒角，倒角成为多段线的新线段。如果多段线包含的线段过短以至于无法容纳倒角距离，则不对这些线段进行倒角。

③ 角度：如果在命令窗口输入 A（角度），则用第一条线的倒角距离和第二条线的角度设置倒角距离。

④ 修剪：如果在命令窗口输入 T（修剪），则控制 AutoCAD 2022 是否将选定边修剪到倒角线端点。

⑤ 方式：如果在命令窗口输入 E（方式），则控制 AutoCAD 2022 使用两个距离还是一个距离一个角度来创建倒角。

⑥ 多个：如果在命令窗口输入 M（多个），则是给多个对象集加倒角。AutoCAD 2022 将重复显示主提示和"选择第二个对象"提示，直到用户按 Enter 键结束命令。如果在主提示下输入除"第一个对象"之外的其他选项，则显示该选项的提示，然后再次显示主提示。单击"放弃"时，所有用"多个"选项创建的倒角将被删除。

16. 圆角（Fillet）

圆角就是通过一个指定半径的圆弧来光滑地连接两个对象。内部角点称为内圆角，外部角点称为外圆角。该命令的作用与倒角命令的作用很相似，在规划建筑的工程图绘制中同样有很广泛的运用。

在命令窗口中输入 Fillet 命令，或在"修改"菜单中选择"圆角"命令，也可以在"修改"面板中单击 按钮，命令窗口提示如下：

命令：_FILLET
当前设置：模式＝修剪，半径＝ 0.0000
选择第一个对象或【放弃（U）/多段线（P）/半径（R）/修剪（T）/多个（M）】：R
指定圆角半径＜0.0000＞：45
选择第一个对象或【放弃（U）/多段线（P）/半径（R）/修剪（T）/多个（M）】：
选择第二个对象，或按住 Shift 键选择要应用角点的对象：
最终倒圆角前后对比效果如图 3-2 所示。

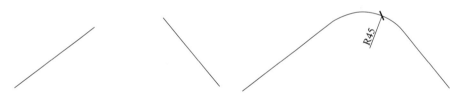

图 3-2　倒圆角前后效果对比

命令行各主要项含义如下：

① 半径：在命令窗口输入 R（半径），定义圆角弧的半径（输入的值将成为后续 FILLET 命令的当前半径，修改此值并不影响现有的圆角弧），然后选择第一个对象，它是用来定义二维圆角的两个对象之一（或是要加圆角的三维实体的边）。如果选定了直线、圆弧或多段线，AutoCAD 2022 将延伸这些直线或圆弧直到它们相交，或者在交点处修剪它们。只有当两条直线端点的 Z 值在当前用户坐标系（UCS）中相等时，才能给拉伸方向不同的两条直线加圆角。如果选定对象是二维多段线的两个直线段，则它们可以相邻或者被另一条线段隔开。如果它们被另一条多段线线段分隔，则 Fillet 命令将删除此分隔线段并用圆角代替它。在圆之间和圆弧之间可以有多个圆角存在。AutoCAD 2022 选择端点最靠近选中点的圆角，Fillet 命令不修剪圆，圆角弧与圆平滑地相连。

② 多段线：该命令在多段线中两条线段相交的每个顶点处插入圆角弧。如果一条弧线段隔开两条相交的直线段，那么 AutoCAD 2022 删除该弧线段而替代为一个圆角弧。

③ 修剪：控制 AutoCAD 2022 是否修剪选定的边使其延伸到圆角弧的端点。输入 T（修剪），则修剪选定的边到圆角弧端点；输入 N（不修剪），则不修剪选定边。

17. 分解 (Explode)

在命令窗口中输入 Explode 命令，或选择"修改"菜单中的"分解"命令，也可以在"修改"面板中单击 按钮，根据提示直接选择要分解的对象，按 Enter 键即可。

在使用 Explode 命令后，任何分解对象的颜色、线型和线宽都可能会改变，其他结果取决于所分解的合成对象的类型。以下为各种图形对象被分解后的结果。

① 二维和优化多段线：放弃所有关联的宽度或切线信息。对于宽多段线，AutoCAD 2022 沿多段线中心放置所得的直线和圆弧。如图 3-3 所示为一个用多段线绘制的建筑单体轮廓，以及使用分解命令后的效果。

图 3-3   分解多段线

② 圆和圆弧：如果位于非一致比例的块内，则分解为椭圆弧。

③ 块：一次删除一个编组级。如果一个块包含一个多段线或嵌套块，那么对该块的分解就首先显露出该多段线或嵌套块，然后再分别分解该块中的各个对象。具有相同 X、Y、Z 比例的块将分解成它们的部件对象，具有不同 X、Y、Z 比例的块（非一致比例块）可能被分解成意外的对象。当非一致比例块包含有不能分解的对象时，这些不能分解的对象将被收集到一个匿名块（以"*E"为前缀）中并且以非一致比例缩放进行参照。如果这种块中的所有对象都不可分解，则选定的块参照不能分解。非一致缩放的块中的体、三维实体和面域图元不能分解。分解一个包含属性的块将删除属性值并重新显示属性定义。用 MINSERT 和外部参照插入的块以及外部参照依赖的块不能分解。

④ 引线：根据引线的不同，可分解成直线、样条曲线、实体（箭头）、块插入（箭头、注释块）、多行文字或公差对象。

⑤ 多行文字：分解成文字对象。

⑥ 多线：分解成直线和圆弧。

⑦ 面域：分解成直线、圆弧或样条曲线。

3.1.2   实例应用

绘制中国农业银行标志，如图 3-4 所示。

（1）分析图形：此图形为对称图形，可完成图形的左侧或者右侧，然后利用镜像命令完成整个图形。

（2）绘制圆环，单击工具栏 命令，在绘图区绘制圆心任意、半径为 100 的圆，然后单击工具栏 向内偏移 30，如图 3-5 所示。

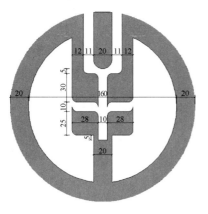
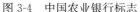
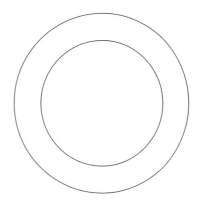

图 3-4　中国农业银行标志　　　　　　　图 3-5　绘制圆环

（3）绘制辅助线，单击工具栏 命令，在圆环内绘制垂直和水平的直线，并依据图 3-4 中所示的尺寸利用工具 进行偏移，结果如图 3-6 所示。

（4）绘制细部，利用工具栏 命令对图形进行修剪，利用工具栏 命令，对中间部分进行倒角处理，然后继续偏移复制直线，执行修剪命令，如图 3-7 所示。

（5）细部整理，单击工具栏 命令，对小圆角弧线进行镜像，其中以圆角所在直线为镜像线；然后利用工具栏 命令，以弧线为边界，延伸直线，如图 3-8 所示。

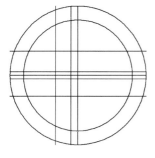
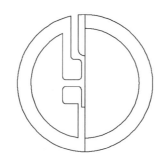
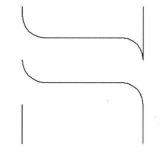

图 3-6　辅助线绘制　　　　　图 3-7　细部绘制　　　　　图 3-8　圆角细部整理

（6）整理、填充图形，单击工具栏 命令，对图形进行镜像，删除整理图形，然后利用填充命令，对图形进行填充完成全部图形，如图 3-4 所示。本例尺寸为非标准尺寸，与实际图形会有误差，可以通过工具栏 命令进行修改处理。

3.2　图形的高级编辑

3.2.1　高级编辑图形的特征及内容

1. 夹点编辑

可以快速完成对实体的伸缩、移动、旋转、缩放、镜像等操作。要使用夹点编辑，必须启用夹点编辑器。

（1）启用夹点

启用夹点的步骤：选择【工具】菜单→【选项】命令→【选择集】选项卡→【夹点】项，设置夹点的状态后单击【确定】按钮。

启用夹点后，当选择对象时，被选中的对象会显示为蓝色（默认设置），如图 3-9 所示。

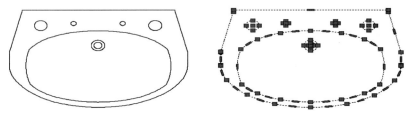

图 3-9　夹点选择对象

按 Esc 键或改变视图显示，如缩放、平移等，可取消夹点选择。选择了夹点，就可以完成对实体的拉伸、移动、旋转、缩放、镜像等操作。

（2）夹点操作

① 选择要修改的对象，显示出夹点。

② 选择其中一个夹点，此点变红。

③ 命令行提示如下：

** 拉伸 **

指定拉伸点或【基点（B）/复制（C）/放弃（U）/退出（X）】：

其中，各项含义如下：

基点（B）：如不再指定基点，则所选点作为基点。

复制（C）：制作对象的副本。

放弃（U）：放弃命令。

退出（X）：退出夹点编辑。

利用夹点拉伸方法修改对象很方便，例如，要修改一直线的端点位置，只要以直线端点为基点，输入坐标或直接拖动即可，如图 3-10 所示。

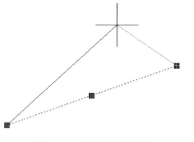

图 3-10　夹点拉伸对象

④ 要对对象进行其他操作，保持夹点被选中，修改方式一次循环为移动、旋转、缩放、拉伸……

利用夹点移动、旋转、缩放的效果图如图 3-11 所示。

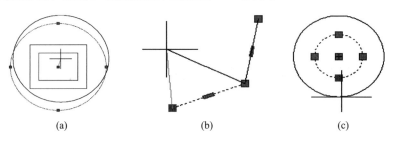

(a)　　　　　　　(b)　　　　　　　(c)

图 3-11　夹点操作

（a）夹点移动；（b）夹点旋转；（c）夹点缩放

2. 特性编辑

特性编辑是快速编辑的另一种手段。在 AutoCAD 2022 中多数对象都具有一定的属性，如颜色、线型、坐标位置等基本特性，有些特性是某个对象所特有的。

在编辑对象时，一般先选中一个或一类对象。

（1）输入命令

① 菜单栏：选择【修改】菜单→【特性】命令。

① 工具栏：在【标准】工具栏中单击 按钮。

③ 命令行：键盘输入 PROPERTIES。

（2）操作格式

命令：PROPERTIES

弹出特性选项板，如图 3-12 所示。

如果之前选择了对象，特性选项板中将显示该对象几乎全部的特性。图 3-13 显示的是一个文字的特性。在特性选项板中可以方便地修改已选对象的各种特性。

特性选项板主要有两个选项区域，上面为选中实体显示框；下面显示选中实体可以修改的属性，实体属性分为按字母顺序和按分类列出。按分类列出的实体属性分为【基本属性】、【打印样式】、【视图】与【其他】4 部分。当选中某一个或一些实体后，在选中实体下拉列表框中将显示选中的实体总数及每一种实体的个数。下面显示相应的可以编辑的属性。比如，选中一个圆之后，在按分类项下将显示【基本属性】和【几何属性】。结束修改，按 Esc 键；退出特性选项板，需单击该对话框左上角的 。

图 3-12 特性选项板　　　　图 3-13 对象特性选项板

3.2.2　实例应用

绘制如图 3-14 所示的两种混凝土花饰图案。

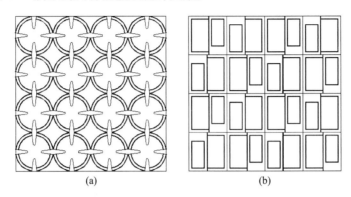

图 3-14　混凝土花饰
（a）花饰1；（b）花饰2

1. 花饰 1 的绘制

（1）选择菜单栏中的【绘图】→【矩形】命令，绘制边长为 400 的正方形，再选择【绘图】→【直线】命令，以矩形的中点绘制直线，再选择【修改】→【偏移】命令，将垂直中线向两侧各偏移 25。

选择【绘图】→【圆】→【圆心、半径】命令，以正方形中心为圆心，以如图 3-15 所示虚线为半径绘制圆。

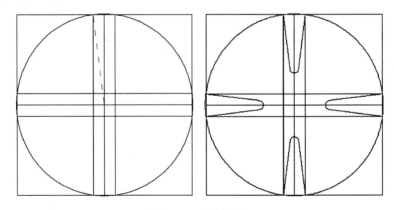

图 3-15　圆角绘制

（2）选择菜单栏中的【绘图】→【直线】命令，沿正方形与圆交点绘制两条圆的半径。再选择【修改】→【圆角】命令，将半径设为 "10"，对两半径进行倒圆角，选择【修改】→【镜像】命令，镜像复制两圆角半径，如图 3-16 所示。

（3）选择菜单栏中的【修改】→【剪切】命令，选定所有半径作为剪切边界，然后依次对圆与正方形进行修剪，删除多余辅助线，如图 3-17 所示。

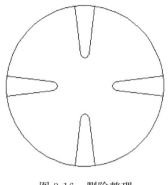
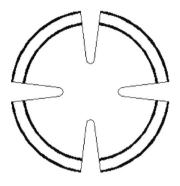

图 3-16　删除整理　　　　　　　　图 3-17　线段加粗

（4）选择菜单栏中的【修改】→【对象】→【多段线】命令，对圆弧进行加粗。再选择【修改】→【偏移】命令，将圆弧向内偏移 30，结果如图 3-18 所示，完成花饰基本构成单位的绘制。

（5）选择【绘图】→【块】→【创建】命令，将图案做成块；

（6）选择菜单栏中的【修改】→【阵列】命令，选择矩形阵列，共 4 行 4 列，间距都是 400，如图 3-14 所示，绘制矩形边框，完成花饰 1 的绘制。

2. 花饰 2 的绘制

（1）选择菜单栏中的【绘图】→【矩形】命令，绘制边长为 400 的正方形。按Enter键，重复绘制矩形命令，以正方形左下角为起始点绘制 160×400 的矩形。再选择【修改】→【偏移】命令，将小矩形向内偏移 30，如图 3-18 所示。

（2）选择菜单栏中的【修改】→【拉伸】命令，选定小矩形上侧两端点向下垂直拉伸 90。再选择【修改】→【偏移】命令，将正方形向内偏移 30，并将左侧段修剪，选择【修改】→【对象】→【多段线】命令，按图例对线段进行加粗，完成花饰基本构成单位的绘制，再选择【绘图】→【块】→【创建】命令，将图案做成块，如图 3-19 所示。

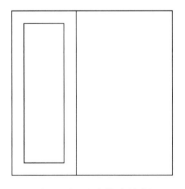
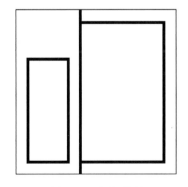

图 3-18　基本轮廓绘制　　　　　　图 3-19　细部绘制

（3）选择菜单栏中的【修改】→【复制】命令，将图案进行复制，将复制结果依样图进行镜像、旋转、移动等组合，每四个为一个单位，然后进行复制，最后绘制矩形边框，完成如图 3-14 所示花饰 2 的绘制。

第 4 章

图层管理及应用

4.1　设置图层的意义

　　我们可以把图层想象为一张没有厚度的透明纸，各层之间完全对齐，一层上的某一基准点准确地对准其他各层上的同一基准点。用户可以给每一图层指定所用的线型、颜色，并将具有相同线型和颜色的对象放在同一图层，这些图层叠放在一起就构成了一幅完整的图形，如图 4-1 所示。

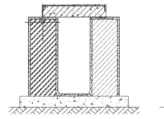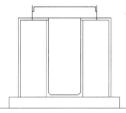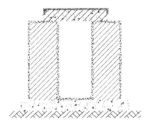

图 4-1　图层示意图

图层有以下特性：

① 层数量无限制，用户可以在一幅图中指定任意数量的图层；

② 每一图层都有一个名称，以便管理；

③ 一般情况下，一个图层上的对象应该是一种线型、一种颜色；

④ 各图层具有相同的坐标系、绘图界限、显示时的缩放倍数；

⑤ 用户只能在当前图层上绘图，可以对各图层进行打开、关闭、冻结、解冻、锁定等操作管理。

4.2　图层的设置与创建

1. 图层设置

图层的设置用于创建新图层和改变图层的特性。

图层特性管理器：

（1）输入命令

菜单栏：选择【格式】菜单→【图层】命令。

工具栏：在工具栏中单击 按钮。

☆命令行：键盘输入 LAYER。

（2）操作格式

命令：_LAYER

系统打开对话框。默认状态下提供一个图层，图层名为【0】，颜色为白色，线型为实线，线宽为默认值。通过对话框可以实现对图层的设置，如图 4-2 所示。

图 4-2　图层特性管理器

在 AutoCAD 2022 中每一图层包括图层名称、线性、线宽、颜色等特性。

2. 新建图层

打开【图层特性管理器】对话框，具体步骤如图 4-3 所示。

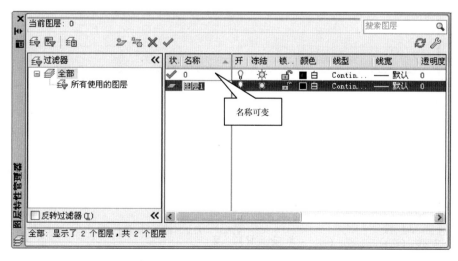

图 4-3　新建图层步骤

默认情况下，新建图层与当前图层的状态、颜色、线型及线宽等设置相同。

根据国家标准《CAD 工程制图规则》（GB/T 18229—2000），CAD 工程图的图层建立要符合 CAD 工程图的管理要求，见表 4-1。

表 4-1　图线的颜色及其对应的图层

图线类型	粗实线	细实线	波浪线	双折线	虚线	细点画线	双点画线
颜色	白色	绿色			黄色	红色	粉红色
图层	01	02			03	05	07

3. 线型设置

（1）输入命令

菜单栏：选择【格式】菜单→【线型】命令。

命令行：键盘输入 LINETYPE。

（2）操作格式

执行以上命令之一后，系统打开【线型管理器】对话框，如图 4-4 所示。

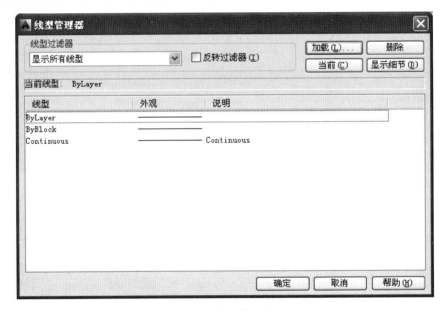

图 4-4　线型管理器

【线型管理器】对话框主要功能选项如下：

①【线型过滤器】选项区域：该选项组用于设置过滤条件，以确定在线型列表中显示哪些线型。

②【加载（L）】按钮：用于加载新的线型。

③【当前（C）】按钮：用于指定当前使用的线型。

④【删除】按钮：用于从线型列表中删除没有使用的线型，即当前图形中没有使用到该线型，否则系统拒绝删除此线型。

⑤【隐藏细节（D）】按钮：用于显示或隐藏【线型管理器】对话框中的【详细信息】。

AutoCAD 2022 标准线型库提供的 48 种线型中包含有多个长短、间隔不同的虚线和点画线，只有适当地选择它们，在同一线型比例下，才能绘制出符合制图标准的图线。在线型库单击选取要加载的某一种线型，再单击【确定】按钮，则该线被加载并在【选择线型】对话框显示该线型，再次选定该线型，单击【选择线型】对话框中的【确定】按钮，完成改变线型的操作。

在一幅新图中加载点画线和虚线，选择【格式】菜单→【图层】命令，加载过程如图 4-5 所示。

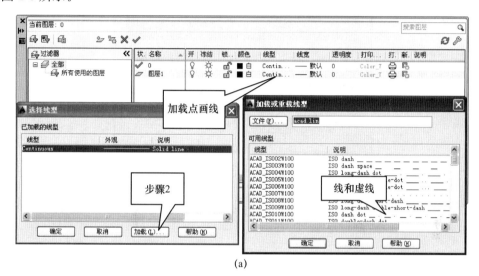

(a)

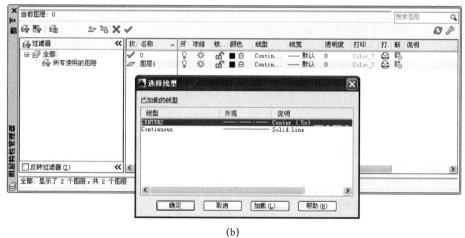

(b)

图 4-5　加载点画线和虚线

（a）步骤一；（b）步骤二

4. 颜色设置

（1）输入命令

菜单栏：选择【格式】菜单→【颜色】命令。

命令行：键盘输入 COLOR。

（2）操作格式

执行以上命令之一后，系统会打开【选择颜色】对话框，如图 4-6 所示。同时演示了选择颜色的步骤。

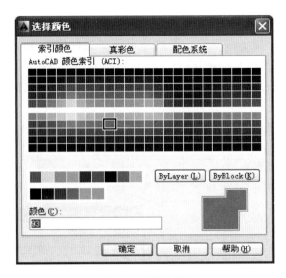

图 4-6　选择颜色

在【选择颜色】对话框中，可以使用索引颜色（Index Color）、真彩色（True Color）和配色系统（Color Books）等选项卡来选择颜色。

5. 线宽设置

（1）输入命令

菜单栏：选择【格式】菜单→【线宽】命令。

命令行：键盘输入 LINEWEIGHT。

（2）操作格式

执行以上任一命令后，打开【线宽设置】对话框，如图 4-7 所示，其主要功能选项如下。

图 4-7　线宽设置

①【线宽】列表框：用于设置当前所绘图形的线宽。

②【列出单位】选项组：用于确定线宽单位。

③【显示线宽】复选框：用于在当前图形中显示实际所设线宽。

④【默认】下拉列表框：用于设置图层的默认线宽。

⑤【调整显示比例】滑块：用于确定线宽的显示比例。

第 5 章　文字标注、表格及尺寸标注

5.1　文字标注

文字是 AutoCAD 2022 的重要图形要素，也是工程图样中必不可少的内容之一。在工程图样中，用文字来填写标题栏、明细表、技术要求等一些非图形信息。AutoCAD 2022 提供了很强的文字处理功能，而且用户还可以根据需要创建自己的文字样式进行文字标注。工程图样中的字体包括汉字、数字和字母三种形式。其中汉字一般采用仿宋矢量字体，一般采用正体，使用国家正式推行的简化字；数字和字母可写成斜体（字头向右倾斜，与水平基准线成 75°）和正体，小数点输出时，应占一个字位，并位于中间靠下处。

5.1.1　新建文字样式

AutoCAD 2022 中的文字都是按某一文字样式标注的，默认设置的文字样式在多数情况下不符合我国国家标准对文字的要求，因此，在使用文字标注时，用户应根据实际情况建立所需的文字样式。所谓文字样式的建立就是利用文字样式对话框设定文字的字体、大小、方向、角度及其他文字特性。

1. 输入命令（选用下面方法之一）

菜单栏：选择【格式】菜单→【文字样式】命令。

工具栏：在工具栏中单击 **A** 按钮。

命令行：键盘输入 STYLE。

2. 操作步骤

执行上面输入命令之一，系统打开【文字样式】对话框。默认状态下提供一个文字样式，文字样式名为【Standard】，如图 5-1 所示。其中各选项说明如下。

（1）样式名（S）

①【样式名】下拉列表框：显示当前图形中所有文字样式的名称，用户可以指定列表中的一种样式为当前文字样式，默认文字样式为【Standard】。

图 5-1　【文字样式】对话框

②【新建】按钮：用于建立新的文字样式。单击该按钮会弹出【新建文字样式】对话框，如图 5-2 所示。用户可以在【样式名】文本框中输入新的文字样式名。文字样式名可由数字、字母和特殊字符组成，最长可达 255 个字符。用户最好建立自己所需的文字样式，标注不同的字体。如书写汉字建立样式名为"汉字"；标注尺寸数字样式名为"尺寸标注"等。

③【重命名】按钮：用于对当前文字样式的改名，如图 5-3 所示。

图 5-2　【新建文字样式】对话框

图 5-3　【重命名文字样式】对话框

④【删除】按钮：用于删除某一文字样式。从【样式名】下拉列表框中选择要删除的文字样式，然后单击【删除】按钮。

（2）字体组件

①【字体名】下拉列表框：列出了当前所有可用的字体名，包括 Windows 标准的 TrueType 字体和 AutoCAD 2022 的专用字体。

②【字体样式】下拉列表框：用于指定字体的样式。当选择【使用大字体】时，再选择字体样式。

在 AutoCAD 2022 中，提供了 gbenor. shx、gbeitc. shx、gbcbig. shx 字体文件。书写汉字时，可选择 gbcbig. shx；书写正体的数字和字母时，可选择 gbenor. shx；书写斜体的数字和字母时，可选择 gbeitc. shx。

由于目前计算机普遍使用 Windows 操作系统，所以 AutoCAD 2022 还可以使用 TrueType 字体。TrueType 字体中没有长仿宋体，所以可将宽度比例改为 0.707，将仿宋体改为长仿宋体。

③【高度】文本框：用于设置字体的高度。当字高设置为"0"时，在利用单行文字和多行文字标注文字时，系统将提示输入字体高度（尽量不要设置字高）。

（3）效果组件

【颠倒】复选框：选择该项，字母上下颠倒显示。

【反向】复选框：选择该项，字母左右颠倒显示。

【垂直】复选框：选择该项，字母垂直排列显示。

【宽度因子】文本框：用于设置字符宽度与高度的比值。

【倾斜角度】文本框：用于设置字符的倾斜角度。

（4）预览组件

用于显示以上设置对文字的影响。

【例 5-1】建立两个文字样式，用来书写汉字及书写数字和字母（正体）。操作步骤如下。

① 输入【文字样式】命令，打开【文字样式】对话框。

② 单击【新建】按钮，在样式名中输入"汉字"后按下【确定】按钮。

③ 在【字体名】中选择 gbenor. shx，选择【使用大字体】，在大字体下拉表中选择 gbcbig. shx，单击【关闭】按钮，如图 5-4 所示。

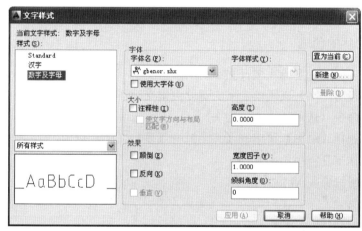

图 5-4　【汉字】文字样式对话框

④ 同理【新建】样式名为"数字及字母"，在【字体名】中选择 gbenor. shx，如图 5-5 所示。

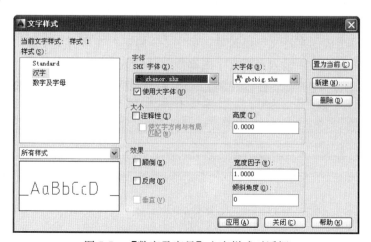

图 5-5　【数字及字母】文字样式对话框

5.1.2 创建文字

1. 单行文字的创建

按设置的文字样式标注单行文字。

（1）输入命令（选用下面方法之一）

菜单栏：选择【绘图】菜单→【文字】→【单行文字】命令。

工具栏：在工具栏中单击 **AI** 按钮。

命令行：键盘输入 TEXT。

（2）操作格式

命令：_TEXT（选用上面输入命令之一）

当前文字样式：汉字当前文字高度：0.000（显示当前字样和字高）

指定文字的起始点或【对正（J）/样式（S）】：指定文字的起始点或选项

2. 多行文字的创建

按指定文字行的宽度标注多行文字。用多行文字（MTEXT）标注命令在指定的矩形窗口内书写段落文字，该段落文字的宽度由定义矩形边界宽度来确定。

（1）输入命令（选用下面方法之一）

菜单栏：选择【绘图】菜单→【文字】→【多行文字】命令。

工具栏：在工具栏中单击 **A** 按钮。

命令行：键盘输入 MTEXT。

（2）操作格式

命令：_MTEXT（选用上面输入命令方法之一）

当前文字样式："汉字"当前文字高度：2.5

指定第一角点：指定多行文字矩形窗口的第一角点

指定另一角点：指定多行文字矩形窗口的另一角点

当给出一个矩形窗口时，系统打开【文字格式】对话框，这是由文字格式工具栏和文字输入窗口组成的多行文字编辑器，如图 5-6 所示。在多行文字编辑器中选择多行文字的样式、对齐方式，输入书写文字的高度，再输入书写文字的内容。

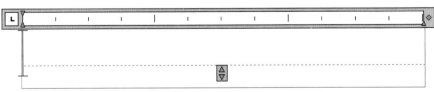

图 5-6　文字格式

（3）选项说明

① 文字样式：选择标注文字的文字样式。默认状态下提供一个名为【Standard】的文字样式。

② 字体（Font）：选择标注文字的文字字体。

③ 高度（Height）：输入标注文字高度。

④ 加粗（B）：单击该按钮可加粗文字。

⑤ 斜体（I）：单击该按钮可使文字成为斜体。

⑥ 下划线（U）：单击该按钮可使文字加上下划线。

⑦ 取消、重复 ↶ ↷：单击它们可分别取消前一次操作或重复前一次取消的操作。

⑧ 堆叠/非堆叠 ᴬ：先选择可以堆叠的文字，再选择该按钮，它可以将位于符号"/"左面的文字放在分子上；将位于符号"/"右面的文字放在分母上；含有一个符号"^"的字符串，堆叠后为左对正的公差值；含有符号"♯"的字符串，堆叠后为被斜线"/"分开的分数，如图 5-7 所示。

$$+0.011^{\wedge}-0.043 \qquad \begin{array}{l}+0.011\\-0.043\end{array}$$

$$\phi 60H2/h6 \qquad \phi\ 60{}^{H2}_{h6}$$

$$\phi 60H2\#h6 \qquad \phi 60{}^{H2}{\big/}_{h6}$$

图 5-7　特殊符号书写格式

⑨ 颜色 ■红 ：用于选择文字的颜色。

利用工具栏中下部的按钮和数据框还可以设置文字的对齐方式、宽度比例等选项。

3. 使用特殊字符

在实际绘图中，往往需要标注一些特殊的字符，由于这些特殊字符不能从键盘上直接输入，所以 AutoCAD 2022 提供了特殊符号输入控制符。常见的控制符介绍如下：

%%C：用于生成"ϕ"直径符号。

% %D：用于生成"°"角度符号。

%%P：用于生成"±"上下偏差符号。

%%%：用于生成"%"百分比符号。

%%O：用于打开或关闭文字的上划线。

%%U：用于打开或关闭文字的下划线。

5.1.3　编辑与修改文字

编辑文字就是修改文字内容和文字特性。

1. 编辑文字内容

用于修改已存在的文字内容。

（1）输入命令（选用下面方法之一）

菜单栏：选择【修改】菜单→【对象】→【文字】→【编辑（比例、对正）】命令。

工具栏：在工具栏中单击 **A** 按钮。

命令行：键盘输入 DDEDIT。

（2）操作格式

命令：_ DDEDIT（选用上面输入命令方法之一），

工具条：各按钮功能如图 5-8 所示。

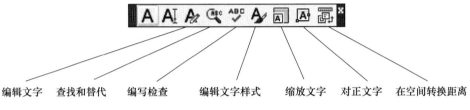

编辑文字　查找和替代　编写检查　　编辑文字样式　缩放文字　对正文字　在空间转换距离

图 5-8　文字编辑工具条

AutoCAD 2022 最方便的编辑文字方法是选中文字对象并双击进行编辑。AutoCAD 2022 版本对在位编辑进行了改进，在位编辑时，文字显示在图样中的真实位置并显示真实大小。

2. 编辑文字特性

用于修改文字的颜色、线型、图层等特性。

（1）输入命令（选用下面方法之一）

菜单栏：选择【修改】菜单→【特性】命令。

工具栏：在工具栏中单击 按钮。

命令行：键盘输入 PROPERTIES。

（2）操作格式

命令：_ PROPERTIES（选用上面命令输入方法之一）

> 注意：在操作中，用户首先选取要修改的文字对象，再执行相应的命令。

输入命令后，弹出【特性】对话框，如图 5-9 所示，用户可再次修改文字的颜色、线型、图层、内容、高度、旋转角度、对正模式、样式等特性。

图 5-9　【特性】对话框

5.2　创建表格

在工程图样中，表格是必不可少的要素。使用 AutoCAD 2022 可以方便地创建表格、编辑表格、输入表格内容。

5.2.1 创建表格样式

1. 输入命令（选用下面方法之一）

菜单栏：选择【格式】菜单→【表格样式】命令。
工具栏：在工具栏中单击 按钮。
命令行：键盘输入 TABLESTYLE。

2. 操作格式

命令：_ TABLESTYLE（选用上面输入命令方法之一）
执行命令后，系统打开【表格样式】对话框，默认状态下提供一个表格样式，样式名为【Standard】，如图 5-10 所示。

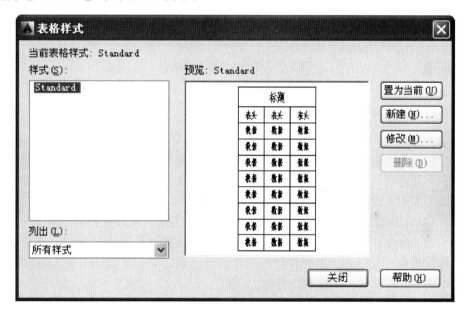

图 5-10 　【表格样式】对话框

5.2.2 创建表格

1. 输入命令（选用下面方法之一）

菜单栏：选择【绘图】菜单→【表格】命令。
工具栏：在工具栏中单击 按钮。
命令行：键盘输入 TABLE。

2. 操作格式

命令：_ TABLE（选用上面输入命令方法之一）

执行命令后，系统打开【插入表格】对话框，默认状态下提供一个表格样式，样式名为【Standard】，如图 5-11 所示。

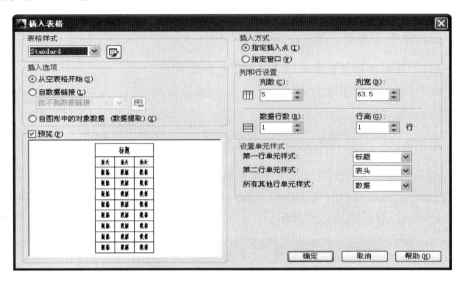

图 5-11　【插入表格】对话框

5.3　尺寸标注

尺寸标注是向图形中添加尺寸的过程。在图形设计中，尺寸标注是绘图设计工作中的一项重要内容，因为绘制图形的根本目的是反映对象的形状，而图形中各个对象的真实大小和相互位置只有经过尺寸标注后才能确定。

AutoCAD 2022 提供许多标注及设置标注格式的方法，可以在各个方向上为不同对象创建不同的标注，所以通过创建标注样式，可以快速地设置标注格式，并且确保图形中的标注符合行业标准。用户在进行尺寸标注之前，必须了解 AutoCAD 2022 尺寸标注的组成、标注样式的创建和设置方法。

5.3.1　创建尺寸标注样式

标注是城市规划和建筑工程图的重要组成部分，同时各种规范也对标注做了非常严格的要求，因此用户要想准确地完成工程图的绘制，就必须充分了解 AutoCAD 2022 中标注的各种特性。具体操作方法如下。

（1）在命令窗口输入 Dimstyle 命令，或在"注释"面板中单击 按钮。弹出如图 5-12 所示的【标注样式管理器】对话框。

（2）该对话框中列出所有标注样式供用户选择，如果需要创建新的标注样式，则可单击"新建"按钮，进入"创建新标注样式"对话框，在该对话框中输入新标注样式名，并选择新样式用于标注的对象（如线性标注、角度标注等）。

（3）单击"继续"按钮，则弹出如图 5-13 所示的【新建标注样式：副本】对话框。该对话框详细列出了标注样式的各种属性，用户可根据需要对标注样式进行修改。

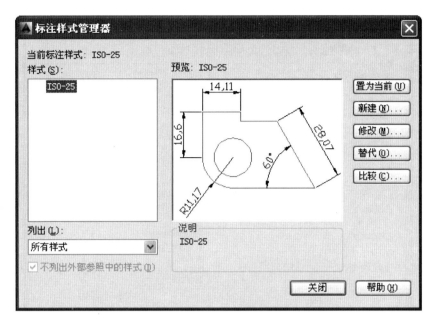

图 5-12　【标注样式管理器】对话框

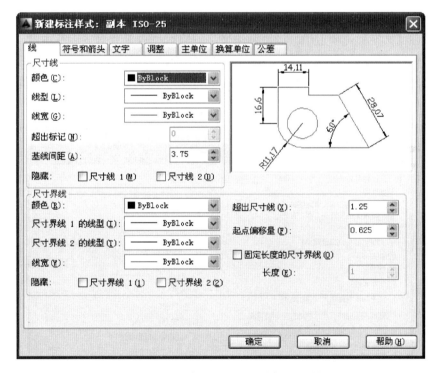

图 5-13　【新建标注样式：副本】对话框

（4）在"线"选项卡（图 5-13）中可以设置尺寸线、延伸线的格式和特性。

（5）在如图 5-14 所示的"符号和箭头"选项卡中可以设置箭头和圆心标记的格式和特性。主要用于改变标注样式的外观，对规范标注尺寸、美化图面效果有重要作用。其中"箭头"用于控制标注箭头的外观，"圆心标记"用于控制直径标注和半径标注的圆心标记和中心线的外观。

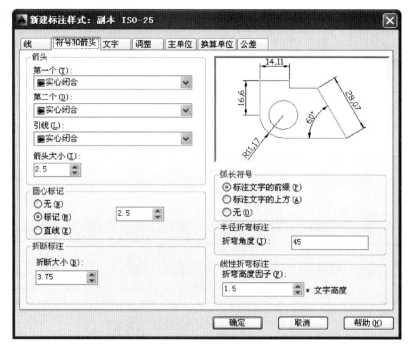

图 5-14 【符号和箭头】选项卡

（6）在【文字】选项卡中，设置标注文字的格式、放置和对齐。其中"文字外观"用于控制标注文字的格式和大小，"文字位置"用于控制标注文字的位置，"文字对齐"用于控制标注文字放在尺寸界线外边或里边时的方向是保持水平还是与尺寸界线平行。

（7）在如图 5-15 所示的"调整"选项卡中，可以控制标注文字、箭头、引线和尺寸线的放置位置。

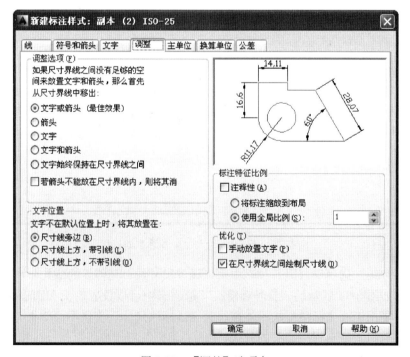

图 5-15 【调整】选项卡

① 调整选项：控制基于尺寸界线之间可用空间的文字和箭头的位置，取最佳效果，按照下列方式放置文字和箭头。

当尺寸界线间的距离足够放置文字和箭头时，文字和箭头都放在尺寸界线内。否则，AutoCAD 2022 将按最佳布局移动文字或箭头。

当尺寸界线间的距离仅够容纳文字时，将文字放在尺寸界线内，而箭头放在尺寸界线外。

当尺寸界线间的距离仅够容纳箭头时，将箭头放在尺寸界线内，而文字放在尺寸界线外。

当尺寸界线间的距离既不够放文字又不够放箭头时，文字和箭头都放在尺寸界线外。

② 文字位置：设置标注文字从默认位置（由标注样式定义的位置）移动时标注文字的位置。

③ 标注特征比例：设置全局标注比例值或图纸空间比例。

（8）在如图 5-16 所示的【主单位】选项卡中，设置主标注单位的格式和精度，并设置标注文字的前缀和后缀。

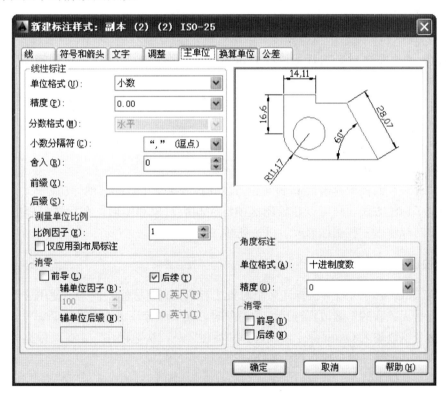

图 5-16 　【主单位】选项卡

① 线性标注：设置线性标注的格式和精度。其中"前缀"为标注文字指示前缀，可以输入文字或用控制代码显示特殊符号。例如，输入控制代码%%C 显示直径符号。当输入前缀时，将覆盖在直径和半径（R）等标注中使用的任何默认前缀。该值存储在 DIMPOST 系统变量中。

② 测量单位比例：定义以下测量单位比例选项。

"比例因子"用于设置线性标注测量值的比例因子。AutoCAD 2022 将标注测量值与此处输入的值相乘。例如，如果输入 2，AutoCAD 2022 会将 1 英寸的标注显示为 2 英寸。该值不应用于角度标注，也不应用于舍入值或者正负公差值。该值存储在 DIM-LFAC 系统变量中。

仅应用到布局标注：仅对在布局中创建的标注应用线性比例值。这使长度比例因子可以反映模型空间视口中的对象的缩放比例因子。选择此选项时，长度缩放比例值将以负值存储在 DIMLFAC 系统变量中。

③ 角度标注：设置角度标注的当前角度格式。

（9）在"换算单位"选项卡中指定标注测量值中换算单位的显示，并设置其格式和精度。

换算单位：设置除"角度"之外的所有标注类型的当前换算单位格式。

换算单位乘法：指定一个乘数，作为主单位和换算单位间的换算因子。AutoCAD 2022 用线性距离（用标注和坐标来测量）与当前线性比例值相乘来确定换算单位的值。

长度缩放比例会改变默认的测量值。此值对角度标注没有影响，而且 AutoCAD 2022 不将其用于舍入或者加减公差值。该值存储在 DIMALTF 系统变量中。

（10）在"公差"选项卡控制标注文字中公差的格式及显示。

（11）修改完毕后，单击"确定"按钮，新标注样式将保存于系统中。

> 注意：如果需要对所选择标注样式进行修改，则单击"标注样式管理器"中的"修改"按钮，进入"修改标注样式"对话框。要替换当前标注样式，则单击"替代"按钮，进入"替代当前样式"对话框。具体操作与新建标注样式相同。

5.3.2　直线的基本标注

在"标注"面板中单击 ⊢⊣ 按钮，也可以在扩展菜单中选择其他标注方式。

确定了标注方式，则可以在绘图区内标注相应对象和图形，在标注过程中还可以根据提示对标注做一些属性修改，以达到标注要求。

1. 快速标注（Qdim）

使用 Qdim 命令可以一次标注多个对象或者编辑现有标注。但是，使用这种方式创建的标注是无关联的，修改标注尺寸的对象时，无关联标注不会自动更新。

在命令窗口输入 Qdim 命令，或选择"标注"→"快速标注"命令，根据提示选择对象，按 Enter 键。命令窗口提示如下：

命令：＿QDIM

关联标注优先级＝端点

选择要标注的几何图形：找到 1 个

选择要标注的几何图形：

指定尺寸线位置或【连续（c）/并列（s）/基线（B）/坐标（o）/半径（R）/直径（D）/基准点（P）/编辑（E）/设置（T）】＜连续＞：

命令行提示项的含义如下：

连续：创建一系列连续标注。

并列：创建一系列并列标注。

基线：创建一系列基线标注。

坐标：创建一系列坐标标注。

半径：创建一系列半径标注。

直径：创建一系列直径标注。

基准点：为基线和坐标标注设置新的基准点。

编辑：编辑一系列标注。AutoCAD 2022 提示在现有标注中添加或删除点。

设置：为指定尺寸界线原点设置默认对象捕捉。

2. 线性标注（Dimlinear）

先根据提示指定第一条尺寸界线的原点之后，将根据提示指定第二条尺寸界线的原点，选中第二点后，命令窗口提示如下：

指定尺寸线位置或【多行文字（M）/文字（T）/角度（A）/水平（H）/垂直（V）/旋转（R)】：

命令行提示项的含义如下：

指定尺寸线位置：AutoCAD 2022 使用指定点定位尺寸线并且确定绘制尺寸界线的方向。指定尺寸线位置之后，AutoCAD 2022 绘制标注。

多行文字：显示"多行文字编辑器"，可用它来编辑标注文字。AutoCAD 2022 用尖括号（<>）表示生成的测量值。要给生成的测量值添加前缀或后缀，请在尖括号前后输入前缀或后缀。

文字：在命令行自定义标注文字。AutoCAD 2022 在尖括号中显示生成的标注测量值。

角度：修改标注文字的角度。

水平：创建水平线性标注。

垂直：创建垂直线性标注。

旋转：创建旋转线性标注。

对象旋转：在选择对象之后，自动确定第一条和第二条尺寸界线的原点。

3. 对齐标注（Dimaligned）

对齐标注模式的尺寸线平行于两个尺寸界线定位点之间的连线。这种标注一般用于需要标注的对象与绘图边界不平行时的标注对象。

在命令窗口输入 Dimaligned 命令，或选择"标注"→"对齐"命令，命令窗口提示如下：

命令：_ DIMALIGNED

指定第一条延伸线原点或<选择对象>：

指定第二条延伸线原点：

指定尺寸线位置或【多行文字（M）/文字（T）/角度（A）】：

命令行提示项的含义如下：

选择对象：对多段线和其他可分解对象，仅标注独立的直线段和圆弧段。不能选择非一致缩放块参照中的对象。如果选择直线或圆弧，其端点将用作尺寸界线的原点。尺寸界线偏移端点的距离在"新建标注样式""修改标注样式"和"替代标注样式"对话框的"线"选项卡上的"起点偏移量"中指定。如果选择一个圆，直径端点将用作尺寸界线的原点。用来选择圆的那个点定义了第一条尺寸界线的原点。

尺寸线位置：指定尺寸线的位置并确定绘制尺寸界线的方向。指定位置之后 Dimaligned 命令结束。

多行文字：显示多行文字编辑器，可用它来编辑标注文字。AutoCAD 2022 用尖括号（<>）表示生成的测量值。要给生成的测量值添加前缀或后缀，请在尖括号前后输入前缀或后缀。用控制代码和 Unicode 字符串来输入特殊字符或符号。

文字：在命令行自定义标注文字。输入标注文字或按 Enter 键接受生成的测量值。要包括生成的测量值，请使用尖括号（<>）表示生成的测量值。如果标注样式中未显示换算单位，可以通过输入方括号（【】）来显示换算单位。标注文字特性在"新建标注样式""修改标注样式"和"替代标注样式"对话框的"文字"选项卡上进行设置。

角度：修改标注文字的角度。

4. 基线标注（Dimbaseline）

Dimbaseline 命令可创建自相同基线测量的一系列相关标注。AutoCAD 2022 使用基线增量值偏移每一条新的尺寸线并避免覆盖上一条尺寸线。基线增量值在"新建标注样式""修改标注样式"和"替代标注样式"对话框"线"选项卡上的"基线间距"中指定。

在命令窗口输入 Dimbaseline 命令，或选择"标注"→"基线"命令，根据提示选择对象（如果在当前任务中未创建标注，AutoCAD 2022 将提示用户选择线性标注、坐标标注或角度标注，以用作基线标注的基准）。如果选择的对象是线性标注或角度标注，则命令窗口提示如下：

命令：_DIMBASELINE

指定第二条延伸线原点或【放弃（U）/选择（S）】<选择>：

默认情况下，AutoCAD 2022 使用基准标注的第一条尺寸界线作为基线标注的尺寸界线原点。可以通过选择基准标注来替换默认情况，这时作为基准的尺寸界线是离选择拾取点最近的基准标注的尺寸界线。选择第二点之后，AutoCAD 2022 将绘制基线标注并再次显示"指定第二条尺寸界线原点"提示。要结束此命令，请按 Esc 键。要选择其他线性标注、坐标标注或角度标注作为基线标注的基准，请按 Enter 键。

如果选择的对象是坐标标注，则命令窗口提示如下：

命令：_DIMBASELINE

指定点坐标或【放弃（U）/选择（S）】<选择>：

可根据提示完成对对象坐标的标注。

5. 连续标注（Dimcontinue）

连续标注指从上一个标注或选定标注的第二条尺寸界线处创建线性标注、角度标注或坐标标注。

Dimcontinue 命令可绘制一系列相关的尺寸标注，例如添加到整个尺寸标注系统中的一些短尺寸标注。

在命令窗口输入 Dimcontinue 命令，或选择"标注"→"连续"命令，系统会自动跟随上一次标注形式，即可以进行连续标注操作。命令窗口提示如下：

命令：_ DIMCONTINUE

指定第二条延伸线原点或【放弃（U）/选择（S）】＜选择＞：

选择连续标注：【放弃（U）/选择（s）】＜选择＞：

指定第二条延伸线原点

命令行提示项的含义如下。

选择：根据提示在视图区内选择任意标注，系统会自动跟随所选标注进行连续标注命令。

第二条延伸线原点：使用连续标注的第二条延伸线原点作为下一个标注的第一条延伸线原点。当前标注样式决定文字的外观。

选择了连续标注后，AutoCAD 2022 将重新显示"指定第二条尺寸界线原点"提示。要结束此命令，请按 Esc 键。要选择其他线性标注、坐标标注或角度标注作为连续标注的基准，请按 Enter 键。

如果选择的是点坐标，则将基准标注的端点作为连续标注的端点，系统将提示你指定下一个点坐标。选择点坐标之后，AutoCAD 2022 将绘制连续标注并再次显示"指定点坐标"提示。要结束此命令，按 Esc 键。要选择其他线性标注、坐标标注或角度标注作为连续标注的基准，按 Enter 键。

5.3.3 弧线的基本标注——半径标注（Dimradius）

半径标注由一条具有指向圆或圆弧的箭头的半径尺寸线组成。如果 DIMCEN 系统变量不为 0，AutoCAD 2022 将绘制一个圆心标记。

在命令窗口输入 Dimradius 命令，或选择"标注"→"半径"命令，根据提示选择对象，再利用光标引导标注引线。其他设置与标注设置相同。

直径标注命令与半径标注命令相似，这里不再详细介绍。

5.3.4 其他标注

1. 坐标标注（Dimordinate）

坐标标注沿一条简单的引线显示指定点的 X 或 Y 坐标，这些标注也称为基准标注。AutoCAD 2022 使用当前用户坐标系（UCS）确定测量的 X 或 Y 坐标，并沿与当前 UCS 轴正交的方向绘制引线。按照通行的坐标标注标准，采用绝对坐标值。

在命令窗口输入 Dimordinate 命令，或选择"标注"→"坐标"命令，命令窗口提示如下：

命令：_ DIMORDINATE

指定点坐标：

指定引线端点或【X基准（X）／Y基准（Y）／多行文字（M）／文字（T）／角度（A）】：

命令行提示项的含义如下。

指定引线端点：使用点坐标和引线端点的坐标差可确定它是 X 坐标标注还是 Y 坐标标注。如果 Y 坐标的坐标差较大，那么就测量 X 坐标，否则就测量 Y 坐标。

X 基准：测量 X 坐标并确定引线和标注文字的方向。AutoCAD 2022 显示"引线端点"提示，从中可以指定端点。

Y 基准：测量 Y 坐标并确定引线和标注文字的方向。AutoCAD 2022 显示"引线端点"提示，从中可以指定端点。

2. 角度标注（Dimangular）

角度标注是测量两条直线或三个点之间的角度。要测量圆的两条半径之间的角度，可以选择此圆，然后指定角度端点。对于其他对象，需要选择对象然后指定标注位置。还可以通过指定角度顶点和端点来标注角度。创建标注时，可以在指定尺寸线位置之前修改文字内容和对齐方式。

需要注意的是，可以相对于现有角度标注创建基线和连续角度标注。基线和连续角度标注小于或等于 $180°$。要获得大于 $180°$ 的基线和连续角度标注，请使用夹点编辑拉伸现有基线或连续标注的尺寸界线的位置。

在命令窗口输入 Dimangular 命令，或选择"标注""角度"命令，命令窗口提示如下：

命令：_ DIMANGULAR

选择圆弧、圆、直线或<指定顶点>：

选择第二条直线：

指定标注弧线位置或【多行文字（M）／文字（T）／角度（A）／象限点（Q）】：

命令行提示项的含义如下。

选择圆弧：使用选定圆弧上的点作为三点角度标注的定义点。圆弧的圆心是角度的顶点，圆弧端点成为尺寸界线的原点。AutoCAD 2022 在尺寸界线之间绘制一条圆弧作为尺寸线，从角度端点到与尺寸线的交点绘制尺寸界线。

选择圆：将选择点（1）作为第一条尺寸界线的原点，圆的圆心是角度的顶点。

选择直线：用两条直线定义角度。

AutoCAD 2022 通过将每条直线作为角度的矢量（边）并将直线的交点作为角度顶点来确定角度。尺寸线跨越这两条直线之间的角度。如果尺寸线不与被标注的直线相交，AutoCAD 2022 将根据需要通过延长一条或两条直线来添加尺寸界线。该尺寸线（弧线）张角始终小于 $180°$。

> 注意：角度顶点可以同时为一个角度端点。如果需要尺寸界线，那么角度端点可用作尺寸界线的起点。

5.3.5 编辑标注样式及尺寸

在 AutoCAD 2022 中，可以对已标注对象的文字、位置及样式等内容进行修改，而不必删除所标注的尺寸对象再重新进行标注。

1. 编辑尺寸标注

利用尺寸标注的编辑操作可以更改尺寸数值、使标注的数值转动某一角度、使尺寸界线倾斜。在 AutoCAD 2022 中，使用该编辑尺寸标注命令可以同时改变多个标注对象的文字和尺寸界线，用户可以通过以下几种方法来启动该命令。

（1）输入命令

菜单栏：选择【标注】菜单→【倾斜】命令。

工具栏：在【标注】工具栏中单击按钮。

命令行：键盘输入 DIMEDIT。

命令别名：键盘输入 DED。

（2）默认操作选项

命令：_ DIMEDIT

输入标注编辑类型【默认（H）/新建（N）/旋转（R）/倾斜（O）】（默认）：选择一尺寸标注）

选择对象：找到 1 个

（3）其他选项操作

【新建（N）】选项：更改尺寸数值的操作。

【旋转（R）】选项：字体旋转的操作。

【倾斜（O）】选项：使尺寸界线倾斜的操作。

【默认（H）】选项：恢复默认位置的操作。所谓"默认位置"是指在标注样式中确定的尺寸文本位置或经旋转、更改编辑过的尺寸文本位置。

2. 编辑标注文字的位置

用于改变尺寸文本的位置。其中［I］选项和［R］选项仅适用于线性尺寸和半径、直径尺寸的标注情况。使用 DIMTEDIT 命令可以用于移动和旋转标注文字，用户可以通过以下几种方法来启动该命令。

（1）输入命令

菜单栏：选择【标注】菜单→【对齐文字】命令。

工具栏：在【标注】工具栏中单击按钮。

命令行：键盘输入 DIMTEDIT。

命令别名：键盘输入 DIMTED。

（2）默认操作选项

命令：_ DIMTEDIT

选择标注：（拾取一尺寸标注）

指定标注文字的新位置或【左（L）/右（R）/中心（C）/默认（H）/角度（A）】：（拾取一新位置）

（3）其他选项操作

【左（L）】选项：左对齐操作。

【右（R）】选项：右对齐操作。

【中心（C）】选项：居中操作。

【默认（H）】选项：恢复默认位置的操作。

【角度（A）】选项：旋转角度操作。

5.3.6 替代标注

用于重新设置尺寸标注的系统变量。通常，AutoCAD 2022 为某一系统变量设置了初始值，也就是默认值，使用 DIMOVERRIDE 命令可以重新设置系统变量。用户可以通过以下几种方法来启动该命令。

（1）输入命令

菜单栏：选择【标注】菜单→【替代】命令。

命令行：键盘输入 DIMOVERRIDE。

命令别名：键盘输入 DOV。

（2）默认操作选项

默认情况下，输入要修改的系统变量名，并为该变量指定一个新值。然后选择需要修改的对象，这时指定的尺寸对象将按新的变量设置做相应的更改。如果在命令提示下输入 C，并选择需要修改的对象，这时可以取消用户已做出的修改，并将尺寸对象恢复成在当前系统变量设置下的标注形式。下面以禁止显示第一尺寸线为例说明。

命令：_ DIMOVERRIDE

输入要替代的标注变量名或【清除替代（C）】：DIMSD1

输入标注变量的新值＜关＞：ON

输入要替代的标注变量名：↵

选择对象：找到 1 个

选择对象：↵

结果如图 5-17 所示。

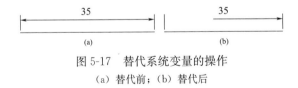

图 5-17 替代系统变量的操作

（a）替代前；（b）替代后

5.3.7 更新标注

选择此项，可以使标注的尺寸按当前尺寸标注样式进行更新。用户可以通过以下几种方法来启动该命令。

（1）输入命令

菜单栏：选择【标注】菜单→【更新】命令。

命令行：键盘输入 DIMSTYLE。

（2）默认操作选项

命令：_ DIMSTYILE

当前标注样式：ISO-25

输入标注样式选项【保存（S）/恢复（R）/状态（ST）/变量（V）/应用（A）/?】

（恢复）：选项或↵

（3）其他选项操作

【保存（S）】选项：将标注系统变量的当前设置保存到标注样式。

【恢复（R）】选项：将标注系统变量的设置恢复为选定标注样式的设置。

【状态（ST）】选项：显示所有标注系统变量的当前值。列出变量后，DIMSTYLE命令结束。

【变量（V）】选项：列出某个标注样式或选定标注的标注系统变量设置，但不修改当前设置。

【应用（A）】选项：将当前尺寸标注系统变量设置应用到选定标注对象，永久替代应用于这些对象的任何现有标注样式。

【?】选项：列出当前图形中命名的标注样式。

5.3.8　尺寸关联

尺寸关联是指所标注尺寸与被标注对象有关联关系。默认情况下，AutoCAD 2022将会创建关联标注。当修改与关联标注相关联的图像时，关联标注显示的测量值将会自动更新。

如果标注的尺寸值是按自动测量值标注，且尺寸标注是按尺寸关联模式标注的，那么改变被标注对象的大小后相应的标注尺寸也将发生改变，即尺寸界线、尺寸线的位置都将改变到相应新位置，尺寸值也改变成新测量值。反之，改变尺寸界线起始点的位置，尺寸值也会发生相应的变化。

第 6 章

块及外部参照

6.1　块的制作意义与原理

6.1.1　块的意义与特点

1. 块的意义

将一个或多个单一的实体对象整合为一个对象，这个对象就是图块。图块中的各实体可以具有各自的图层、线性、颜色等特征。在应用时，图块作为一个独立的、完整的对象进行操作，可以根据需要按一定比例和角度将图块插入到需要的位置。块分为两种：内部块和外部块。

2. 块的特点

（1）图块应是需要多次调用的图形，若仅一次需要，则没有必要建立图块。

（2）图块的修改具有链接性。只要在当前图形中修改已经定义了的图块，并以同名重新定义图块，那么原来插入的所有同名图块都会改变。例如，某一矩形图块曾被命名为"1"，后来又将一个三角形图块命名为"1"。那么，原来插入的矩形图块都将自动变为三角形。

（3）插入图块时，图块中 0 层实体的颜色和线型将随当前图层而变（因它被绘制在当前图层上），图块中其他层中的实体仍被绘制在同名图层，故插入时应在 0 层插入，它可以避免图块属性的某种改变。

（4）图块中实体处于非 0 层时，插入时仍绘制在同名图层。若当前图中的图层少于图块的图层，则当前图中将增加相应的图层。

6.1.2　块的创建与插入

1. 块的创建

块的创建分两种：内部块和外部块。

（1）内部块是指创建的图块保存在定义该图块的图形中，只能在当前图形中应用，而不能插入到其他图形中。

① 输入命令

菜单栏：选择【绘图】菜单→【块】命令→【创建】命令。

工具栏：在【修改】工具栏中单击 按钮。

命令行：键盘输入 BLOCK。

② 操作格式

命令：_ BLOCK

打开【块定义】对话框。当对话框中的第一、二步完成后，在绘图区选择要创建块的对象基点。接着完成第三步，在绘图区选择要创建块的对象。定义过程如图 6-1 所示。

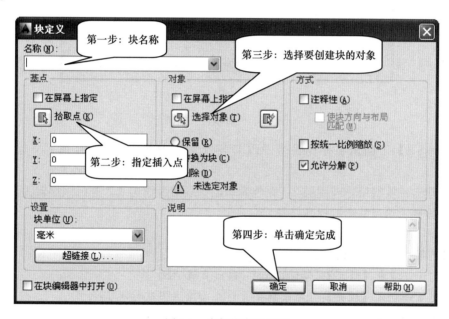

图 6-1　内部块定义步骤

（2）外部块与内部块的区别是，创建的图块作为独立文件保存，可以插入到任何图形中去，并可以对图块进行打开和编辑。

① 输入命令

命令行：键盘输入 WBLOCK。

② 操作格式

命令：_ WBLOCK

打开【写块】对话框。当对话框中的第一步、第二步完成后，在绘图区选择要作为块的对象基点。接着完成第三步，在绘图区选择要作为块的对象。完成第四步，选择保存路径，以备以后插入时使用。定义过程如图 6-2 所示。

注意：定义内部块和外部块中的第二、三两步操作没有先后之分。

图 6-2　外部块定义步骤

【例 6-1】下面请将标高符号 ABCD 定义为外部块，如图 6-3 所示。绘图过程如下。

① 建立细实线层，即图层 2，颜色为绿色，线型为细实线，并将该层置为当前层。

② 按照所给尺寸绘制标高符号。

命令：_LINE

指定第一点：单击绘图区任一点 A

指定下一点或【放弃】：@60，0↵（画出直线 AB）

指定下一点或【放弃】：（对象捕捉开）在绘图区内鼠标单击 A 点

指定下一点或【闭合（C）/放弃（U）】：（极轴开并将增量角设置为 30，对象捕捉追踪开）出现捕捉线并提示 330°时输入 20↵

画出直线 AC 过程如图 6-4 所示。

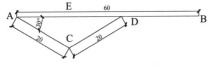

图 6-3　【例 6-1】示意图

图 6-4　标高符号的绘制（一）

命令：_MIRROR

选择对象：选择直线 AC↵

指定镜像线的第一点：（对象捕捉开）C 点

指定镜像线的第二点：（正交开）E 点

要删除源对象吗？【是（Y）/否（N）】＜N＞：↵

完成后如图 6-5 所示。

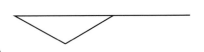

图 6-5　标高符合的绘制（二）

③ 定义外部块，过程如图 6-6 所示。

命令：_WBLOCK

指定插入基点：B 点（对象捕捉开）

选择对象：拾取 AB、AC、CD

选择对象：↵

外部块定义完成，文件名为"新快.dwg"。

2. 块的插入

块作为一个独立的对象，可以插入到其他图形中，并在插入的同时改变其比例和旋转角度。

（1）输入命令

菜单栏：选择【插入】菜单→【块】命令。

工具栏：在【修改】工具栏中单击 按钮。

命令行：键盘输入 INSERT。

（2）操作格式

命令：_INSERT

打开【插入】对话框，第一步找到要插入块的图形文件名称，如果路径名字不对，可以单击【浏览】按钮选择；第二步确定块在图形文件中的插入点，可以鼠标指定或直接输入坐标值；第三、四步确定块在插入时是否缩放和旋转。插入过程如图 6-7 所示。

【例 6-2】将【例 6-1】中完成的外部块插入到一个新图形中。

绘图过程如下：

① 单击 建立新图。

② 将块插入到这张新图中，按照如图 6-8 所示进行操作。

③ 单击【确定】按钮后完成了块的插入。

图 6-6　【例 6-1】定义步骤

图 6-7　【插入】对话框

图 6-8　【例 6-2】示意图

6.1.3　块的属性定义

规划设计及建筑设计中，需要标有不同的标高符号，如 3600、7200 等。标高符号和它的高度参数共同构成了一个完整块。在这里把高度参数 3600、7200 等称为块的属性，每次插入标高符号时，命令行将自动提示输入标高符号的高度参数。因此属性是块的文本信息，利用定义块属性的方法可以方便地加入需要的文本内容。

定义属性的步骤如下：

（1）输入命令

菜单栏：选择【绘图】→【块】→【定义属性】命令。

命令行：键盘输入 ATTDEF。

（2）操作格式

命令：_ ATTDEF

弹出【属性定义】对话框，如图 6-9 所示，各部分选项含义说明如下。

图 6-9 　【属性定义】对话框

①【模式】选项区域

【不可见】复选框：选中该复选框，属性在图中不可见。

【固定】复选框：选中该复选框，属性为定值，该定值在定义属性时已经确定为一个常量，插入图块该属性值将保持不变。

【验证】复选框：选中该复选框，表示在插入图块时，系统会对用户输入的属性值提出验证要求。

【预设】复选框：选中该复选框，表示在定义属性时，系统要求用户为块指定一个初始值为属性值。不勾选，表示不预设初始值。

【锁定位置】复选框：如果取消锁定位置复选框，则属性在块中的位置是可变的，当选中块时，在属性上就会出现两个夹点，拖动夹点即可改变属性在块中的位置。

【多行】复选框：选中该复选框，表示文字属性不能再改回“单行”，不能在文字编辑中做任何修改，一旦修改，所有的格式信息将全部丢失。

②【属性】选项区域

【标记】文本框：识别图形中每次出现的属性，必须填写，不允许空缺。使用任何字符组合（空格除外）输入属性标记，系统将小写字母更改为大写字母。

【提示】文本框：指定在插入包含属性定义的块时显示的提示，如果不输入提示，属性标记将用作提示。

【默认】文本框：指定默认的属性值。

③【插入点】选项区域

确定属性文本在块中的插入位置。选择【在屏幕上指定】复选框，允许用户用鼠标在绘图区内选择一点作为属性文本的插入点；不选择【在屏幕上指定】复选框，用户可以直接在【X】、【Y】、【Z】文本框中输入插入点的坐标值。

④【文字设置】选项区域

【对正】下拉列表框：确定属性文本相对于插入点的对齐方式。

【文字样式】下拉列表框：通过文字标注样式的设置，选择属性文本的样式。

【文字高度】文本框：确定属性文本的字高。

【旋转】文本框：确定属性文本的旋转角度。

⑤【在上一个属性定义下对齐】复选框

勾选该复选框，表示当前属性将继承上一属性的部分参数，如字高、字体、旋转角度等。此时插入点选项组和文字选项组呈灰色显示。

6.1.4 应用实例

道路行道树的绘制（图 6-10）如下：

图 6-10　道路行道树平面图

（1）绘制平面树轮廓，选择工具栏 ⊘，在绘图区绘制半径为 1 的圆，然后利用偏移命令（O）向外偏移 30，绘制树的轮廓，如图 6-11 所示。

（2）绘制树叶，选择工具栏 ⬠，在大圆的外侧周围绘制大小不等的三角形，形成树叶的形状，如图 6-12 所示。

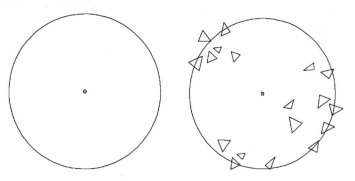

图 6-11　平面树轮廓　　　　图 6-12　平面树及树叶

（3）利用工具栏 🔲 将绘制好的平面树制成块，其中块名为"SHU"，基点为树的顶端。

（4）绘制道路基本形状，选择工具栏 〜，绘制道路基本形状，然后利用偏移命令（O）向外偏移 30，作为道路的宽度，如图 6-13 所示。

图 6-13　道路平面图

（5）选择菜单栏【绘图】→【点】→【定距等分】命令，选择道路边界线，在命令行的提示下，输入"B"→块名为"SHU"→选择对齐→输入间距为 60→按 Enter 键，完成图形。

6.2　外部参照制作与应用

外部参照就是引用外部图形文件。被引用的图形文件可以是 AutoCAD 2022 系统存储的，也可以是操作者自己绘制的。

外部参照与块有相似的地方，但它们的主要区别是：一旦插入了块，该块就永久性地插入到当前图形中，成为当前图形的一部分；而以外部参照方式将图形插入到某一图形（称之为主图形）后，被插入图形文件的信息并不直接加入到主图形中，主图形只是记录参照的关系，例如，参照图形文件的路径等信息。另外，对主图形的操作不会改变外部参照图形文件的内容。当打开具有外部参照的图形时，系统会自动把各外部参照图形文件重新调入内存并在当前图形中显示出来

6.2.1　外部参照制作

插入外部参照步骤如下：

选择【插入】→【DWG 参照】命令，打开【外部参照】对话框，如图 6-14 所示。选择参照文件，即要引用的文件。确定插入方式是"附着型"或"覆盖型"，单击【确定】按钮，确定插入当前文件的合适位置。

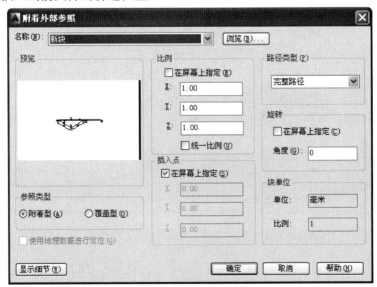

图 6-14　【外部参照】对话框

其中，附着型是指允许插入嵌套的参照文件，即要插入的参照文件本身也有参照文件。覆盖型是指在 A 图中插入参照文件 B 时，如果选择"覆盖型"，那么以后将 A 图作为参照文件插入到其他文件时，B 图不显示，即被覆盖。

6.2.2 应用实例

利用外部参照完成规划设计中的协同设计。

（1）常常依据实际地形，将地形图进行分割，本例中在如图 6-15 所示的地形沿虚线分割为 A、B 两块（实际过程中，可依据实际情况分割成多组）。

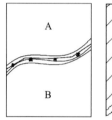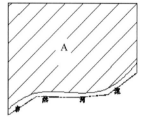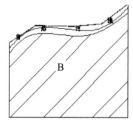

图 6-15　地形分割成 A、B 组

（2）分别由不同的组独立完成自己的方案。

（3）将各组的方案放在同一路径下，打开其中的一个文件，在当前的文件中利用外部参照插入另一文件，并以新的文件名（方案）存盘，结果如图 6-16 所示。

（4）方案经分析，需要调整，各组直接调整自己的方案，待方案完善后，各组只需要把自己的方案覆盖原文件保存，打开"方案"文件，文件会自动更新，如图 6-17 所示。

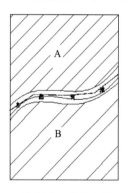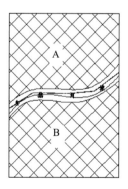

图 6-16　初步方案　　　　　　图 6-17　完善方案

第7章　图形输出

7.1　图形输出参数设置

7.1.1　模型空间和图纸空间

模型空间是一个三维坐标空间，主要用于几何模型的构建。而在对几何模型进行打印输出时，则通常是在图纸空间中完成。前面章节的所有内容都是在模型空间中进行的。图纸空间就像一张图纸，打印之前可以在上面排放图形。图纸空间用于创建最终的打印布局，而不用于绘图或设计工作。

在 AutoCAD 2022 中，图纸空间是以布局的形式来使用的。一个图形文件可包含多个布局，每个布局代表一张单独的打印输出图纸。在绘图区域底部选择【布局】选项卡，就能查看相应的布局。选择【布局】选项卡，就可以进入相应的图纸空间环境，如图 7-1 所示。

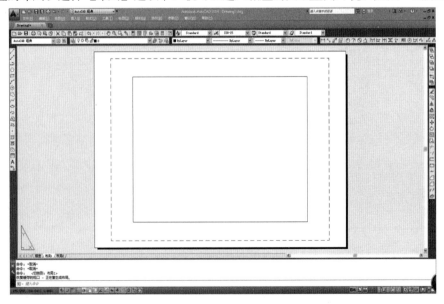

图 7-1　【布局】选项卡图纸空间环境

在图纸空间中，用户可随时选择【模型】选项卡（或在命令行输入 MODEI）来返回模型空间，也可以在当前布局中创建浮动视口来访问模型空间。浮动视口相当于模型空间中的视图对象，用户可以在浮动视口中处理模型空间对象。在模型空间中的所有修改都将反映到所有图纸空间视口中。

用户可在布局中的浮动视口上双击鼠标左键，或在状态栏中选择【模型】按钮，进入视口中的模型空间，如图 7-2 所示。而如果在浮动视口外的布局区域双击鼠标左键，或在状态栏中选择【图纸】按钮，则回到图纸空间。

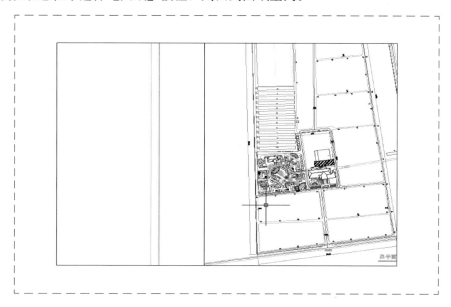

图 7-2   在布局中访问空间模式

用户可以使用布局进行打印，其基本步骤如下：

（1）创建模型图形。

（2）配置打印设备。

（3）激活或创建布局。

（4）指定布局页面设置，如打印设备、图纸尺寸、打印区域、打印比例和图形方向。

（5）插入标题栏。

（6）创建浮动视口并将其置于布局中。

（7）设置浮动视口的视图比例。

（8）按照需要在布局中创建注释和几何图形。

（9）打印布局。

7.1.2   打印样式

打印样式是一种对象属性，可以控制输出图纸的特性，包括颜色、线型、线条宽度、线条端点样式、线条连接形式、图形填充样式、灰度比例、笔号、虚拟笔、颜色深浅等。在打印样式中，用户可以根据需要设置各种类型图形实体的全部特性，并将此特性存盘，在以后的输出中反复使用。

在 AutoCAD 2022 中，所有的图形实体和图层都有打印特性属性，为用户提供了很大的灵活性。

7.1.3 设置打印参数

在 AutoCAD 2022 中，打印样式是在打印样式表中进行定义的，根据打印样式类型的不同，打印样式表分为颜色相关打印样式表和命名打印样式表。

AutoCAD 2022 提供了打印样式命令，用户可以方便地使用该命令创建和编辑打印样式。

1. 启动方法

菜单栏：选择【文件】菜单→【打印样式管理器】命令

命令行：键盘输入命令，并按 Enter 键。打开【打印样式表】窗口，如图 7-3 所示。

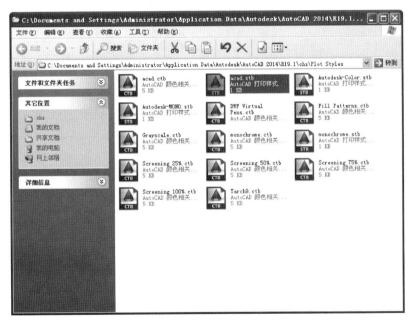

图 7-3 【打印样式表】窗口对话框

在【打印样式表】窗口中列出了当前正在使用的 AutoCAD 2022 的所有打印样式。无论是颜色相关打印样式还是命名打印样式，都分别存储于打印样式文件中，每个打印样式文件都包含一组相同类型的打印样式。颜色相关打印样式存储的文件后缀名为 .ctb，命名打印样式存储的文件后缀名为 .stb。

AutoCAD 2022 本身提供了打印样式文件，用户可以在此基础上进行修改，建立新的打印样式文件，也可以重新创建新的打印样式文件。

2. 在系统打印样式文件基础上建立新的打印样式

下面以颜色相关打印样式为例，修改系统打印样式，建立新的打印样式。在打印样式窗口内，双击 Fill Patterns.ctb 文件，打开【打印样式表编辑器】对话框，如图 7-4 所示。

在该对话框内有 3 个选项卡，分别为【常规】选项卡、【表视图】选项卡和【表格视图】选项卡，下面简要介绍这 3 个选项卡的功能。

（1）【常规】选项卡

如图 7-4 所示，【常规】选项卡列出了所选打印样式的信息，包括两个文本框和 1 个复选框。顶部显示出文件名称【打印样式表文件名】；中部列出了文件的相关信息；【说明】文本框可使用户输入打印样式文件的描述信息；【向非 ISO 线型应用全局比例因子】复选框，可以为当前打印样式下所有的非标准线型设置统一的比例系数；【比例因子】文本框用来输入比例系数。

图 7-4　【打印样式表编辑器】对话框

（2）【表视图】选项卡

单击【表视图】标签，列出【表视图】选项卡的内容，如图 7-5 所示。该选项卡包括打印样式项目区和打印样式列表区两个部分，以表格的形式列出了打印样式文件下所有的打印样式，用户可以对任一打印样式进行修改。打印样式项目区包括 4 个按钮，每个按钮对应着打印样式列表区内的相应项目；打印样式列表区共列出了 255 种打印样式，用户可对其中的项目进行选择和修改。

（3）【表格视图】选项卡

单击【表格视图】标签，列出【表格视图】选项卡的内容，如图 7-6 所示。该选项卡共有 3 个区域，所列项目与【表视图】选项卡中的项目完全相同，只是将打印样式的特性选项形式改为下拉列表框。

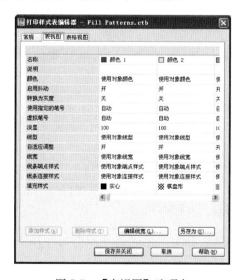

图 7-5　【表视图】选项卡　　　　　图 7-6　【格式视图】选项卡

3. 创建新的打印样式

AutoCAD 2022 提供了创建新的打印样式文件的向导，用户可以按照引导步骤创建新的打印样式。

（1）在【打印样式表】窗口中，双击【添加打印样式表向导】后，启动【添加打印样式表】对话框，如图 7-7 所示。

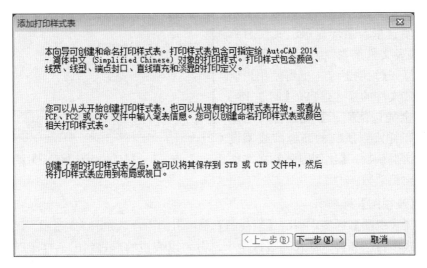

图 7-7　【添加打印样式表】对话框

（2）该对话框中对添加打印样式表等相关内容进行了介绍和说明。单击【下一步】按钮，进入【添加打印样式表-开始】对话框，如图 7-8 所示。

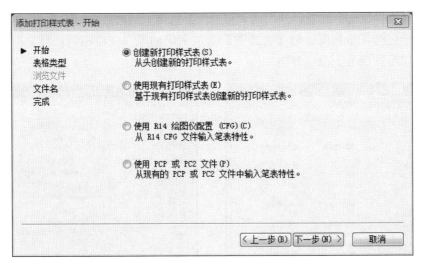

图 7-8　【添加打印样式表-开始】对话框

在该对话框中有 4 个单选按钮，用户可以选择其中一个确定所要创建的打印样式文件的类型，其功能分别介绍如下。

【创建新打印样式表】：利用默认设置创建新的打印样式文件。

【使用现有打印样式表】：利用已有的打印样式文件创建新的打印样式文件。

【使用 R14 绘图仪配置（CFG）】：利用 AutoCAD 2022 R14 打印配置文件创建新的打印样式文件。

【使用 PCP 或 PC2 文件】：利用 PCP 或 PC2 文件创建新的打印样式文件。

（3）单击【下一步】按钮，进入【添加打印样式表-选择打印样式表】对话框，如图 7-9 所示。该对话框中【颜色相关打印样式表】和【命名打印样式表】两个单选按钮，分别用来创建颜色相关打印样式和命名打印样式，用户可以选择其中一个创建新的打印样式文件。

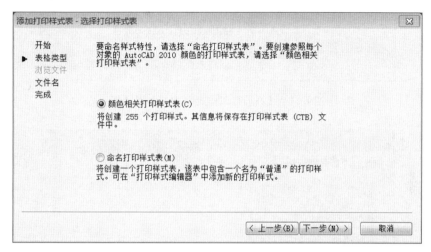

图 7-9 【添加打印样式表-选择打印样式表】对话框

（4）选择【命名打印样式表】单选按钮后，单击【下一步】按钮，进入【添加打印样式表-文件名】对话框，如图 7-10 所示。在此对话框中可以输入样式文件的名称。

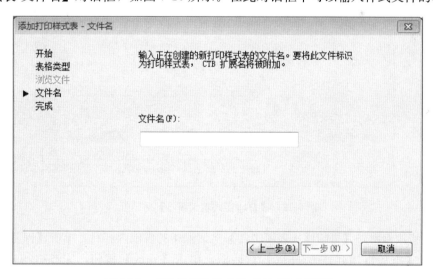

图 7-10 【添加打印样式表-文件名】对话框

（5）单击【下一步】按钮，进入【添加打印样式表-完成】对话框，如图 7-11 所示。在此对话框中单击【打印样式表编辑器】按钮可以打开【打印样式表编辑器】对话框，如图 7-12 所示，进行所需要的选项操作。

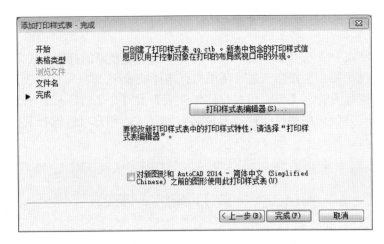

图 7-11 【添加打印样式表-完成】对话框

图 7-12 【打印样式表编辑器】对话框

（6）修改编辑好【打印样式表编辑器】对话框中的各项内容后，单击【保存并关闭】按钮返回【添加打印样式表-完成】对话框，单击【完成】按钮，完成打印样式表的添加。

7.1.4 打印样式的应用

作为一种对象特性，用户可以为 CAD 的图形、图层等对象设置打印样式特性。但对于不同的打印样式类型有着不同的应用。如果图形文件使用颜色相关的打印样式，则打印样式由对象或图层的颜色所决定；如果图形文件使用命名打印样式，则用户可以分别设置图形或图层的打印样式。可用的打印样式包括以下 3 种。

（1）使用对象的默认特性。

（2）Bylayer：使用对象所在图层的特。

（3）ByBlock：使用对象所在图块的特性。

设置图形文件打印样式的命令如下。

（1）选择【工具】菜单→【选项】命令，打开【选项】对话框，如图 7-13 所示。

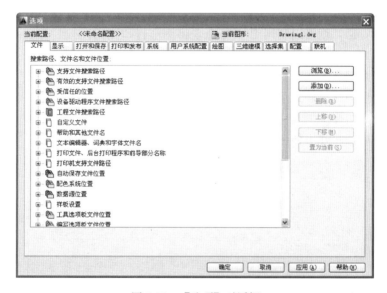

图 7-13　【选项】对话框

（2）选择【打印和发布】选项卡，单击右下方的【打印样式表设置】按钮，打开【打印样式表设置】对话框，如图 7-14 所示。

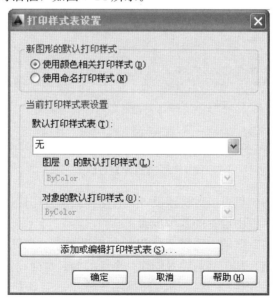

图 7-14　【打印样式表设置】对话框

该对话框有 3 个选项组，在其中的【新图形的默认打印样式】选项组中，用户可以为新建图形设置【使用颜色相关打印样式】或【使用命名打印样式】，并选择相关打印样式表。

7.2 图形输出

7.2.1 打印输出

页面设置好后，就可以利用 PLOT 命令将图形打印到绘图仪、打印机或文件。命令执行方式：

命令：键盘输入 PLOT 或 PRINT 命令。

菜单栏：选择【文件】菜单→【打印】命令。

工具栏：单击标准工具栏中的 🖶 按钮。

命令执行后，将弹出如图 7-15 所示的【打印】对话框。

图 7-15 【打印】对话框

在该对话框中，用户仍可以对打印设备、打印样式、打印比例等参数进行设置。

下面介绍在该对话框中设置的基本步骤：

（1）在"页面设置"区域内选择要使用的页面设置名，默认为当前页面设置。也可以单击"添加"按钮，基于当前设置创建一个新的命名页面设置。

（2）在"打印机/绘图仪"区域中，选择用于输出的打印机，并且可以通过"特性"按钮修改打印机的基本特性。

（3）如果打印时不是直接输出到打印机，而是保存为文件然后到其他计算机上打印，则应在"打印机/绘图仪"区域中令"打印到文件"复选框为选中状态。当所有选项设置好后，单击"打印"对话框中的"确定"按钮时将显示"打印到文件"对话框（即"标准"文件浏览对话框），用户可在其中指定打印的文件名及路径。

（4）在"图纸尺寸"下拉列表框中，选择要打印的图纸尺寸。

（5）在"打印区域"区域中，可以指定要打印的图形区域。在"打印范围"下拉列表框中，可以选择要打印的图形区域，包括"窗口""范围""图形界限""显示"几个选项，其中常使用"窗口"选项，并指定两个角点来定义要打印的区域。

（6）在"打印比例"区域中，可以设置出图比例。

（7）在"打印偏移"区域中，指定打印区域相对于可打印区域左下角或相对于图纸边的偏移量，通过在"X 偏移"和"Y 偏移"文本框中输入正值或负值，可以偏移图纸上的几何图形。当选中"居中打印"复选框时，将自动计算 X 偏移和 Y 偏移值，在图纸上居中打印。

（8）在"打印份数"区域中，指定要打印的份数。当打印到文件时，此选项不可用。

（9）单击对话框底部的"预览"按钮，可以在打印前先预览一下打印的效果，避免一些失误。

（10）单击对话框右下角的"更多选项"按钮时，将显示"打印"对话框的更多选项，包括：打印样式表（笔指定）、着色视口选项、打印选项、图形方向，在这里用户可以更详细地设置。

（11）单击"确定"按钮，开始打印。

7.2.2　输出 DWF 文件

用户可以创建 Design Web Format（DWF）文件，这是一种二维矢量文件，使用这种格式可以在 Web 或网上发布图形。每个 DWF 文件可包含一张或多张图纸。

打印 DWF 文件的步骤如下所述：

（1）使用菜单命令"文件"→"打印"。

（2）在如图 7-5 所示的"打印"对话框中，在"打印机/绘图仪"区域的"名称"下拉列表框中选择 DWF6 ePlot. pc3 配置。

（3）根据需要为 DWF 文件选择打印设置。

（4）单击"确定"按钮。

（5）在"浏览打印文件"对话框中，选择一个位置并输入 DWF 文件的文件名。

（6）单击"保存"按钮。

至此，将图形打印成 DWF 格式，任何人都可以使用 Autodesk DWF Viewer 打开、查看和打印 DWF 文件（但不能修改）。

7.2.3　输出 JPEG 文件

有时需要将 AutoCAD 2022 中的图输出到 Photoshop 等图像处理软件中进行再加工，例如建筑图中的平面图、立面图经常要调到 Photoshop 中进行色彩等方面的处理，此时就要将 AutoCAD 2022 中的图输出成光栅文件。

虽然可以利用截图工具输出成 JPEG 格式，但是该方法输出的图像分辨率太低，往往不能满足要求，因此就需要使用下面介绍的方法——打印到光栅文件的方法。

具体步骤如下所述：

（1）使用菜单命令"文件"→"绘图仪管理器"，弹出如图 7-16 所示的 Plotters 窗口。

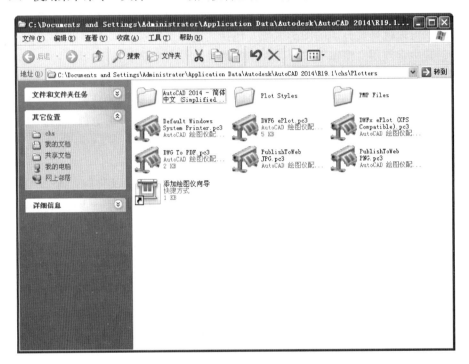

图 7-16　Plotters 窗口

（2）在该窗口中双击"添加绘图仪向导"图标，弹出如图 7-17 所示的【添加绘图仪-简介】对话框。

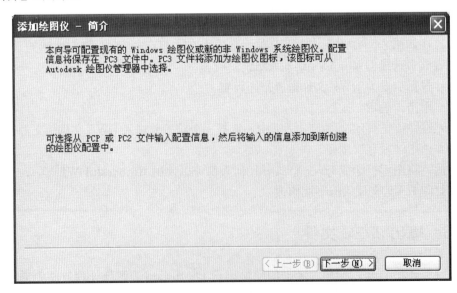

图 7-17　【添加绘图仪-简介】对话框

（3）单击"下一步"按钮，弹出如图 7-18 所示的【添加绘图仪-开始】对话框。

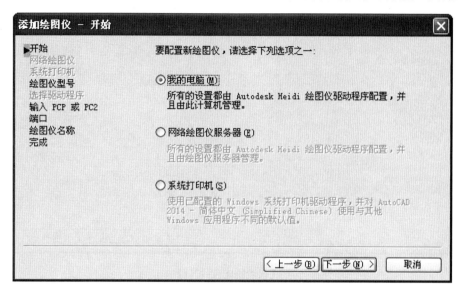

图 7-18   【添加绘图仪-开始】对话框

（4）单击"下一步"按钮，弹出如图 7-19 所示的【添加绘图仪-绘图仪型号】对话框，在"生产商"列表框中选择"光栅文件格式"，然后在"型号"列表框中选择要输出的文件格式，本图中选择的是 JPEG 格式。

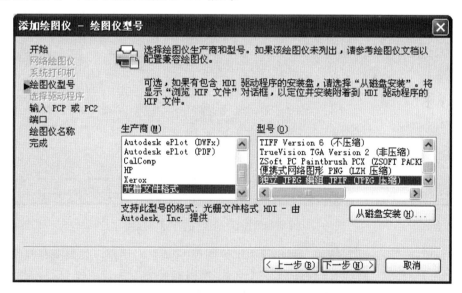

图 7-19   【添加绘图仪-绘图仪型号】对话框

（5）单击"下一步"按钮，弹出【添加绘图仪-输入 PCP 或 PC2】对话框，再单击"下一步"按钮，弹出如图 7-20 所示的【添加绘图仪-端口】对话框，在其中选中"打印到文件"单选按钮。

（6）单击"下一步"按钮，弹出如图 7-21 所示的【添加绘图仪-绘图仪名称】对话框，从中输入自定义的绘图仪名称，例如图中输入为"JPEG 格式"。

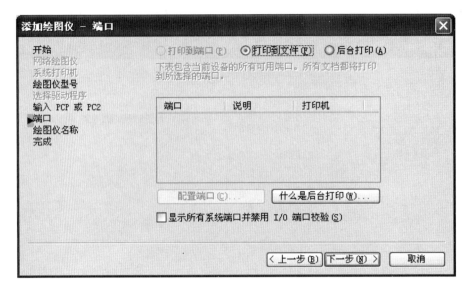

图 7-20　【添加绘图仪-端口】对话框

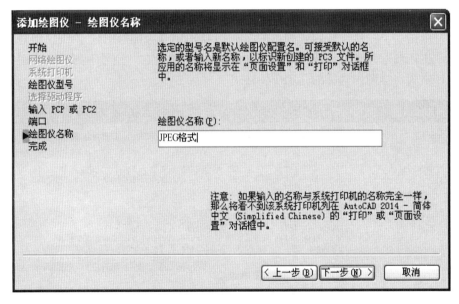

图 7-21　【添加绘图仪-绘图仪名称】对话框

（7）单击"下一步"按钮，弹出【添加绘图仪-完成】对话框，如果没有要修改的，单击"完成"按钮。此时，已添加了一个名为"JPEG 格式"的绘图仪。

（8）下面进行打印。使用菜单命令"文件"→"打印"，弹出如图 7-22 所示的【打印】对话框。

（9）在该对话框的"打印机/绘图仪"区域的"名称"下拉列表框中选择刚才新定义的绘图仪名称，例如"JPEG 格式.pc3"。

（10）然后单击绘图仪名称右侧的"特性"按钮，弹出如图 7-23 所示的【绘图仪配置编辑器-JPEG 格式.pc3】对话框。

图 7-22 【打印 JPEG 格式.pc3】对话框

图 7-23 【绘图仪配置编辑器-JPEG 格式.pc3】对话框

(11) 在"设备和文档设置"选项卡中的"用户定义图纸尺寸与校准"下选择"自定义图纸尺寸"选项，再单击右侧的"添加"按钮，弹出如图 7-24 所示的【自定义图纸尺寸-开始】对话框。

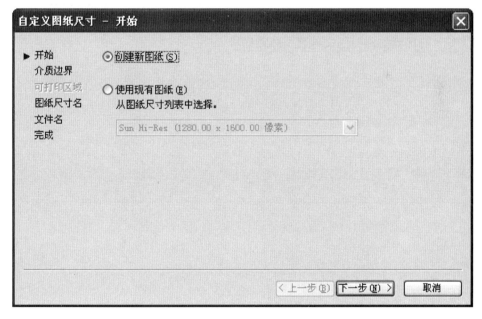

图 7-24 【自定义图纸尺寸-开始】对话框

(12) 单击"下一步"按钮，弹出如图 7-25 所示的【自定义图纸尺寸-介质边界】对话框，从中输入输出图像的尺寸（该尺寸要根据该图在 Photoshop 处理后要出图的尺寸来定），本例中为 1280×1600 像素。

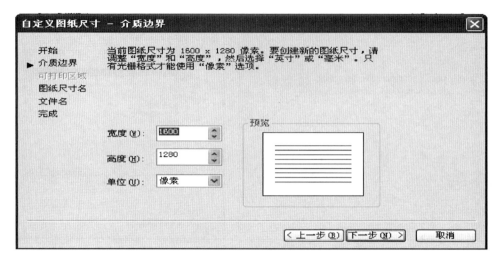

图 7-25 【自定义图纸尺寸-介质边界】对话框

（13）单击"下一步"按钮，弹出【自定义图纸尺寸-图纸尺寸名】对话框，在其中可以设置图纸尺寸名称，也可以接受默认值。

（14）单击"下一步"按钮，弹出【自定义图纸尺寸-完成】对话框，单击"完成"按钮，回到【打印机配置编辑器-JPEG 格式 . pc3】对话框，在"自定义图纸尺寸"中已多了刚才设置的图纸尺寸，单击"确定"按钮，回到【打印】对话框。

（15）在"打印"对话框的"图纸尺寸"区域中选择刚创建的自定义的尺寸，并按照实际需要对打印的其他选项进行合适的设置。至此设置完毕，单击"确定"按钮，并设置好"打印到文件"的文件名及路径即可。

GPCADZ（总图设计软件）部分

第 8 章　道路绘制

第 9 章　总平面布置

第 10 章　绿化布置

第 11 章　管线竖向与管线综合

第 12 章　总图指标统计

第 13 章　出图设置

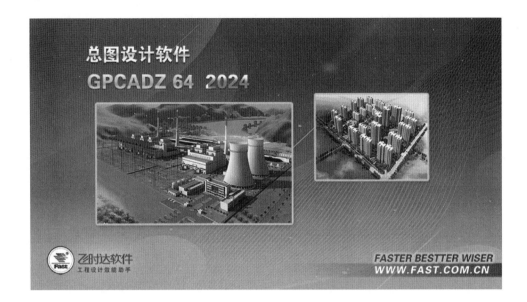

　　总图设计软件（GPCADZ）是飞时达 CAD 系列软件之一，适用于工厂总图运输设计、工业企业总平面设计、民用居住区场地总平面设计、修建性详细规划设计、建筑总平面设计及园林绿化设计等设计领域。

　　总图设计软件 GPCADZ 为场地总图设计部门提供一套完整、智能化、自动化的解决方案，内容覆盖场地总图设计的各个层面，是方便快捷的绘图和计算工具，能够辅助设计人员进行地形处理、道路设计、铁路路线设计、总平面设计、构筑物绘制、小区日照计算、绿化布置、竖向设计、三维场地、土方计算、管线综合、总图指标、详规指标、三维地物效果图制作等工作。

第 8 章

道路绘制

8.1 功能简介

本章主要提供了道路绘制、道路单线转换、道路多线转换、带宽度线转换成道路、道路修改、道路编辑、道路统计等功能。GPCADZ 的道路采用几何识别技术，用户只需将道路中线、边线、人行道线放置在不同的图层上即可使用道路设计模块中的全部功能，并且道路边线、人行道线可以使用 CAD 命令随意编辑处理，所有道路参数均可以定制。双击道路中心线可以对道路属性进行编辑（与道路信息编辑命令相同）。

8.2 线转道路

提供了中心线生成道路，多条线逐条转换成道路，多条线、批量、一次性转换成道路及通过宽度线生成道路四种方式来转换生成道路。在道路填充、道路用地生成以及普通用地生成时都要用到道路范围红线，所以在老道路转新道路时，如果只有沿石线没有范围红线，请先使用沿石线复制成红线命令生成范围红线。

1. 中线转道路

菜单位置：道路→线转道路→中线转道路。

功能：在已知道路中心线的情况下，通过设置道路参数，生成带道路边线的道路。

在进入命令后，程序命令行提示：

请选择道路转换基线［端点容差设置（B）/修改线宽（X）］:

输入 B，修改道路中心线的容差，所谓容差就是道路中心线的误差值，比如容差是 5 表示当两根道路中心线距离小于 5 时，认为这两根道路中心线为同一根。如果要提取图中已有道路的参数作为转换参数，直接单击对话框中的提取参数的按钮进行提取。

说明：

（1）在单线转道路之前，通过道路→道路修整→重复线删除/中间点简化功能，将重复线及重复点删除掉，保证道路转换成功。

（2）线转道路时，道路绿化带不能同步绘制，只能先生成道路，再通过道路→道路信息编辑对话框里的"绘制道路分隔带"选项或道路→绿化分隔带→分隔带生成绘制绿化带。

2. 多线逐条转道路

菜单位置：道路→线转道路→多线逐条转道路。

功能：分别选择道路中心线、道路沿石线、道路红线进行转换。

3. 多线批量转道路

菜单位置：道路→线转道路→多线批量转道路。

功能：对非 GPCADZ 绘制的道路按图层或按不同的颜色进行转换。

通过单击各个图层后面的拾取按钮，选择不同的道路线，选择对应后单击确定按钮，程序自动进行转换，转换的道路，GPCADZ 软件能自动识别，如图 8-1 所示。

4. 宽度线转道路

菜单位置：道路→线转道路→宽度线转道路。

功能：将有宽度的线转换为道路中心线及道路红线（或沿石线）如图 8-2 所示。

5. 道路导线预处理

菜单位置：道路→线转道路→道路导线预处理。

功能：生成道路导线。

6. 沿石线复制红线

菜单位置：道路→线转道路→沿石线复制红线。

功能：选择缘石线，覆盖生成道路红线。

图 8-1 【道路参数设计】对话框

图 8-2 【道路转换线】对话框

8.3 道路的绘制

菜单位置：道路→道路绘制。

功能：设置道路参数，绘制新的路网。

1. 道路交叉口转角半径的参数设置

在绘制和转换道路时，道路交叉口转角半径可以通过两种方法确定：

（1）接输入半径；

（2）程序从参数表中自动匹配转角。

在处理道路交叉口时，程序可以自动按照设计人员自定义的参数去匹配交叉口转角半径。

交叉口半径参数表的值，可以单击修改按钮来修改，如图8-3所示。

选中某行，单击鼠标右键可以删除此行，当相交道路的路宽不能在该表中找到时，程序采用向上取整的方法进行处理，比如：当6.5米宽的道路与9m宽的道路相交时，程序将按9m宽道路与9m宽道路相交的转角半径进行处理，如图8-4所示。

2. 转角参数设置

（1）转角类型：根据所选的转角类型生成相应的道路转角。

（2）转角半径：可选择设置道路中线、缘石线、红线的半径。

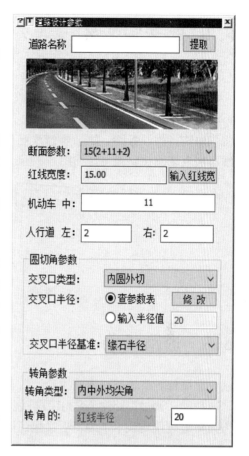

图8-3 【道路绘制】对话框

路宽	3.5	4.0	6.0	9.0	12.0	15.0	20.0	25.0
3.5	6.0							
4.0	6.0	6.0						
6.0	6.0	6.0	6.0					
9.0	6.0	9.0	9.0	12.0				
12.0	9.0	9.0	12.0	15.0	15.0			
15.0	9.0	9.0	12.0	15.0	18.0	18.0		
20.0	12.0	12.0	15.0	18.0	20.0	20.0	20.0	
25.0	12.0	12.0	15.0	18.0	20.0	20.0	20.0	20.0

表示9米宽道路和9米宽道路相交处的路沿石线半径

图8-4 【交叉口参数设计】对话框

8.4　路转圆弧路

菜单位置：道路→L 路转圆弧路。

功能：选择转角处的两条道路做转弯道路转弯段。

道路绘制、线转道路时，道路转弯处只做尖角处理，通过 L 路转圆弧路功能可以将尖角转换为圆弧路。如果要修改已有转弯路的半径，直接选择圆弧路两端的道路中线再次生成圆弧路即可，如图 8-5 所示。

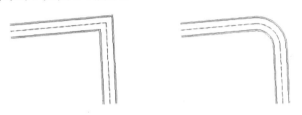

图 8-5　【L 路转圆弧路】图例

8.5　道路重绘

菜单位置：道路→道路重绘。

功能：通过道路中心线上的扩展信息自动生成道路线。用于处理有道路中心线，但道路边线误删或手工编辑后又想还原为原始参数的情况。

8.6　交叉口处理

菜单位置：道路→交叉口处理。

功能：对未作交叉处理的道路交叉口进行交叉处理，对已作交叉处理的道路交叉口进行圆切角半径修改处理，如图 8-6 所示。

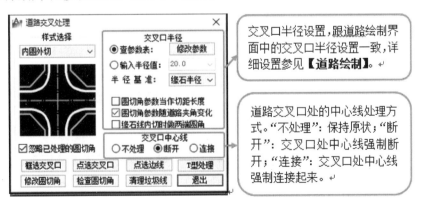

图 8-6　【交叉口处理】对话框

框选交叉口：批量框选道路交叉口进行交叉口处理。

点选交叉口：在道路交叉口范围内单击点选，对单个道路交叉口进行处理。

点选边线：当采用框选交叉口及点选交叉口都处理不了的时候，可以通过选择边线进行单个倒角。

修改圆切角：修改圆切角的转弯半径，支持批量框选。

检查圆切角：检查道路的圆切角是否完整，对于已经是道路圆切角的道路线，程序会进行加亮、加宽显示，通过选择道路线可以转换或去除圆切角。

清理垃圾线：去除道路交叉口处理过程中产生的小短线。

说明：

（1）由于道路交叉口算法的原因，可能在交叉口处理后，在某些交叉口的地方有小短线存在，可以直接 CAD 删除。

（2）丁字路口道路作交叉处理前，若两道路中心线未相交，则先将道路作相应的延伸或平移，让两道路中心线相交，然后再作交叉处理。

（3）为了保证道路绘制和交叉处理参数设置的一致性，交叉处理的默认值为最近道路绘制或最近交叉处理时的参数设置值，一处修改，另一处自动修改。

（4）为了数据独立性，除了中线不能对准的十字路口，道路中心线建议在交叉口处断开。

8.7 回车场环岛

1. 环岛生成

菜单位置：道路→回车场环岛→环岛生成。

功能：在道路交叉口绘制环岛。

在对话框中设置参数，设置完参数后，单击道路交叉口，自动生成环岛，如图 8-7 所示。

2. 道路回车场

菜单位置：道路→回车场环岛→道路回车场。

功能：绘制道路回车场。

选择回车场的类型，设置相关参数，绘制回车场。如果要将绘制出来的回车场方向反向，单击回车场镜像按钮，如图 8-8 所示。

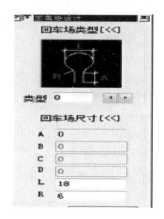

图 8-7　【环岛生成】对话框　　图 8-8　【道路回车场】对话框

8.8 喇叭口车港

1. 道路喇叭口

菜单位置：道路→喇叭口车港→道路喇叭口。

功能：绘制道路喇叭口。由于进口喇叭口与出口喇叭口的绘制参数不一致，程序可以在界面上分别设置进口喇叭口及出口喇叭口参数，绘制时自动判断进口及出口，绘制如图 8-9 所示。

分别输入入口道及出口道的喇叭口参数，选择相应的交叉口处道路边线（缘石线），绘制喇叭口。

偏移喇叭口：根据已有喇叭口，在另外的线上偏移出喇叭口，类似于 CAD 中的 Offset 功能。

删除喇叭口：删除不需要的喇叭口，道路按照原参数还原。

图 8-9 【道路喇叭口】对话框

2. 分隔带喇叭口

菜单位置：道路→喇叭口车港→分隔带喇叭口功能：在分隔带上绘制喇叭口，绘制如图 8-10 所示。

输入喇叭口参数，在分隔带上绘制喇叭口进行道路拓宽，当展宽宽度（即 C 值）大于绿化分隔带宽度时，程序自动对整根分隔带进行偏移。

3. 道路车港

菜单位置：道路→喇叭口车港→道路车港。

功能：在道路边线及绿化带上绘制车港，界面如图 8-11 所示：

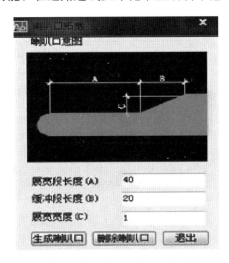

图 8-10 【分割带喇叭口】对话框

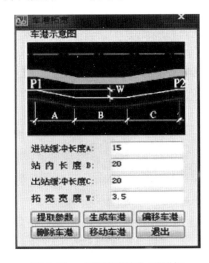

图 8-11 【道路车港】对话框

提取参数：从已有的喇叭口中提取喇叭口参数。

生成车港：选择车港的起点及凹进方向，在一根线上绘制车港，如果要在同样的位置，在另外的线上绘制车港，可以通过偏移车港功能进行偏移。

偏移车港：根据已有车港，在另外的线上偏移出车港。

删除车港：删除已有车港。

8.9 绿化分隔带

1. 分隔带生成

菜单位置：道路→绿化分隔带→分隔带生成。

功能：选择需要生成绿化带的道路中心线并自动生成分隔带。在道路绘制时，对于两块板以上的道路如果绿化带没有生成，可以通过此功能生成绿化带。

2. 分隔带开口

菜单位置：道路→绿化分隔带→单/多分隔带开口。

功能：将分隔带分割成两个部分。

3. 分隔带连接

菜单位置：道路→绿化分隔带→分隔带连接。

功能：将两段分隔带连接起来。

4. 分隔带封闭

菜单位置：道路→绿化分隔带→分隔带封闭。

功能：将图中未封闭的分隔带进行连接封闭处理。由于分隔带填充时分隔带必须是封闭的，所以当分隔带未封闭时，可以通过此功能进行自动封闭处理。

5. 分隔带裁剪

菜单位置：道路→绿化分隔带→分隔带裁剪。

功能：对分隔带进行裁剪处理，去掉不需要的部分。

6. 端点移动

菜单位置：道路→绿化分隔带→端点移动。

功能：将分隔带的某个端点进行移动。端点移动默认方向为锁定在道路中心线上，可以用方向锁定命令解除锁定。

7. 端点封闭

菜单位置：道路→绿化分隔带→端点封闭。

功能：对端点没有封闭的道路分隔带自动进行封闭处理。

8. 分隔带绘制

菜单位置：道路→绿化分隔带→等分绘制/自由绘制。

功能：绘制道路分隔带。

使用等分绘制功能，对单条道路进行等分分隔带绘制；使用自由绘制功能，沿线绘制、转换分隔带。

9. 分隔带填充

菜单位置：道路→绿化分隔带→分隔带填充。

功能：对分隔带进行色块填充。由于分隔带填充只能填充封闭的分隔带，如果发现分隔带没封闭，可以通过分隔带封闭功能进行自动封闭。

8.10 道路编辑

1. 道路线检查

菜单位置：道路→道路编辑→道路线检查。

功能：道路线检查主要是检查道路中心线是否有对应的道路边线，道路圆切角与道路边线是否存在识别错误（将道路边线识别成道路圆切角或将道路圆切角识别成道路边线）如图 8-12 所示。

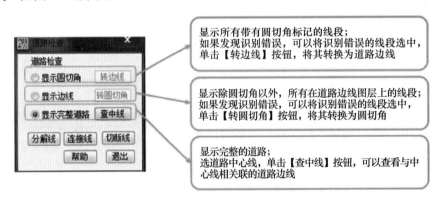

图 8-12 【道路线检查】对话框

分解线：将道路线在节点处分解，类似 CAD 中的 Explode 功能，只是分解后的实体类型不同。

连接线：将线断连接成一根线。

切断线：将线段在某点处断开，类似 CAD 中的 Break 功能。

2. 道路删除

菜单位置：道路→道路编辑→道路删除。

功能：对图中的道路进行删除，在删除道路的时候，程序自动对交叉口处的道路进行连接处理。此功能与 CAD 中的删除功能相近，但用 CAD 直接删除，在道路交叉口的地方需要手工进行处理，手工处理后的道路不影响后续的道路处理统计功能。

3. 端点移动

菜单位置：道路→道路编辑→端点移动。

功能：移动道路端点，当道路端点与其他路相交时，程序自动进行交叉口处理。

4. 交叉口移动

菜单位置：道路→道路编辑→交叉口移动。

功能：对道路交叉口进行小范围的移动，相关的道路交叉口信息保持不变，如果已经标注了曲线要素，程序将自动修改曲线要素的各项值。

5. 道路连接

菜单位置：道路→道路编辑→道路连接。

功能：选择道路中心线，自动将断开的道路延伸后连接为 1 条道路。

做道路线整体连接的时候，需要道路线的方向一致，当走向不一致的时候，道路连接处理会出错，此时可以用道路线反向功能处理之后再连接。

6. 道路线反向

菜单位置：道路→道路编辑→道路线反向。

功能：变换道路线的走向。

7. 圆切角互转

菜单位置：道路→道路编辑→圆角转切角/切角转圆角。

功能：在保持半径不变的情况下进行道路转角的圆角、切角互换。

8. 视距三角形

菜单位置：道路→道路编辑→视距三角形。

功能：根据交叉口视距要求调整道路交叉口切角。

8.11　道路标准横断面

道路横断面生成有两种方式：第一种是根据图中的道路绘制道路断面；第二种是直接调用道路横断面图库。

道路横断面绘制操作分两步：

（1）道路断面编号标注；（2）标准断面绘制。

1. 断面编号标注

菜单位置：道路→标准横断面→断面编号标注。

功能：根据图中道路的不同断面参数标注道路断面编号，如图 8-13 所示。

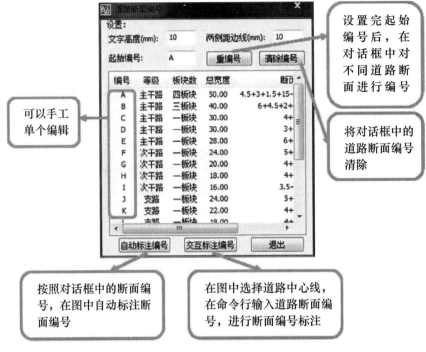

图 8-13　【断面编号标注】对话框

2. 标准断面绘制

菜单位置：道路→标准横断面→标准断面绘制。

功能：对已经有道路断面编号的道路进行标准断面绘制。界面如图 8-14 所示。

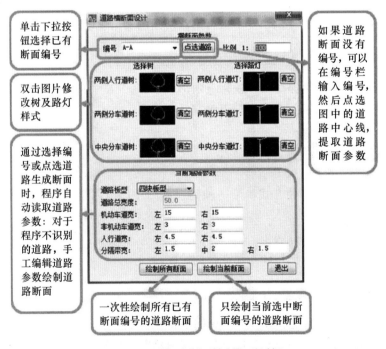

图 8-14　【标准断面绘制】对话框

3. 道路横断面图库调用

菜单位置：道路→标准横断面→道路断面图库。

功能：直接将道路断面图库中的道路断面插入图中。双击道路断面图，直接插入到绘图区域即可。如果要编辑断面图的编号，可以直接双击编号进行编辑，如图 8-15 所示。

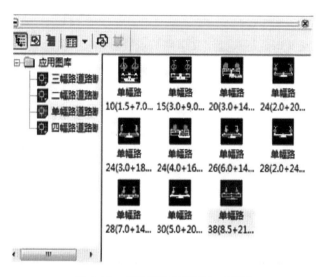

图 8-15　【道路断面图库】对话框

8.12　道路信息编辑

菜单位置：道路→信息编辑。

功能：对图中已有的道路进行编辑，包括道路板型、道路宽度、道路名称等信息。此功能也可以通过双击道路中心线实现。

8.13　道路名称

菜单位置：道路→道路名称。

功能：修改定义道路名称。

进入菜单功能后，弹出对话框，界面如图 8-16 所示。

输入路名后，单击添加按钮，选择道路中心线，定义道路名称。如果选到的道路中心线已经定义过道路名称，程序会提示是否进行覆盖。

如果要查看图中未定义路名的道路，则勾选 预览无名路 选项；如果要查看图中当前路名的道路，则勾选 预览当前有名路 选项。

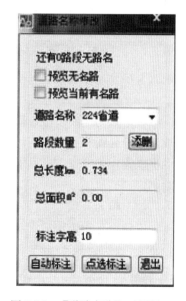

图 8-16　【道路名称】对话框

单击自动标注按钮，程序自动将定义过路名的道路进行路名标注；单击点选标注按钮，对单条道路进行路名标注；路名标注的字高通过 标注字高 10 设置，在点选标注时，若没有路名将提示输入路名。

8.14　道路节点编号

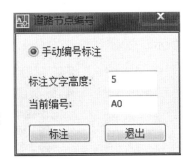

图 8-17　【节点编号】对话框

菜单位置：道路→节点编号。

功能：在道路交叉口或尽头处定义道路节点编号。

单击道路交叉口附近，程序自动定位到道路中心线交点处进行道路节点编号标注，如图 8-17 所示。

8.15　道路范围线

菜单位置：道路→道路范围线。

功能：单独绘制道路范围线。如果在当前图中已经绘制过规划范围线，程序自动默认规划范围线即为道路范围线。

8.16　道路填充

菜单位置：道路→道路填充。

功能：按道路等级对道路进行颜色填充。道路填充的时候，程序按半幅路进行填充。默认不同的道路等级填充不同的颜色。界面如图 8-18 所示。

（1）填充模式

道路填充方式有两种，如果严格按照道路红线范围进行填充，勾选 ◉道路实际范围 选项；如果按照道路长×宽的模式来填充，勾选 ○长度X宽度范围 选项。

（2）绘制道路分界线

单击自动生成按钮，程序自动在道路交叉口及断头处生成道路分界线。由于道路比较复杂，对于不能自动生成或自动生成错误的地方，可以手工删除或通过补绘按钮进行手工绘制。

（3）填充方式

道路分界线生成后，单击 选中线 按钮，框选道路进行批量填充，对于不能填充的道路，可以选择 BO 搜索 、框点搜索 、跟踪描绘 功能进行单个填充。

（4）填充编辑

如果要删除道路填充，可以通过 删 除 按钮进行删

图 8-18　【道路填充】
　　　　对话框

除，删除时，程序自动进行过滤，只删除道路填充，还可以利用 分割 、 合并 按钮对道路填充进行编辑， 检查 按钮可以检查未关联的道路填充、重复关联的道路填充、未关联填充的道路中线、重叠的道路填充，点击 清除 按钮清除异常填充或中线， 关联中线 按钮可以控制中线与填充的关联。

填充的道路面积自动在 填充面积：0 M2 显示。

8.17 道路长度面积

菜单位置：道路→道路长度面积。

功能：按道路等级或道路宽度或道路名称查询统计道路的长度、面积及路网密度。由于道路面积是按道路填充进行计算，所以要统计道路面积，必须进行道路填充。界面如图8-19所示。

8.18 道路坐标表

图8-19 【道路长度面积】对话框

菜单位置：道路→道路坐标表。

功能：输出道路端点坐标表。表格如图8-20所示。

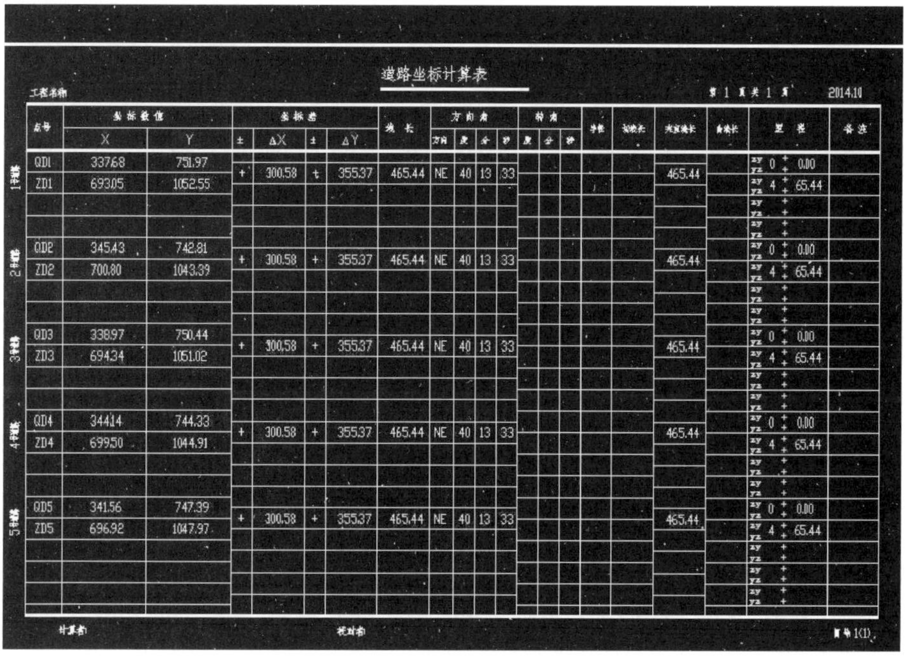

图8-20 【道路坐标表】对话框

如果需要修改表格的格式，用户可以直接打开"..\FastData\GPCADZ V8.0\Standards\工业总图标准（民用总图标准）\管线表格\道路坐标表.dwg"文件进行修改。

8.19　道路一览表

菜单位置：道路→道路一览表。

功能：按路宽、路名、路段、横断面编号对道路进行汇总出表。汇总表可以直接在图上绘制，也可以导出到 word 及 excel 中。双击统计表中的某一行，可以在图中直接定位。界面如图 8-21 和图 8-22 所示。

道路一览表				
道路编号	类别	长度(km)	面积(hm²)	备注
1	8m道路	3.577	2.862	
2	回车场	0.086	0.038	
3	合计	3.662	2.899	
4				
5	车行道线	6.845		
6	人行道线	0.000		
7	合计	6.845	0.000	
8				
				道路净面积为 2.967

图 8-21　【一览表】对话框（1）

图 8-22　【一览表】对话框（2）

第 9 章　总平面布置

9.1　功能简介

本章主要是进行总平面的布置，包括规划建设用地生成，地面图案铺砌、沿路布置路灯、停车位停车场绘制、插风玫瑰、指北针、绘制图例表格等，最终生成总平面图。

9.2　建筑坐标网

菜单位置：总平面→建筑坐标网。

功能：在已经设置好建筑坐标系的情况下，通过参考设置参数生成建筑坐标网，如图 9-1 所示。

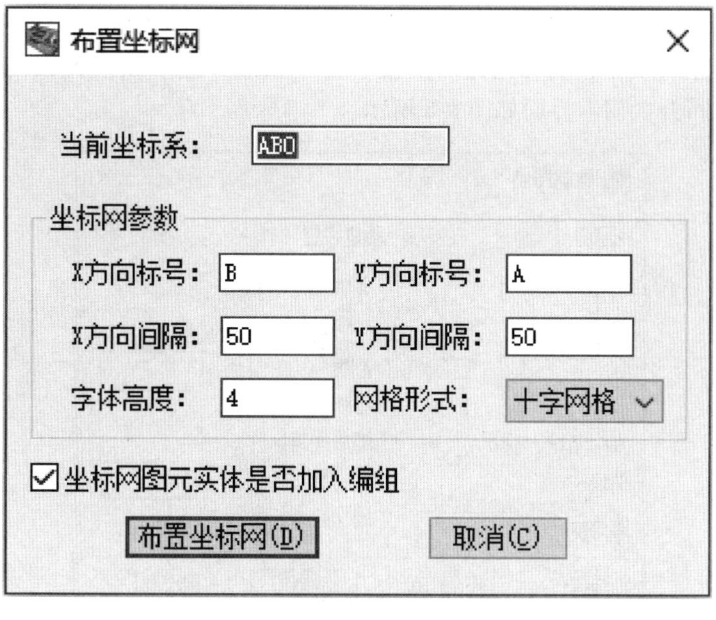

图 9-1　【建筑坐标网】对话框

9.3　建设用地范围

菜单位置：总平面→建设用地范围。

功能：可以通过绘制、选择闭合实体、拾取闭合区域三种方式生成建设用地范围线。

9.4　代征用地

菜单位置：总平面→代征用地。

功能：绘制代征用地范围线。指建设用地范围内除规划建设用地以外的各类用地，包括非直接为本区居民配建的道路用地、河道、保留的自然村或不可建设用地等。与规划建设用地可生成规划总用地。

进入菜单功能后，弹出"规划征地红线"对话框，界面如图9-2所示。

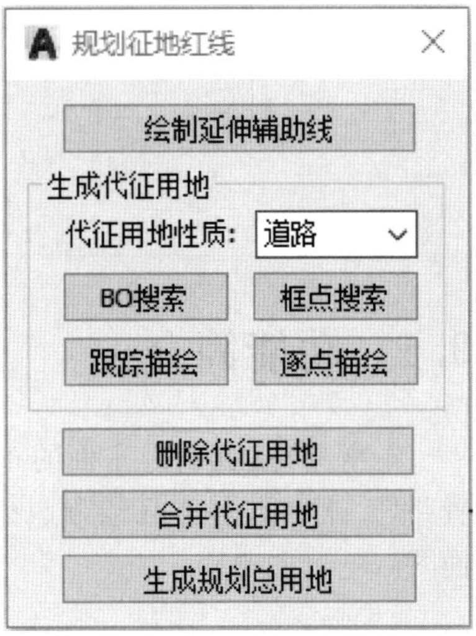

9.5　围墙

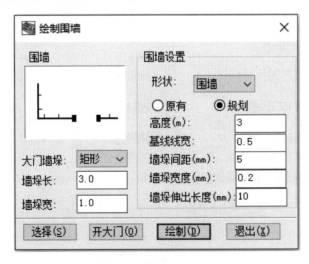

图9-2　【代征用地】对话框

1. 砖围墙

菜单位置：总平面→围墙→砖围墙。

功能：选择多义线绘制围墙。

可选绘制围墙与通透围墙，围墙样式会显示在左上角图例处，对话框内可以设置围墙的高度、基线线宽、墙垛间距、宽度、伸出长度，还可以设置大门的墙垛形状、长宽对围墙进行开大门，界面如图9-3所示。

图9-3　【砖围墙】对话框

2. 其他围墙

菜单位置：总平面→围墙→其他围墙。

功能：支持"金属围栅""金属围墙""围栅""镀锌刺丝"等四种样式的平面围墙生成，同时支持围墙开大门，界面如图 9-4 所示。

图 9-4 　【其他围墙】对话框

3. 围墙长度统计

菜单位置：总平面→围墙→围墙长度统计。

功能：对各种类型围墙的长度进行统计，绘制统计表或导出 Excel，界面如图 9-5 所示。

图 9-5 　【围墙长度统计】对话框

9.6 便道绘制

软件提供了小区便道绘制、任意便道绘制两种方法绘制宅间小路。小区便道绘制可以绘制直线的宅间小路，也可以绘制 Spline 线便道，绘制出来的小路与道路边线相交时程序能自动进行交叉口处理；任意便道边线是绘制的 Sketch 任意便道。

9.7 地面铺砌

菜单位置：总平面→地面铺砌/地面铺砌统计。

功能：通过地面铺砌功能，指定边界生成填充，可设置填充的颜色、图案、比例、角度，还可以设置边界范围的名称并设置字高；地面铺砌统计可以设置边界范围的名称统计铺砌面积。

9.8 沿路布置路灯

菜单位置：总平面→沿路布灯。

功能：沿路布置路灯。

步骤：（1）设置好路灯的比例、旋转角度、间距、距行车道的距离等参数。

（2）点"选择路灯"，将弹出选择路灯的对话框，选择需要的路灯。

（3）最后是设定布置路灯的道路方式（选择相连的道路、选择单条道路或所有道路），界面如图 9-6 所示。

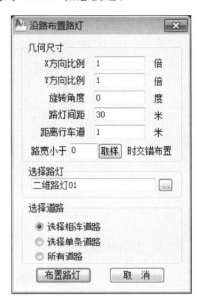

图 9-6 【沿路布灯】对话框

9.9 停车场车位

1. 停车位绘制

菜单位置：总平面→停车场车位→停车位绘制。

功能：绘制停车位。输入停车位的长、宽，最后确定停车方向。

如图 9-7 所示，用户可按照需求，选择合适车型，插入车型图块，双击图库，进入图库选择。

沿线绘制：批量绘制停车位，可依据设置的停车参数，布置方式等选线布置，也可绘线布置。

单个车位：单个绘制停车位，可依据实际地形，自定义角度依次布置停车位。

图 9-7 【停车位绘制】对话框

2. 停车位编号

菜单位置：总平面→停车场车位→停车位编号。

功能：给已绘制的停车位编号。选择需要标注的停车位，软件自动标注编号，可选择编号标注的位置和标注的样式，界面如图9-8所示。

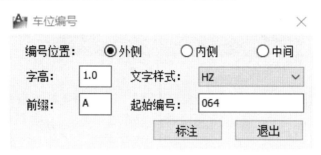

图9-8　【停车位编号】对话框

3. 停车场范围

菜单位置：总平面→停车场车位→停车场范围。

功能：根据软件提示选择绘制露天公建停车场或路边停车场范围。

4. 标准停车场

菜单位置：总平面→停车场车位→标准停车场。

功能：插入标准露天公建停车场或路边停车场。

对停车位可选设计车型及停车方式，对停车场设计可按长宽设计也可按车位设计，**停车场尺寸[<<]**模块下，可以设置停车间距、带宽及通道宽度等，并自动计算单位停车面积与宽度，界面如图9-9所示。

5. 停车位数修改

菜单位置：总平面→停车场车位→停车位数修改。

功能：编辑修改停车场内的停车位数。

图9-9　【停车场范围】对话框

9.10　图例表格绘制

菜单位置：总平面→图例表格绘制。

功能：选择需要绘制的图例，定义表格参数并一键出表。

9.11　风玫瑰与指北针

软件提供了风玫瑰图库，对于图库中没有的风玫瑰，用户可以通过风玫瑰制作功能进行绘制，绘制完之后加到风玫瑰图库中。

1. 风玫瑰制作

菜单位置：总平面→风玫瑰/指北针→风玫瑰制作。

功能：根据 8 位或 16 位风向频率、平均风速绘制风玫瑰图。

进入该程序功能，程序将弹出如图 9-10 所示的对话框：

图 9-10 【风玫瑰制作】对话框

（1）输入风玫瑰的名称，选择方位数（16 或 8）。

（2）输入各个方向的风向频率和平均风速（这两个名称用户也可以修改）。

（3）分别输入绘制时的风向频率比例和平均风速比例。

（4）单击预览按钮，查看该风玫瑰的效果；单击生成按钮，确定风玫瑰的插入点，完成风玫瑰的绘制。

2. 风玫瑰图库

菜单位置：总平面→风玫瑰/指北针→风玫瑰图库。

功能：提供了部分省市的风玫瑰图库，在绘图时可直接调用。该图库是按照省份来分类的，如果要扩充风玫瑰，可参照系统→图库资料管理中图库的添加来进行扩充。

3. 指北针图库

菜单位置：总平面→风玫瑰/指北针→指北针图库。

功能：提供了大量的指北针图库，在绘图时可直接调用。指北针的扩充请参照图库的添加来进行扩充。

9.12 运动场地图库

菜单位置：总平面→运动场地图库。

功能：从图库中选择相关图例插入图纸中。

第 10 章 绿化布置

10.1 功能简介

　　本章主要是对绿化进行布置，主要包括小路、草坪、各种树林、绿篱等的绘制，树木的沿路布置、树种缩放和替换等以及各种图库的调用（花坛、园林小品、绿化亭、平面车、平面人、平面船只、立面树、立面灯、立面车等、立面人等）。

10.2 区间小路的绘制

　　软件提供了多种小路绘制方法，包括自由小路的绘制，碎石路、台阶路、汀步的绘制等。

1. 碎石路绘制

菜单位置：绿化→碎石路→碎石路绘制。
功能：绘制碎石路，可绘制直道，也可绘制弯曲小道。
进入功能菜单，弹出"绘制碎石路"对话框，界面如图 10-1 所示。

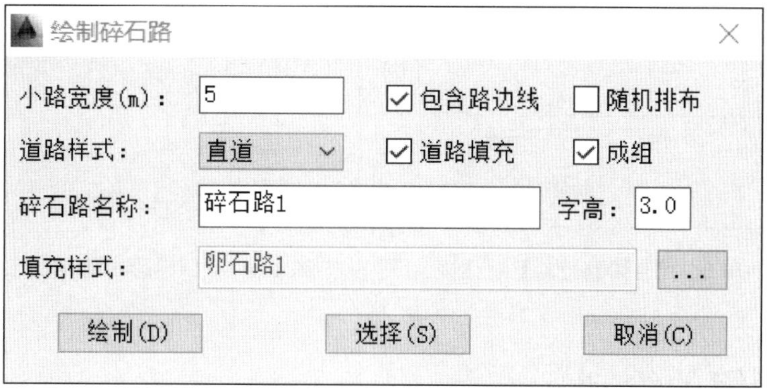

图 10-1　【碎石路绘制】对话框

设置"小路宽度""道路样式"（弯曲小道或直道）、"填充样式""是否包含道路边线"（碎石路道路边线是否绘制）、"是否进行填充""是否随机填充"（碎石路填充时是否随机）等参数，设置完成后，单击绘制按钮，进行碎石路的绘制；单击选择按钮，将已有线转换成碎石路；单击取消按钮，退出该功能。

2. 碎石路面积统计

菜单位置：绿化→碎石路→碎石路面积统计。

功能：统计铺砌小路需要的碎石材料面积，界面如图10-2所示。

3. 台阶路

菜单位置：绿化→台阶路→台阶路绘制。

功能：绘制台阶路。

进入该功能菜单，弹出"绘制台阶路"对话框，界面如图10-3所示：

设置台阶的"道路宽度""踏步宽度""踏步数""休息步宽度"参数，单击绘制按钮进行踏步的绘制。

图10-2　【碎石路面积统计】对话框

4. 台阶路表面积统计

菜单位置：绿化→台阶路→台阶路面积统计。

功能：便于统计铺砌台阶路表面需要材料面积，界面如图10-4所示。

图10-3　【台阶路绘制】对话框　　图10-4　【台阶路表面积统计】对话框

10.3　绿篱的绘制

篱笆绘制提供了三种篱笆样式：栅栏、篱笆、活树篱笆。绿篱绘制提供了两种绿篱样式：整型绿篱、自然型绿篱。

菜单位置：绿化→绿篱。

功能：绘制绿篱。该菜单下面有三个子菜单：篱笆、绿篱绘制、绿篱统计。

绿篱绘制界面如图 10-5 所示。

单击绘制按钮，进行绿篱的绘制；单击选择按钮，将已有线转换成绿篱；单击取消按钮，退出该功能。

绿篱统计可自动绘制面积表格和导出 EXCEL 表，界面如图 10-6 所示。

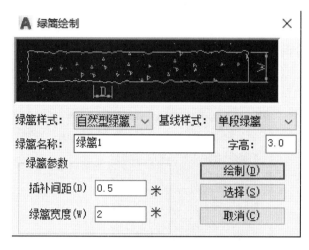

图 10-5 【绿篱绘制】对话框

图 10-6 【绿篱面积统计表】对话框

10.4 草坪的绘制

草坪绘制提供了两种方法：第一种是点状草坪绘制，即随意的布置草坪点；第二种是填充草坪，即在一定范围内填充草坪。

菜单位置：绿化→草坪。

功能：绘制、填充草坪。该菜单包括两个子菜单：点状草坪、填充草坪。

点状草坪通过定义点状草坪的大小插入草坪。在插入的时候可以设置草坪点的大小，可以选择范围，选择范围线后，在范围线外的点自动进行屏蔽处理。

填充草坪按照内疏外密的方式绘制草坪范围。

进入"填充草坪"功能菜单，弹出"绿地填充"对话框，如图 10-7 所示。

（1）确定填充草坪的外边界。外边界有三种方式生成：绘制多段线、绘制 Spline 线、选择闭合线。

（2）如果有不填充的内边界，确定

图 10-7 【绿地填充】对话框

内边界。内边界与外边界生成方式一样。

（3）通过"密度控制"滑动杠调节填充的疏密。

（4）设置填充的点是否要成组、是否删除外边界线等参数。

（5）单击绘制按钮进行绘制。

10.5　林带的绘制

软件提供了多种林带的绘制，包括阔叶林带绘制、针叶林带绘制、灌木林带绘制等。不同林带在绘制时方法都是一样的，在这里详细介绍阔叶林带的绘制方法。

菜单位置：绿化→阔叶林。

功能：绘制阔叶林带。该菜单包括两个子菜单：常绿阔叶林、落叶阔叶林。

设置好弧长后单击绘制按钮，程序将提示"请输入起始点："，按照逆时针的方向移动鼠标绘制出一个封闭轮廓线后，程序又将提示"请输入起始点："，此时开始绘制内部扣除区域，一般采用顺时针的方向绘制（可以绘制多个），最后程序将显示出填充效果，并提示"请输入新填充图案比例＜10.0000＞："调整到适当的比例后树林绘制完成。在输入比例的时候，比例越小填充图案越密，界面如图 10-8 所示。

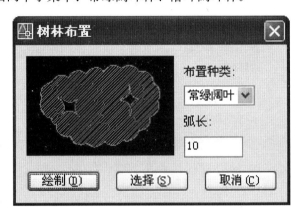

图 10-8　【树林布置】对话框

10.6　树木的布置

树木的布置有三种方式：①单棵树的布置；②沿某条线布置；③沿道路线布置。

1. 布置单棵树

菜单位置：绿化→平面树图库。

进入该菜单功能后，程序自动将图库定位到平面树中，在图库中选择平面树的样式后，双击该树进行单棵树的布置。

2. 单树种沿线布树

菜单位置：绿化→沿线布树→单树种沿线布树。

功能：沿线进行单一树木布置。对于非 GPCADZ 道路可以通过此功能进行单一树种的布置，支持"定距布置"和"定量布置"两种方式布树，同时可以调整树种的尺寸和选择树种的样式，界面如图 10-9 所示。

3. 多树种沿线布树

菜单位置：绿化→沿线布树→多树种沿线布树。

功能：沿线进行多种树木布置，对于非 GPCADZ 道路可以通过此功能进行多树种间隔布置。

进入该程序功能后，弹出如图 10-10 所示的对话框。

图 10-9 　【沿线布树】对话框 　　　图 10-10 　【多树种阵列】对话

（1）设置树木的 X、Y 方向比例、旋转角度、与线的距离等参数。

（2）点击增加按钮，选择树种的名称，输入树种与下一相邻树种的间距，若需要删除某树种，可点击删除。

（3）点击选线，选择需要布置的线路径，软件自动按线的路径阵列多树种，图例如图 10-11 所示。

4. 沿路布树

菜单位置：绿化→沿线布树→沿路布树。

功能：对所选的道路进行树木的沿路布置。

进入该程序功能后，程序将弹出如图 10-12 所示的对话框。

（1）设置树木的比例、旋转角度、树木间距、距行车道的距离等参数。

（2）选择沿路布置的树木。

（3）选择布置行道树的道路方式，这里提供了三种布置方式：选择相连的道路、选择单条道路、所有道路。

（4）单击布置行道树按钮，进行沿路树木的布置。

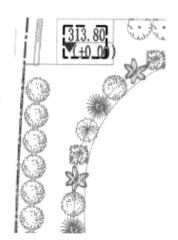

图 10-11 　【多树种阵列】图例

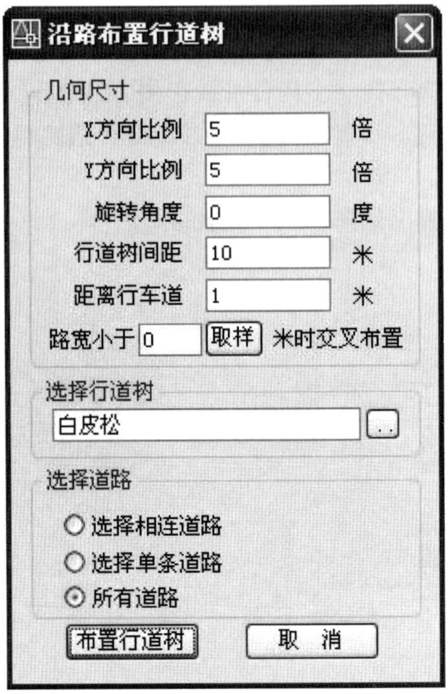

图 10-12　【沿路布置行道树】对话框

10.7　树木编辑

菜单位置：绿化→树木编辑。

功能：对图中已有树木进行编辑，包括树种的命名、树木的替换、树木的缩放、树木阴影的填充、树木标注。该菜单包括五个子菜单：树种命名、树种替换、树种缩放、树木阴影、树木标注。

树种命名：定义图中布置的树的种类。

树种替换：对所选择的树木或一类树木进行树种替换。

树种缩放：对所选择的树木或一类树木按照插入点不变进行大小缩放。

树木阴影：对所选择的树木、一类树木或所有树木进行阴影的填充。

树木标注：标注树木的名称，支持批量选择一键标注多树种的名称，界面如图 10-13、图 10-14 所示。

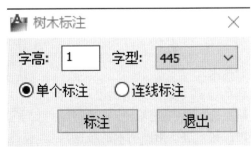

图 10-13　【树木标注】对话框

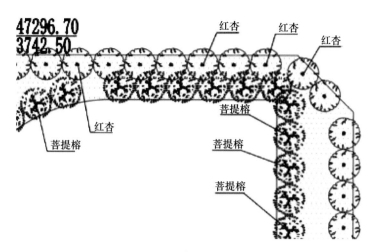

图 10-14 　【树木标注】图例

10.8 　树种统计表

　　菜单位置：绿化→树种统计。

　　功能：统计图中所有的树木的种类，出树木统计表。

10.9 　绿化图库

　　软件提供了大量的绿化图库，包括平面配景图库、立面配景图库、小品图库、花坛图库等，用户可以方便的调用，对于用户自己的图库，也可以方便的加入到图库中来，详细方法参见图库管理中心的说明。

第 11 章 管线竖向与管线综合

11.1 功能简介

管线竖向：主要是对管线竖向位置的确定。软件提供了批量埋深输入来设置管井的标高，同时快速设置与之相连的管段标高。同时，也提供了逐点，点坡，两点，埋深四种方式智能定义连续管段的标高，并提供了坡度、埋深、未赋值三种方式来快速核查管线的竖向标高数据是否合理，并支持快速修改。最后，软件也提供了相应的工具生成管线的横纵断面图。

管线综合：主要用于确定管线的相对位置关系，软件提供了多种工具对管线的平面，竖向相对位置关系进行计算，核查；并对交叉点进行编号，出表。同时，软件也提供了一些工具对管线的扩展信息进行查询和标注，并支持统计出表。最后，提供相应的工具进行管线图的出图制作。

11.2 管井标高

1. 管井标高输入

菜单位置：管线竖向→管井标高→管井标高输入。

功能：统一埋深批量设置管井标高。

批量框选管井，参照场地设计标高统一埋深进行赋值。若相连的管段标高未进行过赋值，此时与之相连的管段默认会按管线配置里的井内最小埋深进行赋值。

2. 管井埋深检查

菜单位置：管线竖向→管井标高→管井埋深检查。

功能：核查管井的埋深是否合乎设计规范。

框选目标进行检查。不满足条件的管井将列表显示，双击列表中的管井能快速在图面定位，并支持对该管井埋深值的修改。

11.3　管线标高

1. 管段统一埋深

菜单位置：管线竖向→管线标高→管段统一埋深。

功能：统一埋深批量设置管段标高。

按管线类型选择，参照场地设计标高对该类管线埋深统一进行赋值。

2. 管段沿线标高输入

菜单位置：管线竖向→管线标高→管段沿线标高输入。

功能：提供四种方式智能设置连续管段的标高。

指定一段连续管线的起点和终点，软件提供四种方式快捷输入该管段标高。如果与之相连的管井未赋值，软件会根据管线井内最小埋深值对管井进行反推赋值。

四种输入方式说明如下：

（1）逐点输入：从起点到终点逐点输入标高值。

（2）点坡输入：指定起点标高，指定一个固定的坡度，软件根据这两个条件自动推算该连续管段的标高。

（3）两点输入：指定起点跟终点标高，软件根据这两点高差及整条管线的长度推算一个平均坡度，然后再逐一自动赋值。

（4）统一埋深：给定连续管段按设计地表面的标高值统一埋深进行赋值。

3. 管段标高输入

菜单位置：管线竖向→管线标高→管段标高输入。

功能：指定管段设置两点标高。

指定某一管段输入两点标高值。

4. 管段坡度输入

菜单位置：管线竖向→管线标高→管段坡度输入。

功能：指定管段设置一点标高及坡度。

指定某一管段输入其中一点标高，然后再输入坡度值，自动推算第二点标高。

5. 管线埋深修改

菜单位置：管线竖向→管线标高→管线埋深修改。

功能：增加特例，修改选定目标的最小埋深值。

重新设定选定目标的最小埋深值，并以此值为依据进行埋深检查。

11.4　管线检查

菜单位置：管线竖向→管段检查。

功能：提供坡度检查，埋深检查，未赋值检查共三种工具对管段的赋值情况进行检查。

三种检查的说明如下：

（1）坡度检查：按管线配置里的管线最小坡度值进行检查。目前支持按类别检查和框选检查。不满足条件的管段出现在列表框中，支持双击定位，支持直接修改。

（2）埋深检查：框选目标，确定采样间距，软件会将管线自身的最小埋深和井内的最小埋深进行检查。支持双击定位。

（3）未赋值检查：直接全局进行未赋值检查，所有标高数据未赋值的管段将会列表显示，支持双击定位，支持直接修改。

11.5 管块穿越检查

菜单位置：管线竖向→管块穿越检查。

功能：检查是否有管线与管块空间交叉。

管块与管线的空间交叉检查，支持双击定位。

11.6 管线横断面

菜单位置：管线竖向→管线横断面。

功能：绘制管线的各种横断面图。

三种横断面的说明如下：

（1）场地管线横断面：选择断面线，软件会自动绘制与之相交的所有管线的横断面图，本功能支持管沟。

（2）道路管线横断面：该功能目前仅支持 SP 能识别的道路。选择道路及断面线后，能在断面图中显示道路与管线的相对位置关系。

（3）管沟横断面绘制：利用图库功能，按照实际情况选择管沟的横断面图进行绘制。

11.7 管线纵断面

菜单位置：管线竖向→管线纵断面绘制/纵断面补充绘制/纵断面跌水。

功能：绘制管线的横断面。

首先是管线纵断面表头的绘制，然后通过补充绘制功能在表头上添加管线纵断面。该功能说明如下：

（1）管线纵断面绘制：管线纵断面表头的绘制。

（2）纵断面补充绘制：选择纵断面表头后，选择一个连续管线的起点及终点，再选择在表头上绘制的起始位置，软件将生成所选连续管段的纵段图。该纵段图支持多段在同一表头上进行绘制。

（3）纵断面跌水：在纵断面图中指定某一段管线，输入跌差值，与该管段相连的后面管段部分会根据该跌差值自动重设标高。

11.8 综合信息查询

菜单位置：管线竖向→综合信息查询。

功能：查询管线的扩展信息。

点选查询管线，管井，管沟等信息，实时刷新；该功能与管线，管井，管沟的双击属性查询修改功能不共存。

11.9 间距/长度计算

菜单位置：管线竖向→平面间距计算/垂直间距计算/管线长度计算。

功能：提供三种工具计算相关数据。

具体说明如下：

（1）平面间距计算：直接从图中选取两段相近的管线，软件自动计算出这两段管线间最短处的距离（线中心距）和净距，并支持绘制平面间距表格。

（2）垂直间距计算：直接从图中选取两段平面相交的管线，软件会自动计算出两管线在交叉点处的两点距离。

（3）管线长度计算：按管线类型统计管线的长度，支持制表导出。

11.10 管线标注

菜单位置：管线竖向→管段标高标注/管段坡度标注/管段综合标注/管段代号标注/管线水平/垂直线坐标。

功能：按需要标注管线相关信息。

具体说明如下：

（1）管段标高标注：先指定管段，再指定待标注的目标点，最后指定标注位置进行标注。

（2）管段坡度标注：选中目标直接进行标注，支持批量框选目标，支持按类全局标注。

（3）管段综合标注：先选择待标注的内容，再点选管段进行标注。管段综合标注会自动生成遮盖效果。

（4）管段代号标注：类似坡度标注，直接选中目标进行标注，支持批量框选目标，支持按管线类别全部标注。代号标注会自动生成遮盖效果。

（5）管线水平/垂直线坐标：支持标注水平或垂直的管线坐标。

11.11 平面间距检查

菜单位置：管线竖向→平面间距检查。

功能：检查一批相邻管线两两之间是否满足平面间距要求。

进行此项操作前，需要先进行参数设置：按管线代号输入感兴趣目标管线间的合理要求值，确定后再拉一根栅栏线进行图面标示。软件会根据参数设置里管线两两列表显示栅栏线处两管线直接的距离。满足要求的显示为白色，不满足要求的显示为红色。

11.12 管线节点坐标表

1. 编号单点标注

菜单位置：管线→节点编号处理→编号单点标注。

功能：对管线节点的编号、标高进行单个标注，界面如图 11-1 所示。

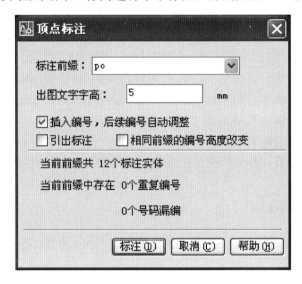

图 11-1 【顶点标注】对话框

2. 编号连续标注

菜单位置：管线→节点编号处理→编号连续标注。

功能：对批量管线进行连续节点编号标注，界面如图 11-2 所示。

图 11-2 【文字设置】对话框

设置好文字的高度及文字样式后，选择需要标注的管线，确定起点、终点和管线标注的前缀后进行自动的批量标注。

单击提取按钮，程序自动提取图中字体的样式，按提取样式进行标注。

3. 编号修改

菜单位置：管线→节点编号处理→编号修改。

功能：对已经标注好的管线节点编号进行单个或批量的修改，包括编号的内容、标注位置及管线标高值。

4. 编号表格绘制

菜单位置：管线→节点编号处理→编号表格绘制。

功能：按照已有的管线坐标表格式，绘制管线坐标表。管线坐标表为外部的 dwg 图纸，格式可以自己编辑定义，文件位置为"C：\ FastData \ GPCADZ V8.0 \ Standards \ 工业总图标准 \ 管线表格"文件夹，编辑后按原路径原文件名保存即可，如图 11-3 所示。

选择需要出表的管线前缀、起始编号、终止编号及出图的缩放比例、小数位数、图纸大小，单击确定，出管线坐标表。默认的管线坐标表格式如图 11-4 所示：

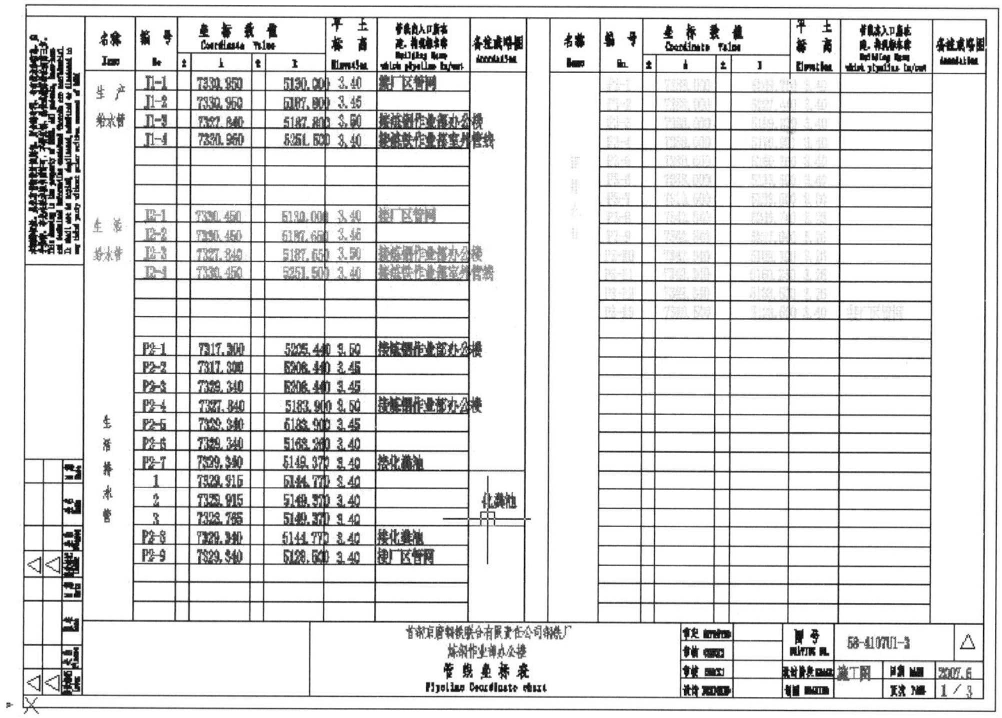

图 11-3 【绘制编号表格】
对话框

图 11-4 【管线坐标表格】对话框

5. 编号表格填写

菜单位置：管线→节点编号处理→编号表格填写。

功能：如果图中已经绘有管线坐标表，通过此功能直接将管线节点坐标数值插入到表格中，界面如图 11-5 所示。

图 11-5　【绘制编号表格】对话框

11.13　管线交叉制表

菜单位置：管线竖向→交叉管线处理。

功能：交叉点显示，编号，并成表，最后删除辅助实体。该功能同时支持管线竖向间距检查。

该功能的说明如下：

（1）交叉点显示：进行此操作前需要先确定感兴趣的交叉类型，键入 F 设置处理类型：

① 处理所有管线：该功能处理同类交叉之外的所有类型。

② 只处理本专业管线：对于总图专业来说，该功能按目前所设置的专业环境来定，只处理目前专业环境下的本专业类的两两相交。

③ 只处理相异专业管线：只处理不同专业之间的管线相交，对于同专业之间的不同类型管线交叉不做处理。

④ 只处理下表管线：只处理感兴趣的管线交叉类型。同类管线交叉处理在此设置。

（2）交叉点标注：按交叉点的高亮显示迅速找到标注目标，指定交叉点，再指定标注位置就可以进行标注。标注的序号自动累加 1，标注的序号值支持手动直接修改。支持在平面交叉点位置处标注碰撞检测表。

（3）交叉点制表：选择表格的左上角放置点直接进行绘制。此时可以通过合理值设置进行垂直间距检查：该功能跟平面间距检查功能类似，设置过感兴趣的管线交叉的垂直间距合理值后，成表的时候不合要求的交叉点将红色显示。

（4）删除辅助实体：快速删除全局的交叉点显示功能所生成的辅助实体。

11.14　管线统计表格

菜单位置：管线综合→管段高程表/管段材料表/管沟材料表/管井材料表/管件统计表/综合材料表。

功能：生成各种管线统计表格。

（1）管段高程表：分段显示管段高程表。首次进行绘制的时候使用空格或回车绘制表头，然后点选一段连续管线的起点和终点来进行表格绘制。后一段表格绘制的时候先选择表格位置再选择管段，两次绘制之间空一行进行区分，绘制新表参照首次绘制。

（2）材料统计表：框选目标进行统计表的绘制。注意，排水专业自流管如不需要统计管段在管井部分的长度值需在这里键入 S 进行设置。

（3）管沟材料表：框选目标进行统计表的绘制。

（4）管井材料表：框选目标进行统计表的绘制。

（5）管件统计表：框选目标进行统计表的绘制。这里统计的目标是通过软件图库生成的管件。

（6）综合材料表：综合统计管线，管沟，管井，管井材料，统一列表显示。

11.15　管线出图

菜单位置：管线竖向→图层顺序/管线交叉点屏蔽/分专业出图/线宽恢复/管沟/管块填充。

功能：管线分专业出图的各种工具。

（1）图层顺序：该菜单以下几个功能均为出图所用。此功能是设置图层的显示次序，以达到设置遮盖效果的目的。

（2）管线交叉点屏蔽：软件能智能判断管线标高来生成遮盖效果。

（3）分专业出图：当前专业管线显示线宽，其他专业取消线宽显示。

（4）线宽恢复：此功能是对分专业出图后的线宽恢复，达到统一显示线宽的目的。

（5）管沟/管块填充：按指定样式填充实体。

11.16　管线三维/平面互转

菜单位置：管线竖向→管线三维/平面互转。

功能：对平面管线和三维管线进行互转。

在管线模块中，为了绘图的方便所有管线都是平面管线，即不带有 Z 值，在定义标高后，如果要在 CAD 中查询管线标高，必须使用此功能进行转换后才能正常查询。

第 12 章

总图指标统计

12.1 工业总图指标

1. 绿地率计算

绿地率＝（道路绿地范围＋公共绿地范围＋住宅公建绿地范围）/总规划用地范围

2. 建筑容积率计算

单个建筑表面积：A　　　　　　单个建筑占地面积：L

单个建筑占地在总规划用地内的部分：P　　总规划用地范围：X

建筑容积率＝$\sum (A_i * P_i / L_i) / X$

3. 场地利用系数

场地利用系数＝（建筑占地面积＋道路/广场占地面积＋铁路占地面积＋管线占地面积＋其他占地面积）/总规划用地面积

其中建筑占地面积、道路/广场占地面积和总规划用地面积计算所得，铁路占地面积、管线占地面积和其他占地面积由用户输入。

4. 指标表格

分为厂区总平面技术经济指标表（电力）、工业场地主要技术经济指标表（煤炭）和工厂工程指标表 3 个功能，以适应不同行业在总图设计时生成不同的总平面技术经济指标表，界面如图 12-1 所示。

厂区总平面技术经济指标表（电力）相关计算说明：

厂区内场地利用面积＝建构筑物占地面积＋铁路、道路用地面积＋工程管线用地面积

厂区利用系数＝厂区内场地利用面积÷厂区占地面积

道路广场系数＝厂区道路路面及广场地坪面积÷厂区占地面积

绿地率＝绿化用地面积÷厂区占地面积

厂区总平面技术经济指标表				
序号	项目	单位	指标	备注
1	厂区围墙内用地面积	hm²	0.00	
2	厂区内建构筑物用地面积	hm²	0.00	
3	建筑系数	%	0.00	
4	厂区内场地利用面积	hm²	0.00	
5	利用系数	%	0.00	
6	厂区道路路面及广场地坪面积	hm²	0.00	
7	道路广场系数	%	0.00	
8	厂区围墙长度	m	0.00	
9	厂区土石方工程量 填方	10⁴m³	0.00	
	挖方	10⁴m³	0.00	
10	厂区内供排水管线长度 供水管	m	0.00	
	排水管	m	0.00	
11	绿化用地面积	m²	0.00	
12	绿地率	%	0.00	

图 12-1　【厂区总平面技术经济指标表】

工业场地主要技术经济指标表（煤炭）相关计算说明：

专用场地用地面积＝堆场和露天作业场地面积

道路及回车场地面积＝场内道路、停车场、回车场地、人行道以及铺砌场地等的面积总和。

排水沟占地面积＝场内排水沟长度×2m

建筑系数按公式计算：

建筑系数＝（建筑物用地面积＋构筑物用地面积）/工业场地用地面积×100％

场地利用系数按公式计算：

场地利用系数＝［建（构）筑物用地面积＋专用场地用地面积＋道路及回车场地用地面积＋窄轨铁路用地面积＋排水沟用地面积］/工业场地用地面积×100％

绿地率按公式计算：

绿地率＝绿化用地面积/工业场地用地面积×100％

界面如图 12-2 所示。

工业场地主要技术经济指标表				
序号	指标类别	单位	数量	备注
1	工业场地用地总面积	hm²	0.00	含围墙外用地
2	工业场地用地面积	hm²	0.00	围墙内用地面积
	其中：建（构）筑物占地面积	hm²	0.00	
	专用场地用地面积	hm²	0.00	
	道路及回车场用地面积	hm²	0.00	
	窄轨铁路用地面积	hm²	0.00	工业场地围墙内
	排水沟用地面积	hm²	0.00	
	绿化用地面积	hm²	0.00	
3	建筑系数	%	0.00	
4	利用系数	%	0.00	
5	绿地率	%	0.00	
6	土石方工程量 填方	10⁴m³	0.00	分别列出土方、石方及填方、挖方数量
	挖方	10⁴m³	0.00	

图 12-2　【工业场地主要技术经济指标表】

12.2 民用详规指标

1. 用地关系

规划总用地＝规划建设用地＋代征用地

规划建设用地＝住宅用地＋公建用地＋道路用地＋公共绿地＋室外停车场

住宅公建混合用地＝住宅用地＋公建用地

规划建设用地＝生产性用地＋非生产性用地＋道路用地＋绿地＋室外停车场

生产非生产混合用地＝生产性用地＋非生产性用地

2. 计算面域生成

菜单位置：详规指标→计算面域生成。

功能：将前期绘制的闭合 PL 线轮廓及相应的属性信息转换成带扩展数据的计算用面域。

> 注意：在转换后，如果对各轮廓进行了更改，必须先计算面域删除再重新进行计算面域生成。

点击计算面域生成，系统进行轮廓转换，完成后弹出如图 12-3 对话框。

规划总用地范围：规划总用地范围是指用地红线（又名征地红线）范围内的全部土地面积，包括建设区内的道路面积、绿地面积、建筑物（构筑物）所占面积、运动场地等。

规划总用地范围应按下列规定确定：

（1）当规划总用地周界为城市道路、居住区（线）道路、小区道路或自然分界线时，用地范围划至道路中心线或界线。

（2）当规划总用地与其他用地相邻时，用地范围划至双方用地的交界处。

代征用地：指建设用地范围内除规划建设用地以外的各种用地，包括非直接为本区居民配建的道路用地、其他单位用地、保留的自然村或不可建设用地等。

规划建设用地：为规划用地红线，绘制到道路红线或者相邻地块的边界以及自然界限等，有时也称为规划净用地；通常在规划设计条件中已经明确。

道路用地：道路用地包括居住区道路、小区路、组团路。对于 GPCADZ 中的道路，程序可以自动生成道路用地范围。

> 注意：统计指标时，道路必须通过道路填充，这样程序才可自动生成道路用地范围，统计道路用地面积。

图 12-3 【轮廓范围生成】
对话框

建筑基底：所有建筑的建筑占地范围，包括住宅建筑、公建建筑。

露天车棚：生成室外非机动车位的范围。

独立地下室：生成独立地下建筑范围，如果建筑绘制中已经绘制过地下车库，则计算面域时自动将生成地下室的范围，并统计停车位。

室外机动车位：生成室外机动车位的范围。如果总平中已经绘制过停车位，则程序生成时自动将这些车位生成室外机动车位范围。

室外停车场：生成路边停车场的范围。如果总平中已经绘制过停车场，则计算面域时自动将这些停车场生成停车场范围。

道路绿地：道路绿地面积以道路红线内规划的绿地面积为准进行计算。

公共绿地：公共绿地是指满足规定的日照要求、适合于安排游憩活动设施的、供居民共享的集中绿地，包括居住区公园、小游园和组团绿地及其他块状带状绿地等。

其他绿地：宅旁绿地和公建所属绿地的合称。

宅旁（宅间）绿地面积计算的起止界应符合《城市居住区规划设计标准》（GB 50180—2018）附录 A 第 A.0.2 条的规定：

满足当地植树绿化覆土要求的屋顶绿地可计入绿地。绿地面积计算方法应符合所在城市绿地管理的有关规定。当绿地边界与城市道路临接时，应算至道路红线；当与居住街坊附属道路临接时，应算至路面边缘；当与建筑物临接时，应算至距房屋墙脚 1.0m 处；当与围墙、院墙临接时，应算至墙脚。当集中绿地与城市道路临接时，应算至道路红线；当与居住街坊附属道路临接时，应算至距路面边缘 1.0m 处；当与建筑物临接时，应算至距房屋墙脚 1.5m 处。

住宅公建用地：住宅公建用地是住宅用地与公建用地的统称。它应包含建筑基底占地及其四周合理间距内的用地（含宅旁绿地、宅间小路、公建所属绿地等）。它通常被小区道路分割开，如图 12-4 所示。

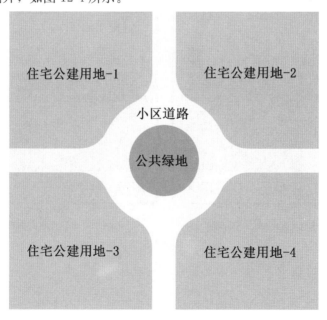

图 12-4 【住宅公建用地】图例

当该范围内已经绘制有住宅建筑及公建建筑时，程序自动按住宅建筑面积与公建建筑面积比例，计算公建用地范围。当建筑为混合建筑时，程序提示输入公建用地比例。

生产非生产用地范围：生产非生产用地是生产性用地与非生产性用地的统称。绘制方法同住宅公建用地范围。

3. 用地交叠检测

用户在指定各类用地的过程中，难免会出现一些失误，从而造成用地的交叠和溢出现象。

交叠是指不应该有重叠部分两类用地，比如道路用地和公共绿地，因为范围勾划时的错误，造成部分范围出现在两类用地中，如既是道路用地又是公共绿地。这种情况称为交叠。

溢出是指两类用地间有着从属关系，一类用地应该完全包含在另一类用地间，比如宅旁绿地应完全包含在规划总用地之内，由于范围勾划时的错误，出现了用地超出的情况，比如宅旁绿地超出了规划总用地的范围，这种情况称为溢出。

程序提供了自动进行用地检查功能，用户如果想对部分范围进行检查，可选择框选检查方式。如果想对全图进行检查，可选择全图检查。默认情况下是进行全图检查。交叠溢出检查对话框如图 12-5 所示。

交叠分配：将交叠部分分配给用户所选类型。

溢出裁剪：将溢出部分裁掉。

实体定位：将用户所选用地进行填充，以便查看。

"交叠/溢出"填充：将交叠部分或者是溢出部分，在图中填充以便查看界面如图 12-6所示。

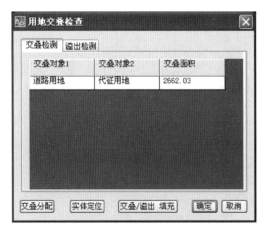
图 12-5　【用地交叠检测】对话框

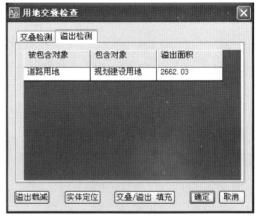
图 12-6　【用地溢出检测】对话框

4. 尺寸标注检测

该命令用于检测图面上所有尺寸标注，检查所标注尺寸数据是否进行过修改，以及测量比例因子是否设置为 1。

选择"检测标注"下拉菜单中的"尺寸标注检测"项，此时 AutoCAD 命令行提示：

请指定第一个角点，全选请回车：

框选或全选方式确定检测范围之后，如图 12-7 所示对话框。

设置校验"精度"，然后点击"检测"按钮进行检测，AutoCAD 命令行提示：

请指定第一个角点，全选请回车：框选或全选方式确定检测范围

定位：把所选错误标注对象在图面上居中显示。

修复：把当前所选（支持 Shift 多选）错误的标注值修改成正确值。

图 12-7　【标注检测】对话框

图 12-8　【公共绿地检测】对话框

5. 公共绿地面积检测

该功能主要用于查找图面上是否存在面积小于 $400m^2$ 的不合法公共绿地。

选择"检测标注"下拉菜单中的"公共绿地面积检测"项，当前图中如果有面积小于 $400m^2$ 的不合法公共绿地，则系统弹出如图 12-8 所示对话框。

6. 三大指标查询

菜单位置：详规指标→三大指标查询。

功能：查询绿地率、容积率、建筑覆盖率三大指标，界面如图 12-9 所示。

单击命令，弹出三大指标查询对话框，程序自动进行计算。首次查询完后可以不关闭对话框，继续对各类用地范围进行修改，修改后，直接单击刷新按钮三大指标直接更新。

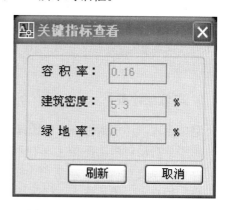

图 12-9　【关键指标查看】对话框

（1）绿地率

绿地率是指居住区用地范围内各类绿地的总和占居住区用地的比率（%）。

绿地包括：公共绿地、宅旁绿地、公共服务设施所属绿地和道路绿地（即道路红线内的绿地）。

绿地率＝（公共绿地＋宅旁绿地＋公建所属绿地）/总规划用地范围

（2）建筑容积率

建筑容积率，是每公顷居住区用地上拥有的各类建筑的建筑面积（平方米/HA）或以居住区总建筑面积（万平方米）与居住区用地（万平方米）的比值表示。

单个建筑表面积：A 单个建筑占地面积：L

单个建筑占地在总规划用地内的部分：P 总规划用地范围：X

$$建筑容积率＝\sum(Ai×Pi/Li)/X$$

（3）建筑覆盖率

建筑密度是指居住区用地内，各类建筑的基底总面积与居住区用地的比率（%）。

单个建筑占地在总规划用地内的部分：P

总规划用地范围：X

$$建筑覆盖率＝\sum Pi/X$$

7. 用地填充查询

菜单位置：详规指标→用地填充查询。

功能：填充查看指定类型的用地。

用户选择要填充的用地类型后，点击填充按钮，软件填充相应的用地类型以供用户查看。

用户取消所有选择后，点击填充按钮，软件会删除图中所有已填充的用地如图 12-10 所示。

8. 绿地统计表

菜单位置：详规指标→绿地统计表。

功能：程序自动对公共绿地、道路绿地、其他绿地进行面积统计，同时根据用地范围内的人口数自动计算出人均面积。统计表可以在图中绘制出来，如图 12-11 所示。

9. 车位统计表

菜单位置：详规指标→车位统计表。

功能：自动对机动车地上车位和地下车位的用地面积及车位数进行统计。双击单个数据格可以激活该数据格，用户可以手工输入并修改。

软件提供两种表格格式，如图 12-12 所示。

图 12-10　【分类填充】对话框

绿地明细表			
项目	单位	数值	备注
绿地总面积	m²	5293	
绿地率	%	37.1	
公共绿地面积	m²	695	
人均公共绿地	m²/人	0.0	
草坪砖绿化	m²	4598	

图 12-11　【绿地统计表】图例

停车场（库）统计表			
用途	位置	面积(㎡)	车位(个)
机动车	地面停车	443.0	26
	地下车库	4653.3	256
	地上车库	0.0	0
非机动车	地下车库	/	30
	地上车库	181.6	100

停车场（库）统计表		
类型	车位(个)	备注
小型车	282	其中地下室256个停车位
标准停车位数	282	其中地面停车场0个停车位

图 12-12 【停车场（库）】对话框

10. 建筑信息表

菜单位置：详规指标→建筑信息表。

功能：自动对规划总用地范围内的所有建筑进行统计。双击单个数据格可以激活该数据格，用户可以手工输入修改，界面如图 12-13 所示。

建筑物一览表						
建筑编号	楼层数	基底面积	住宅面积	公建面积	住宅公建面积合计	计容面积
12	17/0	757.58	12878.90	0.00	12878.90	12878.90
2	17/0	757.58	12878.90	0.00	12878.90	12878.90
4	6/0	469.28	2815.70	0.00	2815.70	2815.70
3	7/0	350.63	2454.40	0.00	2454.40	2454.40
6	6/0	469.28	2815.70	0.00	2815.70	2815.70
7	6/0	469.28	2815.70	0.00	2815.70	2815.70
5	6/0	469.28	2815.70	0.00	2815.70	2815.70
9	1/0	22.09	0.00	22.10	22.10	22.10
10	1/0	15.21	0.00	15.20	15.20	15.20
11	3/0	0.00	0.00	0.00	41.60	
13	0/-1	4653.33	0.00	4653.30	4653.30	0.00
合计		8433.55	39475.00	4690.60	44165.60	39553.90

建筑物一览表							
建筑类型	建筑编号	总建筑面积	计算容积率面积	地下建筑面积	建setError类别	户数	备注
R居住	12	12878.9	12878.9		已建		
R居住	2	12878.9	12878.9		在建		
R居住	4	2815.7	2815.7		新建		
R居住	3	2454.4	2454.4		新建		
R居住	6	2815.7	2815.7		新建		
R居住	7	2815.7	2815.7		新建		
R居住	5	2815.7	2815.7		新建		
R居住	小计	39475.0	39475.0	0.0	--	0	--
垃圾收集点	9	22.1	22.1		新建	--	
物业管理用房	10	15.2	15.2		新建	--	
物业管理用房	11	0.0	0.0		拆除	--	
A公共服务设施	小计	37.3	37.3	0.0	--	--	--
车库	13	--	--	4653.3	新建	--	
独立地下室	小计	--	--	4653.3	--	--	--
合计		39512.3	39512.3	4653.3	--	0	--

图 12-13 【建筑信息表】对话框

软件可按类型，编号进行出表。

11. 用地平衡表

菜单位置：详规指标→用地平衡表。

功能：程序自动出用地平衡表。

12. 公建配套统计表

菜单位置：详规指标→公建配套统计表。

功能：程序自动导出用地范围内的配套公建用地表。

软件提供两种表格格式，界面如图 12-14 所示。

公共配套设施统计表				
设施名称	单位	规模	位置	附建建筑代码
垃圾收集点	㎡	22.1		9
物业管理用房	㎡	56.8		10, 11
车库	㎡	4653.3		13

公共配套设施统计表			
序号	类别	单位	数值
1	垃圾收集点	㎡	22.1
2	物业管理用房	㎡	56.8
3	车库	㎡	4653.3

图 12-14 【公建配套统计表】对话框

13. 综合指标表

实现综合技术经济指标表的绘制和导出功能。

软件提供两种居住区和工业区的表格形式，居住区表格如图 12-15 所示。

主要技术经济指标表			
编号	项目	单位	数值
1	建设用地面积	㎡	14273.7
2	居住户（套）数	户（套）	0
3	居住人口	人	0
4	容积率		2.77
5	建筑密度	%	27.9
6	绿地率	%	37.1
7	人口净密度	人/h㎡	0
8	住宅面积净密度	h㎡/h㎡	0.00
9	总建筑面积	㎡	44389
	其中 拆除建筑面积	㎡	42
	新建建筑面积	㎡	18408
	已建建筑面积	㎡	13913
	在建建筑面积	㎡	12879
10	地上总建筑面积	㎡	39554
	其中 物业管理用房面积	㎡	1049
	垃圾收集点面积	㎡	22
	R居住面积	㎡	39475
11	计算容积率建筑面积	㎡	39554
12	地下建筑面积	㎡	4653
	其中 车库面积	㎡	4653

主要技术经济指标表			
编号	项目	单位	数值
1	建设用地面积	㎡	14273.7
2	规模		
3	容积率		2.77
4	建筑密度	%	27.9
5	绿地率	%	37.1
6	总建筑面积	㎡	44389
	其中 拆除建筑面积	㎡	42
	新建建筑面积	㎡	18408
	已建建筑面积	㎡	13913
	在建建筑面积	㎡	12879
7	地上总建筑面积	㎡	39554
	其中 物业管理用房面积	㎡	1049
	垃圾收集点面积	㎡	22
	R居住面积	㎡	39475
8	计算容积率建筑面积	㎡	39554
9	地下建筑面积	㎡	4653
	其中 车库面积	㎡	4653

图 12-15　【综合指标表】对话框

第 13 章

出图设置

13.1 功能简介

本章主要提供了几种出图方式，包括在模型空间的出图，在图纸空间的分幅出图以及指北针、风玫瑰的添加。

13.2 出图图框的添加

菜单位置：出图→加图框。

功能：加绘工程图框、图签、会签等。可以绘制 A0、A1、A2、A3、A4 图框，也可以自定义绘制任意大小的图框。图签、会签可以自己添加，具体添加方法参照"系统→图库管理中心"中的图库添加。

13.3 图纸空间出图

当图纸比较大，无法在单张图纸上进行打印时，用户可以通过图纸空间出图在布局空间进行图纸的分幅打印，具体操作步骤如下：

（1）设置分幅打印的图幅大小；

（2）确定图纸的打印范围；

（3）进行批量的出图。

1. 图纸大小的设置

菜单位置：出图→图纸设置→图纸创建。

功能：设置图纸图幅的大小，图签会签的样式及打印设置。设置完成后，如果需要修改图纸的大小，可以通过图纸修改功能进行修改；如果需要修改图签会签的样式，可以通过图框绘制功能进行修改。

2. 视口的设置

菜单位置：出图→视口操作→视口创建。

功能：确定图纸的打印范围，以免实体超出打印范围，界面如图 13-1 所示。

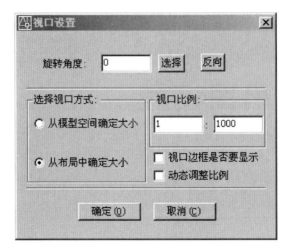

图 13-1　【视口设置】对话框

一般采用"从布局中确定大小"的方式来确定图纸打印范围，采用此方法确定大小，可以很直观的看到图纸的打印范围，避免选择的范围过大或过小，生成的范围线可以进行任意的编辑、复制。如果需要修改视口角度，可以通过角度设置功能进行修改；如果需要调整视口显示的位置，可以通过平移视口功能进行视口范围的移动。

3. 批量出图

菜单位置：出图→批量出图→批量出图。

功能：对图中已经布置好分幅出图图框的区域一次性进行分幅出图。

13.4　风玫瑰、指北针的添加

菜单位置：出图→风玫瑰/指北针。

功能：从图库中调用风玫瑰、指北针插入到图中。

天正建筑部分

第 14 章　天正建筑 10.0 概述

第 15 章　轴网与柱子

第 16 章　绘制与编辑墙体

第 17 章　门　窗

第 18 章　楼梯及室内外设施

第 19 章　房间和屋顶

第 20 章　尺寸标注、文字和符号

第 21 章　工　具

第 22 章　文件与布图

天正建筑 10.0 概述

14.1 天正建筑概述

　　TArch10.0 是天正建筑软件目前使用率较高的版本，是以美国 Autodesk 公司开发的通用 CAD 软件 AutoCAD 为平台，按照国内当前最新建筑设计和制图规范、标准图集开发的建筑设计软件，在国内建筑设计市场占有率长期居于第一的优秀国产建筑设计软件。

　　天正公司是由具有建筑设计行业背景的资深专家发起成立的高新技术企业，自 1994 年开始，以 AutoCAD 为图形平台成功开发建筑、日照、节能、暖通、电气、给排水等专业软件，是 Autodesk 公司在中国大陆的第一批注册开发商。天正公司的建筑 CAD 软件在全国范围内取得了极大的成功，可以说天正建筑软件已成为国内建筑 CAD 的行业规范，它的建筑对象和图档格式已经成为设计单位之间、设计单位与甲方之间图形信息交流的基础。

　　天正公司经过多年刻苦钻研后，在 2001 年推出了从界面到核心面目全新的 TArch5 系列，采用二维图形描述与三维空间表现一体化的先进技术，从方案到施工图全程体现建筑设计的特点，在建筑 CAD 技术上掀起了一场革命，采用自定义对象技术的建筑 CAD 软件具有人性化、智能化、参数化、可视化多个重要特征，以建筑构件作为基本设计单元，把内部带有专业数据的构件模型作为智能化的图形对象，天正提供体贴用户的操作模式，使得软件更加易于掌握，可轻松完成各个设计阶段的任务，包括体量规划模型和单体建筑方案比较，适用于从初步设计直至最后阶段的施工图设计，同时可为天正日照设计软件和天正节能软件提供准确的建筑模型，大大推动了建筑节能设计的普及。

　　本章系统地介绍了 TArch10.0 的各项功能，全面讲解了 TArch10.0 的使用方法和技巧，结构清晰，内容丰富，适用于天正建筑软件的用户顺畅使用。

14.2 天正建筑 10.0 的特点

　　天正建筑 CAD 软件采用自定义建筑对象，基于先进的建筑信息模型 BIM 思想研发，广泛用于建筑施工图设计和日照、节能分析，支持最新的 AutoCAD 图形平台。目前基于天正建筑对象的建筑信息模型已经成为天正系列软件的核心,逐渐得到多数建筑设计单位的接受,成为设计行业软件正版化的首选。

TArch10.0版本支持包括AutoCAD 2002~2012多个图形平台的安装和运行,天正除了对象编辑命令外,还可以用夹点拖动、特性编辑、在位编辑、动态输入等多种手段调整对象参数,用户可以根据不同对象的最佳操作方式加以选择使用。

天正建筑10.0的技术特点有:

(1) 新的一轴多号命令支持广泛使用的多轴号系统;

(2) 新的单轴标柱命令支持制图规范中的多轴号的多种单轴标柱形式;

(3) 新的轴号隐现命令方便了轴号隐藏和恢复显示的烦琐操作问题;

(4) 新的主附转换命令简化了轴号在主轴号和附加轴号之间转换的操作;

(5) 各种建筑构件全面支持北方地区的保温墙体绘制,支持保温的构件包括墙体、柱子、墙体造型、凸窗、门窗套、阳台;

(6) 墙体绘制和墙柱相交连接的命令进行了优化,消除了以往柱子不能设置保温层带来的许多问题,解决了以往因为墙柱加粗带来的许多问题;

(7) 解决了墙体和门窗在使用外部参照和带墙图块时不支持在位编辑和产生乱线等问题,改善了对广泛使用的外部参照和图块的支持;

(8) 改进了单线变墙命令,加入了墙体材料和高度的参数支持;

(9) 门窗命令进行了大量修改,一次可绘制多个门窗,同一洞口可插入两个门窗;

(10) 新增门窗编号设置命令可提供自定义的多种自动编号系列;

(11) 新的编号检查命令可根据工程和当前文件检查门窗编号并实时修改图上的门窗;

(12) 新改进的门窗编号系统支持文字作为门窗编号检查,统计并生成门窗表和门窗总表;

(13) 门窗套命令支持不同材料的门窗套和不同类型的保温门窗套绘制;

(14) 门口线命令增加了门口线偏移距离,定义双门口线,门口线与开门方向完全独立;

(15) 新改进的房间对象支持真彩色填充,支持指定墙体粉刷层厚,支持各个房间对象独立控制各项参数;

(16) 面积统计命令支持多层跃层的面积统计,用户可自定义此命令可识别的房间名称,可选择更新图中已有表格数据;

(17) 查询面积支持直接按一半面积生成,搜索房间支持一次生成多个建筑面积;

(18) 电梯命令增加按井道决定轿厢尺寸插入;

(19) 加雨水管支持连续绘制和改管径;

(20) 阳台栏板支持遮挡墙体保温线;

(21) 散水支持选择多段线生成或直接绘制;

(22) 全新的文字查找替换命令支持外部参照与块参照、天正对象、属性的查找替换;

(23) 可通过查找替换命令为文字自动加前后缀、文字加增量,文字替换支持通配符;

(24) 新增递增文字命令,可复制递增序号的天正文字对象;

（25）尺寸标柱对象的文字支持当前用户坐标系的规范方向；

（26）标高标柱增加了标高对象注释所在侧在镜像后的方向设定；

（27）圈内文字提供了三种注写方式，新增文字出圈设置，圈内文字字体可独立设置；

（28）剖切索引符号提供了多剖切位置线、双转折点的支持；

（29）做法标柱支持多索引点和多行文字；

（30）支持索引符号在当前图层和默认图层绘制的切换；

（31）新增文字复位命令恢复符号标柱的文字默认位置；

（32）图库支持动态图块，输出时可选择输出为天正图块或 ACAD 图块，入库时已是图块的不再重复嵌套；

（33）对象选择增加"排除在选择集外"的反向选择功能；

（34）消重图元增加对重合多段线及弧窗的消重操作；

（35）统一标高增加对天正对象、点、PL 线和 CAD 文字的支持；

（36）图层工具全面改进，增加打开图层、解冻图层、解锁图层、合并图层、图元改层等功能；

（37）关闭图层和冻结图层增加对外部参照及块中图层的支持；

（38）改进工程管理命令，在图上直接显示楼层框对象，便于对楼层表与标准层平面的关系进行定义和修改；

（39）总图改进道路绘制和倒角功能，可直接绘制中轴线，可直接倒角，支持同圆心和同半径两种倒角形式。增加布树功能；

（40）新增构件导出命令可将天正对象导出为 XML 文本文件到其他 CAD 平台；

（41）资源下载命令提供与天正官方网站的直接链接，提供资源文件和更新程序的随时下载；

（42）绘制梁命令可创建结构梁三维模型，用于碰撞检查；

（43）碰撞检查命令支持天正对象和设备管线一起检查各种对象之间的位置干涉，提供软碰撞间距的设置。

14.3 TArch 软件交互界面

TArch10.0 针对建筑设计的实际需要，对 AutoCAD 的交互界面进行了必要的扩充，建立了自己的菜单系统和快捷键，新提供了可由用户自定义的折叠式屏幕菜单、新颖方便的在位编辑框、与选取对象环境关联的右键菜单和图标工具栏，保留 Auto-CAD 的所有下拉菜单和图标菜单，从而保持 AutoCAD 的原有界面体系，便于用户同时加载其他软件（图 14-1）。

1. 折叠式屏幕菜单

TArch10.0 的主要功能都列在"折叠式"三级结构的屏幕菜单上，上一级菜单可以单击展开下一级菜单，同级菜单互相关联，展开另外一个同级菜单时，原来展开的菜单自动合拢。二到三级菜单项是天正建筑的可执行命令或者开关项，全部菜单项都提供 415 色图标，图标设计具有专业含义，以方便用户增强记忆，更快地确定菜单项的位置。当光标移到菜单项上时，AutoCAD 的状态行会出现该菜单项功能的简短提示。

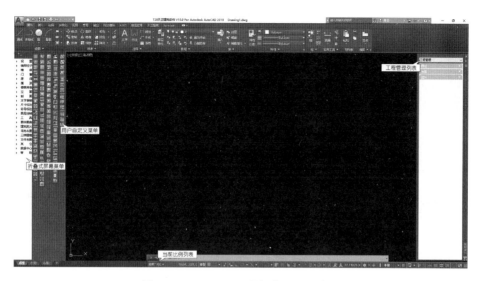

图 14-1 TArch10.0 的操作界面示意图

折叠式菜单效率最高，但由于屏幕的高度有限，在展开较长的菜单后，有些菜单项无法完全在屏幕可见，为此可用鼠标滚轮上下滚动菜单快速选取当前不可见的项目，详见 14.4 TArch 的基本操作一节；天正屏幕菜单在 2004 以上版本下支持自动隐藏功能，在光标离开菜单后，菜单可自动隐藏为一个标题，光标进入标题后随即自动弹出菜单，节省了宝贵的屏幕作图面积。

2. 默认与自定义图标工具栏

天正图标工具栏由三条默认工具栏以及一条用户自定义工具栏组成，默认工具栏 1 和工具栏 2 使用时停靠于界面右侧，把分属于多个子菜单的常用天正建筑命令收纳其中，避免反复的菜单切换。光标移到图标上稍作停留，即可提示各图标功能。工具栏图标菜单文件为 tch. mns，位置为 sys15 与 sys16 与 sys17 文件夹下，用户可以参考 AutoCAD 有关资料的说明，使用 AutoCAD 菜单语法自行编辑定制。

用户自定义工具栏（图 14-2）与常用图层快捷工具栏默认设在图形编辑区的下方，由 AutoCAD 的 Toolbar 命令控制它的打开或关闭，用户可以键入【自定义】（ZDY）命令选择"工具条"页面，在其中增删工具栏的内容，不必编辑任何文件。

自定义工具栏

图层快捷工具栏

图 14-2 自定义工具栏与快捷工具栏

3. 热键与自定义热键

除了 AutoCAD 定义的热键外，天正补充了若干热键，以加速常用的操作，以下是常用热键定义与功能（表 14-1）。

表 14-1　TArch10.0 的热键定义

F1	AutoCAD 帮助文件的切换键
F2	屏幕的图形显示与文本显示的切换键
F3	对象捕捉开关
F6	状态行的绝对坐标与相对坐标的切换键
F7	屏幕的栅格点显示状态的切换键
F8	屏幕的光标正交状态的切换键
F9	屏幕的光标捕捉（光标模数）的开关键
F11	对象追踪的开关键
Ctrl＋＋	屏幕菜单的开关
Ctrl＋－	文档标签的开关
Shift＋F12	墙和门窗拖动时的模数开关（仅限于 2006 以下平台）
Ctrl＋～	工程管理界面的开关

注：2006 以上版本的 F12 键可用于切换动态输入，天正新提供显示墙基线用于捕捉的状态行按钮。

　　用户可以在【自定义】命令中定义单一数字键的热键，由于"3"与多个 3D 命令冲突，不要用于热键。

4. 视口的控制

　　视口（Viewport）有模型视口和图纸视口之分，模型视口在模型空间中创建，图纸视口在图纸空间中创建。关于图纸视口，可以参见"布图原理"一节。为了方便用户从其他角度进行观察和设计，可以设置多个视口，每一个视口可以有如平面、立面、三维等不同的视图，如图 14-3 所示。天正提供了视口的快捷控制。

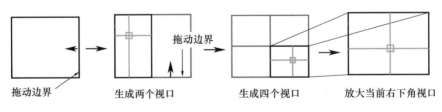

图 14-3　视口的控制图解

　　（1）新建视口：当光标移到当前视口的 4 条边界时，光标形状发生变化，此时开始拖动，就可以新建视口。

　　（2）改视口大小：当光标移到视口边界或角点时，光标的形状会发生变化，此时，按住鼠标左键进行拖动，可以更改视口的尺寸，如不需改变边界重合的其他视口，可在拖动时按住 Ctrl 或 Shift 键。

　　（3）删除视口：更改视口的大小，使它某个方向的边发生重合（或接近重合），此时视口自动被删除。

5. 文档标签的控制

在 AutoCAD 20××支持打开多个 DWG 文件，为方便在几个 DWG 文件之间切换，TArch10.0 提供了文档标签功能，为打开的每个图形在绘图区上方提供了显示文件名的标签，单击标签即可将标签代表的图形切换为当前图形，右击文档标签可显示多文档专用的关闭和保存所有图形、图形导出等命令，如图 14-4 所示。

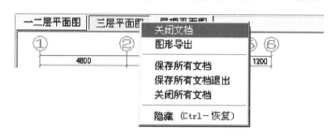

图 14-4   多文档的标签控制

通过【自定义】→"基本界面"→"启用文档标签"复选框启动和关闭文档标签，此外还提供了 Ctrl＋＋/－热键可开关文档标签。

6. 特性表

特性表又被称为特性栏（OPM），是 AutoCAD 20××提供的一种新交互界面，通过特性编辑（Ctrl＋1）调用，便于编辑多个同类对象的特性。

天正对象支持特性表，并且一些不常用的特性只能通过特性表来修改，如楼梯的内部图层等。天正的【对象选择】功能和【特性编辑】功能可以很好地配合修改多个同类对象的特性参数，而对象编辑只能一次编辑一个对象的特性。

有时在天正软件安装后特性栏不起作用，选择天正对象时特性栏显示"无选择"，多是安装时系统注册表受到某些软件保护无法写入导致，可以双击在安装文件夹→sys15～sys18 这些文件夹下的 tch10＿com1X. reg 文件手工导入注册表文件修复注册表解决。

7. 状态栏

在 AutoCAD 状态栏的基础上增加了比例设置的下拉列表控件以及多个功能切换开关，方便了动态输入、墙基线、填充、加粗和动态标注的状态快速切换，避免了与 AutoCAD 2006 版本的热键冲突问题，如图 14-5 所示。

图 14-5   天正建筑状态栏

14.4   TArch 的基本操作

大家使用 CAD 技术进行建筑设计，有必要了解一般的 CAD 操作流程。天正建筑的基本操作包括：初始设置基本参数选项，新提供的工程管理功能中的新建工程、编辑已有工程的命令操作，新引入的文字在位编辑的具体操作方法等。

1. 用天正软件做建筑设计的流程

TArch10.0 的主要功能可支持建筑设计各个阶段的需求，无论是初期的方案设计还是最后阶段的施工图设计，设计图纸的绘制详细程度（设计深度）取决于设计需求，由用户自己把握，而不需要通过切换软件的菜单来选择。TArch10.0 并没有先三维建模、后做施工图设计的要求，除了具有因果关系的步骤必须严格遵守外，操作上没有严格的先后顺序限制。

如图 14-6 所示是包括日照分析与节能设计在内的建筑设计流程图。

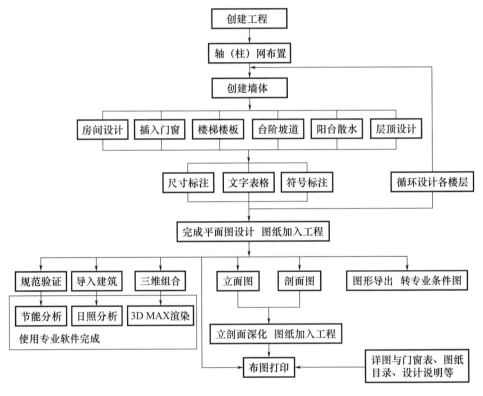

图 14-6　建筑设计流程图

2. 用天正软件做室内设计的流程

TArch10.0 的主要功能可支持室内设计的需求，一般室内设计只需要考虑本楼层的绘图，不必进行多个楼层的组合，设计流程相对简单，装修立面图实际上使用剖面命令生成。图 14-7 是室内设计的流程图。

3. 选项设置与自定义界面

以前版本的"天正基本设定"和"天正加粗填充"是作为 AutoCAD【选项】命令的两个页面出现的，命令埋藏太深，造成部分用户的困惑，TArch10.0 为用户提供了【自定义】和【天正选项】两个命令进行设置，内容在新版本中进行了分类调整与扩充；【高级选项】命令在新版本中作为【天正选项】的一个页面，但依然能作为独立命令执行。

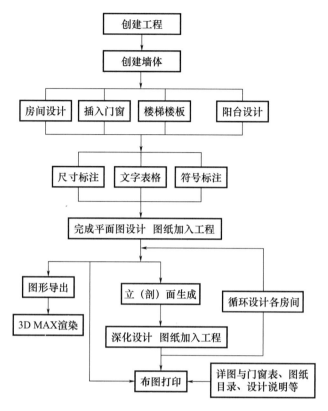

图 14-7　室内设计流程图

【自定义】命令是专用于修改与用户操作界面有关的参数设置而设计的，包括屏幕菜单、图形工具栏、鼠标动作、快捷键，如图 14-8 所示。

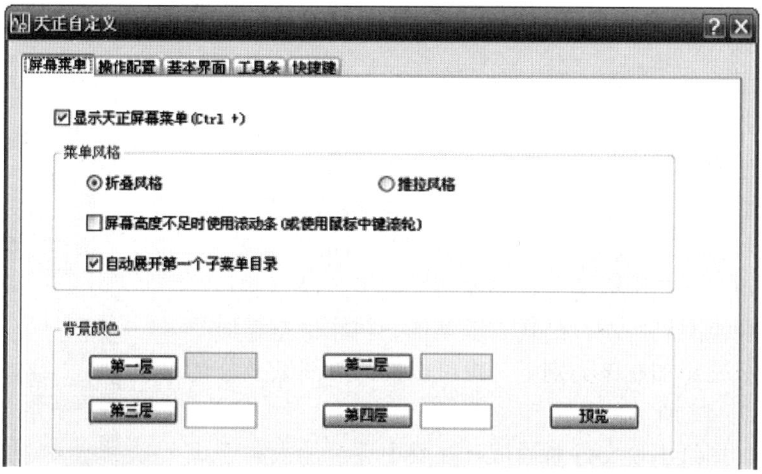

图 14-8　天正自定义

【天正选项】命令是专门用于修改与工程设计作图有关的参数而设计的，如绘图的基本参数、墙体的加粗、填充图案等的设置，【高级选项】如今作为【天正选项】命令的一个页面，其中列出的是长期有效的参数，不仅对当前图形有效，对机器重启后的操作都会起作用，如图 14-9 所示。

图 14-9　天正选项

4. 工程管理工具的使用方法

工程管理工具是管理同属于一个工程下的图纸（图形文件）的工具，命令在文件布图菜单下，启动命令后出现一个界面（图 14-10），在 2004 以上平台，此界面可以设置自动隐藏，随光标自动展开。

单击界面上方的下拉列表，可以打开工程管理菜单，其中选择打开已有的工程、新建工程等命令，如图 14-11 所示。

为保证与旧版兼容，特地提供了"导入"与"导出"楼层表的命令。

首先介绍的是"新建工程"命令，为当前图形建立一个新的工程，并为工程命名。

在界面中分为图纸、楼层、属性栏，在图纸栏中预设有平面图、立面图等多种图形类别，首先介绍图纸栏的使用，图纸栏用于管理以图纸为单位的图形文件，右击工程名称，出现右键菜单，在其中可为工程添加图纸或子工程分类。

在工程任意类别右击，出现右键菜单，功能也是添加图纸或分类，只是添加在该类别下，也可以把已有图纸或分类移除，如图 14-12 所示。

单击添加图纸出现文件对话框，在其中逐个加入属于该类别的图形文件，注意事先应该使同一个工程的图形文件放在同一个文件夹下。

楼层栏的功能是取代旧版本沿用多年的楼层表定义功能，在软件中以楼层栏中的图标命令控制属于同一工程中的各个标准层平面图，允许不同的标准层存放于一个图形文件下，通过如图 14-13 所示的第二个图标命令，在本图上框选

图 14-10　工程管理工具

标准层的区域范围，具体命令的使用详见立面、剖面等命令。

图 14-11　新建工程或导入楼层表　　　　　图 14-12　添加图纸

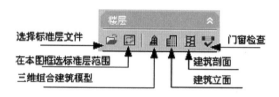

图 14-13　楼层栏中的工具图标命令

在下面的电子表格中输入"起始层号—结束层号"，定义为一个标准层，并取得层高，双击左侧的按钮可以随时在本图预览框选择标准层范围；对不在本图的标准层，则单击空白文件名栏后出现按钮，单击按钮后在文件对话框中，以普通文件选取方式点取图形文件，如图 14-14 所示。

图 14-14　楼层表的创建

打开已有工程：单击"工程管理"菜单中"最近工程"右边的箭头，可以看到最近建立过的工程列表，单击其中工程名称即可打开。

打开已有图纸：在图纸栏下列出了当前工程打开的图纸，双击图纸文件名即可打开。

5. 天正屏幕菜单的使用方法

折叠菜单系统除了界面图标使用了 256 色，还提供了多个菜单可供选择，每一个菜单还可以选择不同的使用风格，菜单系统支持鼠标滚轮，快速拖动个别过长的菜单。折叠菜单的优点是操作中随时看到上层菜单项，可直接切换其他子菜单，而不必返回上级菜单，如图 14-15 所示。

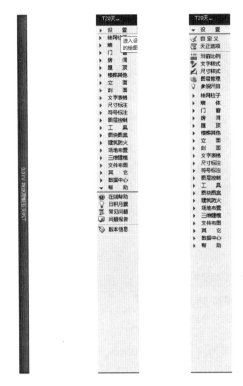

图 14-15　天正屏幕菜单的风格

天正屏幕菜单在 AutoCAD 2004 以上平台下支持自动隐藏功能，在光标离开菜单后，菜单可自动隐藏为一个标题，光标进入标题后随即自动展开菜单，节省了宝贵的屏幕作图面积。该菜单在 AutoCAD 2007 以上平台设为自动隐藏的同时还可停靠。

从使用风格区分，每一个菜单都有"折叠风格"和"推拉风格"可选，两者区别是：折叠风格是使下层子菜单缩到最短，菜单过长时自行展开，切换上层菜单后滚动根菜单；推拉风格使下层子菜单长度一致，菜单项少时补白，过长时使用滚动选取，菜单不展开。

6. 文字内容的在位编辑方法

软件提供了对象文字内容的在位编辑，不必进入对话框，启动在位编辑后在该位置显示编辑框，在其中输入或修改文字，在位编辑适用于带有文字的天正对象以及 AutoCAD2006 以下版本的单行文字对象。

以下介绍在位编辑的具体操作方法：

（1）启动在位编辑：对标有文字的对象，双击文字本身，如各种符号标注；对还没有标文字的对象，右击该对象从右键菜单的在位编辑命令启动，如没有编号的门窗对象；对轴号或表格对象，双击轴号或单元格内部。

（2）在位编辑选项：如图 14-16 所示，右击编辑

图 14-16　在位编辑选项框

框外范围启动右键菜单，文字编辑时菜单内容为特殊文字输入命令，轴号编辑时为轴号排序命令等。

（3）取消在位编辑：按 Esc 键或在右键菜单中单击取消。

（4）确定在位编辑：单击编辑框外的任何位置，或在右键菜单中单击确定，或在编辑单行文字时按回车键。

（5）切换编辑字段：对存在多个字段的对象，可以通过按 Tab 键切换当前编辑字段，如切换表格的单元、轴号的各号圈、坐标的 x、y 数值等。

7. 天正对象定位的动态输入技术

本软件将动态输入技术引入到天正自定义对象上，与 AutoCAD 只在 2006 以上平台支持此特性不同，天正自定义对象的动态输入适用于 2004 以上的平台。

动态输入指的是在图形上直接输入对象尺寸数据的编辑方式，如图 14-17 所示，非常有利于提高精确绘图的效率，主要应用于以下两个方面：

（1）应用于对象动态绘制的过程，例如绘制墙体和插门窗过程支持动态输入；

（2）应用于对象的夹点编辑过程，在对象夹点拖拽过程中，可以动态显示对象的尺寸数据，并随时输入当前位置尺寸数据。

动态输入数据后由回车来确认生效，Tab 键用来在各输入字段间切换（这一点与文字在位编辑一致），在一个对象有多个字段的情况下，修改一个字段数据后按 Tab 键代表这个字段数据的锁定，图 14-17 为 AutoCAD 2006 下拖动夹点时使用动态输入墙垛尺寸的实例。

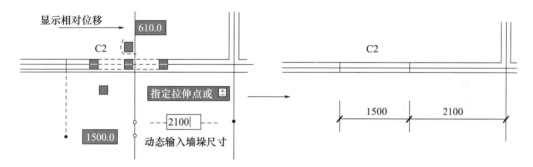

图 14-17　动态输入特性

动态输入特性由状态栏的 DYN 按钮控制，AutoCAD 2006 以上版本的 DYN 按钮由 AutoCAD 平台提供，其他 AutoCAD 2006 以下平台下的 DYN 按钮由天正软件提供。

8. 命令行选项热键与右键慢击菜单

天正建筑软件大部分功能都可以在命令行中键入命令执行，屏幕菜单、右键快捷菜单和键盘命令三种形式调用命令的效果是相同的。键盘命令以全称简化的方式提供，例如【绘制墙体】菜单项对应的键盘简化命令是 HZQT，采用汉字拼音的第一个字母组成。少数功能只能菜单点取，不能从命令行键入，如状态开关设置。

本软件的命令格式与 AutoCAD 相同，但选项改为热键直接执行的快捷方式，不必回车，例如：直墙下一点或［弧墙（A）/矩形画墙（R）/闭合（C）/回退（U）］＜另一段＞：键入 A/R/C/U 均可直接执行。

利用 AutoCAD 2004 以上平台提供的"鼠标右键慢击菜单",为命令行关键字选择提供了右键菜单,可免除键入关键字的键盘操作,如图 14-18 所示。

当命令行有选项关键字时,右键慢击鼠标可弹出快捷菜单供用户选择关键字,而右键快击仍然代表传统的确定操作。在"Options(选项)→用户系统配置→自定义右键单击"中可对此特性进行自定义,其中的"慢速单击期限"指的是右键从按下到弹起的时间长短。

| 确认(E) |
| 取消(C) |
| 弧墙(A) |
| 矩形画墙(R) |
| 闭合(C) |
| 回退(U) |
| 平移(P) |
| 缩放(Z) |

图 14-18 右键菜单

9. 门窗与尺寸标注的智能联动

本软件提供门窗编辑与门窗尺寸标注的联动功能,在对门窗宽度进行编辑,包括门窗移动、夹点改宽、对象编辑、特性编辑(Ctrl+1)和格式刷特性匹配,使得门窗宽度发生线性变化时,线性的尺寸标注将随门窗的改变联动更新。

门窗的联动范围取决于尺寸对象的联动范围设定,即由起始尺寸界线、终止尺寸界线以及尺寸线和尺寸关联夹点所围合范围内的门窗才会联动。如图 14-19 中方框是尺寸关联夹点,沿着尺寸标注对象的起点、中点和结束点另一侧共提供三个尺寸关联夹点,其位置可以通过鼠标拖动改变,对于任何一个或多个尺寸对象可以在特性表中设置联动是否启用,如图 14-19 所示。

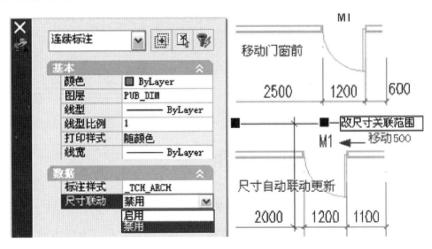

图 14-19 尺寸标注的智能联动

10. 天正对象支持 AutoCAD 2007 以上的三维效果特性

在 AutoCAD 2007 以上平台,每个三维对象在特性表(Ctrl+1)都增加了一个三维效果特性,包括材质属性与阴影显示两个属性。材质属性与颜色、线型等属性类似,是每个对象的基本属性,可以指定为 ByLayer 随层、ByBlock 随块、全局等。阴影显示有投射和接收阴影、投射阴影、接收阴影、忽略阴影四种选择。

天正自定义的构件对象提供了同样的三维效果特性,完全支持 AutoCAD 2007 平台的渲染功能,材质和阴影显示设置与 AutoCAD 2007 的基本三维对象 3DSOLID 完全相同。天正对象的材质、阴影特性同时支持格式刷、特性表等通用编辑、查询方法,如图 14-20 所示。

图 14-20　天正对象的 2007 三维效果特性

11. 天正电子表格的使用方法

软件中广泛应用了天正电子表格编辑界面，如图 14-21 所示，与 AutoCAD 更加兼容。

图 14-21　天正电子表格的使用

天正电子表格的控件说明：

（1）焦点指示器：位于表格左上角的方块，当表格被激活（可接收键盘输入）时显示为蓝色，否则为灰色，定制有右键菜单。

（2）行操作器：位于表格左侧，用于行操作命令。在具体应用中定制行编辑右键菜单。

（3）列操作器：位于表格上方，用于列操作命令。在具体应用中定制有列编辑右键菜单。

（4）表格数据区：由单元格阵列组成，可对单元格进行灵活编辑。在具体应用中，单元格也可能定制有特定的右键菜单。

天正新电子表格右键快捷菜单的功能说明：

（1）选择：单击行操作器上方块可选择行；单击列操作器上方块可选择列；按下 Ctrl 键的同时选择，可多选；按下 Shift 键的同时选择，可连续选。

（2）插入：先选择一个定位行（或列），然后按下 Insert 键，定位行（或列）的前面将插入一个新行（或列）。

（3）添加：先选择一个定位行（或列），然后键入 N 键，定位行（或列）的后面将添加一新行（或列）。如果当前没有选定行列，键入 N 键则将在表格末尾添加一新行。

（4）删除：如果当前选择集不空，键入 DEL 键将删除当前选择集中的所有行（或列）。在删除父行的同时，其所有子行也要被删除。

（5）复制：如果当前行选择集不空，键入 C 键将把当前行选择集中的所有行，复制到表格自身的剪裁板中。在复制父行的同时，其所有子行也要被复制。

（6）剪切：如果当前行选择集不空，键入 X 键将把当前行选择集中的所有行，剪切到表格自身的剪裁板中。在剪切父行的同时，其所有子行也被剪切。

（7）粘贴：先选择一个定位行，然后键入 V 键，如果表格的剪裁板当前不为空，剪裁板中内容将插入到所选择位置，同时表格的剪裁板置空。

（8）拖动行列：先选择选择集，然后可将其拖动到特定位置，同时按下 Ctrl 或者 Shift 键可以支持多选行列。

（9）单元格编辑：鼠标单击可进入单元格编辑状态，在单元格编辑状态下，可用 ←、↑、→、↓、Tab、Return 键切换到相邻单元格。特别提示：如果当前正在编辑单元格所在行为末行，键入 ↓ 或 Return 将自动在末尾添加一行进行编辑。

（10）排序：先选定关键字列（可多个），按 R 键可进行正排序，按 U 键可进行反排序，由于目前没有区分表头，表头行会随排序移动位置，需要用拖动给予复位。

第 15 章　轴网与柱子

15.1　创建轴网

轴网是由两组到多组轴线与轴号、尺寸标注组成的平面网格，是建筑物单体平面布置和墙柱构件定位的依据。完整的轴网由轴线、轴号和尺寸标注 3 个相对独立的系统构成。

15.1.1　轴线系统

考虑到轴线的操作比较灵活，为了使用时不至于给用户带来不必要的限制，轴网系统没有做成自定义对象，而是把位于轴线图层上的 AutoCAD 的基本图形对象，包括 LINE、ARC、CIRCLE 识别为轴线对象，天正软件默认轴线的图层是"DOTE"，用户可以通过设置菜单中的【图层管理】命令修改默认的图层标准。

轴线默认使用的线型是细实线，是为了绘图过程中方便捕捉，用户在出图前应该用【轴改线型】命令改为规范要求的点画线。

15.1.2　轴号系统

轴号是内部带有比例的自定义专业对象，是按照《房屋建筑制图统一标准》（GB/T 50001—2017）的规定编制的，它默认是在轴线两端成对出现，可以通过对象编辑单独控制隐藏单侧轴号或者隐藏某一个别轴号的显示，从 TArch8.5 版本开始提供了【轴号隐现】命令管理轴号的隐藏和显示；轴号号圈的轴号顺序默认是水平方向号圈以数字排序，垂直方向号圈以字符排序，按标准规定 I、O、Z 不用于轴线编号，1 号轴线和 A 号轴线前不排主轴号，附加轴号分母分别为 01 和 0A，轴号 Y 后的排序除了看【高级选项】→【轴线】→【轴号】→【字母 Y 后面的注脚形式】是字母还是数字，还要视下面的轴号变化规则而定。

轴号系统开放了自定义分区轴号的编号变化规则，在【轴网标注】命令中，可以预设轴号的编号变化规则是"变前项"还是"变后项"，在其他轴号编辑命令中同样提供了类似的设定规则，预设的分区轴号变化规律如下：

（1）变前项的分区轴号（图15-1）：

字母字母（AA，BA，CA，…YA，AB，BB，CB，…），字母数字（A1，B1，C1，…Y1，A2，B2，C2，…），数字字母（1A，2A，3A，…9A，10A，11A，…），字母-字母（A-A，B-A，C-A，…Y-A，A-B，B-B，C-B，…），字母-数字（A-1，B-1，C-1，…Y-1，A-2，B-2，C-2，…），数字-字母（1-A，2-A，3-A，…9-A，10-A，11-A，…），数字-数字（1-1，2-1，3-1，…9-1，10-1，11-1，…）

图15-1 变前项的分区轴号

（2）变后项的分区轴号（图15-2）：

字母字母（AA，AB，AC，…AY，BA，BB，BC，…），字母数字（A1，A2，A3，…A9，A10，A11，…），数字字母（1A，1B，1C…1Y，2A，2B，2C，…），字母-字母（A-A，A-B，A-C，…A-Y，B-A，B-B，B-C，…），字母-数字（A-1，A-2，A-3，…A-9，A-10，A-11，…），数字-字母（1-A，1-B，1-C…1-Y，2-A，2-B，2-C，…），数字-数字（1-1，1-2，1-3，…1-9，1-10，1-11，…）；

图15-2 变后项的分区轴号

为了解决用户常常遇到的图纸重复使用问题，从TArch8.5版本开始还提供了一轴多号的新功能，可以在原有轴号两端或一端增添新轴号。此功能以【单轴标注】和【一轴多号】两个命令提供，前者是为详图等单个号圈的轴号对象增添新轴号，后者是为用于轴网的多个号圈的轴号对象增添新轴号（图15-3）。

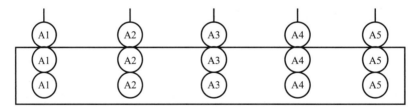

图15-3 增添的轴号还需通过【重排轴号】命令重新编号

新增加的【主附转换】命令可批量修改主轴号为附加轴号，或将附加轴号变为主轴号，然后编号方向上的其他轴号按要求依次重排，重排规则按国家制图标准中主附轴号的编号要求推算，非编号方向的轴号由用户自行修改，不作逆向重排。

天正建筑轴号对象的大小与编号方式符合现行制图规范要求，保证出图后号圈的大小是8或用户在高级选项中预设的数值，软件限制了规范规定不得用于轴号的字母，轴号对象预设有用于编辑的夹点，拖动夹点的功能用于轴号偏移、改变引线长度、轴号横向移动等。

15.1.3　轴号的默认参数设置

在高级选项中提供了多项参数，轴号字高系数用于控制编号大小和号圈的关系，轴号号圈大小是依照国家现行规范规定直径为 8～10，在高级选项中默认号圈直径为 8，还可控制在一轴多号命令中是否显示附加轴号等。

15.1.4　尺寸标注系统

尺寸标注系统由自定义尺寸标注对象构成，在标注轴网时自动生成于轴线图层 AXIS 上，除了图层不同外，与其他命令的尺寸标注没有区别。

创建轴网的方法有多种：

（1）使用【绘制轴网】命令生成标准的直轴网或弧轴网。

（2）根据已有的建筑平面布置图，使用【墙生轴网】命令生成轴网。

（3）轴线图层上绘制直线（Line）、圆弧（Arc）、圆（Circle），轴网标注命令识别为轴线。

15.1.5　绘制直线轴网

直线轴网功能用于生成正交轴网、斜交轴网或单向轴网，在命令【绘制轴网】中的"直线轴网"标签执行。

菜单命令：轴网柱子→绘制轴网（HZZW）。

单击绘制轴网菜单命令后，显示【绘制轴网】对话框，在其中单击"直线轴网"标签，输入开间间距，如图 15-4 所示。

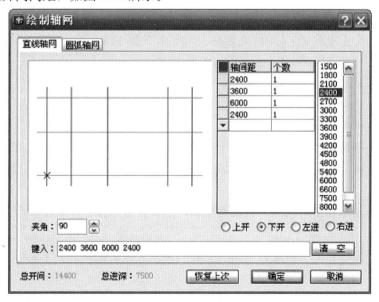

图 15-4　【直线轴网】对话框

1. 输入轴网数据方法

（1）直接在"键入"栏内键入轴网数据，每个数据之间用空格或英文逗号隔开，输入完毕后按回车键生效。

（2）在电子表格中键入"轴间距"和"个数"，常用值可直接点取右方数据栏或下拉列表的预设数据。

对话框控件的说明：

【上开】：在轴网上方进行轴网标注的房间开间尺寸。

【下开】：在轴网下方进行轴网标注的房间开间尺寸。

【左进】：在轴网左侧进行轴网标注的房间进深尺寸。

【右进】：在轴网右侧进行轴网标注的房间进深尺寸。

【个数】【尺寸】：栏中数据的重复次数，点击右方数值栏或下拉列表获得，也可以键入。

【轴间距】：开间或进深的尺寸数据，点击右方数值栏或下拉列表获得，也可以键入。

【键入】：键入一组尺寸数据，用空格或英文逗点隔开，按回车键数据输入到电子表格中。

【夹角】：输入开间与进深轴线之间的夹角数据，默认为夹角90°的正交轴网。

【清空】：把某一组开间或者某一组进深数据栏清空，保留其他组的数据。

【恢复上次】：把上次绘制直线轴网的参数恢复到对话框中。

【确定】【取消】：单击后开始绘制直线轴网并保存数据，取消绘制轴网并放弃输入数据。

右击电子表格中行首按钮，可以执行新建、插入、删除、复制和剪切数据行的操作。

在对话框中输入所有尺寸数据后，点击【确定】按钮，命令行显示：

点取位置或［转90度（A）/左右翻（S）/上下翻（D）/对齐（F）/改转角（R）/改基点（T）］＜退出＞：

此时可拖动基点插入轴网，直接点取轴网目标位置或按选项提示回应。

在对话框中输入单向尺寸数据后，点击"确定"按钮，命令行显示：

单向轴线长度＜16200＞：

此时给出指示该轴线的长度的两个点或者直接输入该轴线的长度，接着提示：

点取位置或［转90度（A）/左右翻（S）/上下翻（D）/对齐（F）/改转角（R）/改基点（T）］＜退出＞：

此时可拖动基点插入轴网，直接点取轴网目标位置或按选项提示回应。

> 注意：
>
> 1. 如果第一开间（进深）与第二开间（进深）的数据相同，不必输入另一开间（进深）。
>
> 2. 输入的尺寸定位以轴网的左下角轴线交点为基点，多层建筑各平面同号轴线交点位置应一致。

2. 直线轴网设计实例

上开间：4×6000，7500，4500。

下开间：2400，3600，4×6000，3600，2400。

左进深输入：4200，3300，4200；右进深与左进深同，不必输入。

正交直线轴网，夹角为90°，如图 15-5 所示。

斜交直线轴网，夹角为 75°，如图 15-6 所示。

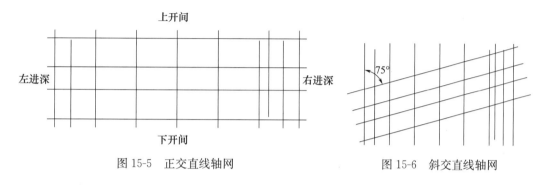

图 15-5　正交直线轴网　　　　　　　图 15-6　斜交直线轴网

15.1.6　墙生轴网

在方案设计中建筑师需反复修改平面图，如加、删墙体，改开间、进深等，用轴线定位有时并不方便，为此天正提供根据墙体生成轴网的功能，建筑师可以在参考栅格点上直接进行设计，待平面方案确定后，再用本命令生成轴网。也可用墙体命令绘制平面草图，然后生成轴网。

菜单命令：轴网柱子→墙生轴网（QSZW）。

点击菜单命令后，命令行提示：

请选取要从中生成轴网的墙体：点取要生成轴网的所有墙体或回车退出

在墙体基线位置上自动生成没有标注轴号和尺寸的轴网。

15.1.7　绘制圆弧轴网

圆弧轴网由一组同心弧线和不过圆心的径向直线组成，常组合其他轴网，端径向轴线由两轴网共用，由命令【绘制轴网】中的"圆弧轴网"标签执行。

菜单命令：轴网柱子→绘制轴网（HZZW）。

单击绘制轴网菜单命令后，显示【绘制轴网】对话框，在其中单击"圆弧轴网"标签，输入进深的对话框如图 15-7 所示。

输入圆心角的对话框显示如图 15-8 所示。

输入轴网数据方法：

（1）直接在【键入】栏内键入轴网数据，每个数据之间用空格或英文逗号隔开，输入完毕后按回车键生效。

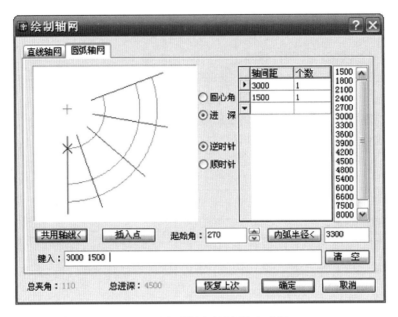

图 15-7　圆弧轴网对话框输入进深

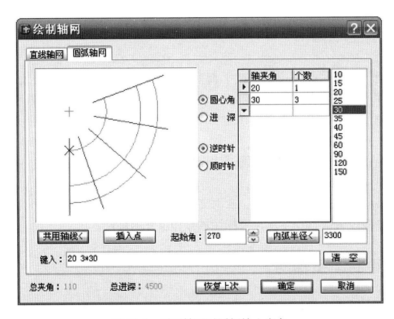

图 15-8　圆弧轴网对话框输入夹角

（2）在电子表格中键入【轴间距】/【轴夹角】和【个数】，常用值可直接点取右方数据栏或下拉列表中的预设数据。

对话框控件的说明：

【进深】：在轴网径向，由圆心起算到外圆的轴线尺寸序列，单位 mm。

【圆心角】：由起始角起算，按旋转方向排列的轴线开间序列，单位°。

【轴间距】：进深的尺寸数据，点击右方数值栏或下拉列表获得，也可以键入。

【轴夹角】：开间轴线之间的夹角数据，常用数据从下拉列表获得，也可以键入。

【个数】：栏中数据的重复次数，点击右方数值栏或下拉列表获得，也可以键入。

【内弧半径<】：从圆心起算的最内侧环向轴线半径，可从图上取两点获得，也可以为 0。

【起始角】：x 轴正方向到起始径向轴线的夹角（按旋转方向定）。

【逆时针】【顺时针】：径向轴线的旋转方向。

【共用轴线<】：在与其他轴网共用一根径向轴线时，从图上指定该径向轴线不再重复绘出，点取时通过拖动圆轴网确定与其他轴网连接的方向。

【键入】：键入一组尺寸数据，用空格或英文逗点隔开，回车后输到电子表格中。

【插入点】：单击插入点按钮，可改变默认的轴网插入基点位置。

【清空】：把某一组圆心角或者某一组进深数据栏清空，保留其他数据。

【恢复上次】：把上次绘制圆弧轴网的参数恢复到对话框中。

【确定】【取消】：单击后开始绘制圆弧轴网并保存数据，取消绘制轴网并放弃输入数据。

右击电子表格中行首按钮，可以执行新建、插入、删除、复制和剪切数据行的操作。

在对话框中输入所有尺寸数据后，点击"确定"按钮，命令行显示：

点取位置或［转 90 度（A）/左右翻（S）/上下翻（D）/对齐（F）/改转角（R）/改基点（T）］<退出>：

此时可拖动基点插入轴网，直接点取轴网目标位置或按选项提示回应，弧轴网的实例如图 15-9 所示。

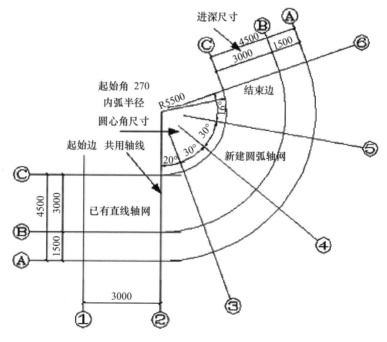

图 15-9　圆弧轴网的实例

注：圆心角的总夹角为 360°时，生成弧线轴网的特例——"圆轴网"。

15.2 轴网标注与编辑

15.2.1 轴网标注

轴网的标注包括轴号标注和尺寸标注，轴号可按规范要求用数字、大写字母、小写字母、双字母、双字母间隔连字符等方式标注，可适应各种复杂分区轴网，系统按照《房屋建筑制图统一标准》（GB/T 50001—2017）的规定，字母 I、O、Z 不用于轴号，在排序时会自动跳过这些字母。

尽管轴网标注命令能一次完成轴号和尺寸的标注，但轴号和尺寸标注二者属独立存在的不同对象，不能联动编辑，用户修改轴网时应注意自行处理。

1. 轴网标注

菜单命令：轴网柱子→轴网标注（ZWBZ）。

本命令对始末轴线间的一组平行轴线（直线轴网与圆弧轴网的进深）或者径向轴线（圆弧轴线的圆心角）进行轴号和尺寸标注。

单击【轴网标注】菜单命令后，首先显示无模式对话框，如图 15-10 所示。

图 15-10　轴网标注对话框

在单侧标注的情况下，选择轴线的哪一侧就标在哪一侧。可按照《房屋建筑制图统一标准》（GB/T 50001—2017），支持类似 1-1、A-1 与 AA、A1 等分区轴号标注，按用户选取的"轴号规则"预设的轴号变化规律改变各轴号的编号。

默认的"起始轴号"在选择起始和终止轴线后自动给出，水平方向为 1，垂直方向为 A，用户可在编辑框中自行给出其他轴号，也可删空以标注空白轴号的轴网，用于方案等场合。

命令行首先提示点取要标注的始末轴线，在其间标注直线轴网，交互命令如下：

请选择起始轴线＜退出＞：选择一个轴网某开间（进深）一侧的起始轴线，点 P1

请选择终止轴线＜退出＞：选择一个轴网某开间（进深）同一侧的末轴线，点 P2，此时始末轴线范围的所有轴线亮显

请选择不需要标注的轴线：选择那些不需要标注轴号的辅助轴线，这些选中的轴线恢复正常显示，回车结束选择完成标注

请选择起始轴线＜退出＞：重新选择其他轴网进行标注或者按回车键退出命令

以下以标注与直线轴网（轴网 1）连接的圆弧轴网（轴网 2）说明两种轴网共用轴号的标注：

在无模式对话框中勾选"共用轴号"复选框，单击"单侧标注"单选按钮，如

图 15-11所示，在标注弧轴网时，角度标注默认在当前所选点 P3 一侧。

图 15-11　设置轴网标注选项

请选择起始轴线＜退出＞：选择与前一个轴网共用的轴线作为起始轴线，点靠外侧的 P3

请选择终止轴线＜退出＞：选择一个轴网某开间（进深）同侧的末轴线，点 P4

请选择不需要标注的轴线：选择那些不需要标注轴号的辅助轴线，这些选中的轴线恢复正常显示，按回车键结束选择完成标注

是否为按递时针方向排序编号？（Y/N）［Y］：按回车键默认递时针方向，完成轴号 4~6 的标注

对话框控件的说明：

【起始轴号】：希望起始轴号不是默认值 1 或者 A 时，在此处输入自定义的起始轴号，可以使用字母和数字组合轴号。

【轴号规则】：使用字母和数字的组合表示分区轴号，共有两种情况，变前项和变后项，默认变后项。

【尺寸标注对侧】：用于单侧标注，勾选此复选框，尺寸标注不在轴线选取一侧标注，而在另一侧标注。

【共用轴号】：勾选后表示起始轴号由所选择的已有轴号后继数字或字母决定。

【单侧标注】：表示在当前选择一侧的开间（进深）标注轴号和尺寸。

【双侧标注】：表示在两侧的开间（进深）均标注轴号和尺寸。

2. 单轴标注

菜单命令：轴网柱子→单轴标注（DZBZ）。

本命令只对单个轴线标注轴号，轴号独立生成，不与已经存在的轴号系统和尺寸系统发生关联。不适用于一般的平面图轴网，常用于立面与剖面、详图等个别单独的轴线标注，按照制图规范的要求，可以选择几种图例进行表示，如果轴号编辑框内不填写轴号，则创建空轴号；本命令创建的对象的编号是独立的，其编号与其他轴号没有关联，如需要与其他轴号对象有编号关联，请使用【添补轴号】命令。

单击【单轴标注】菜单命令后，首先显示无模式对话框，在其中单击"单轴号"或"多轴号"单选按钮，选择单轴号时在轴号编辑框中输入轴号，如图 15-12 所示。

图 15-12　单轴标注单轴号

多轴号有多种情况，当表示的轴号非连续时，应在编辑框中输入多个轴号，其间以逗号分隔，单击"文字"，第二轴号以上以文字注写在轴号旁，如图 15-13 所示。

图 15-13 单轴标注多轴号文字

单击"图形"，第二轴号以上的编号用号圈注写在轴号下方，如图 15-14 所示。

图 15-14 单轴标注多轴号图形

当表示的轴号连续排列时，勾选"连续"复选框，此时对话框如图 15-15 所示，在其中输入"起始轴号"和"终止轴号"。

图 15-15 单轴标注多轴号连续

此时命令行提示：

点取待标注的轴线＜退出＞：点取要标注的某根轴线

点取待标注的轴线＜退出＞：继续点取要标注的其他轴线或回车退出完成标注

结果如图 15-16 所示。

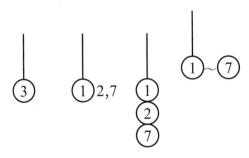

图 15-16 单轴标注示例

3. 添加轴线

菜单命令：轴网柱子→添加轴线（TJZX）。

本命令应在【两点轴标】命令完成后执行，功能是参考某一根已经存在的轴线，在其任意一侧添加一根新轴线，同时根据用户的选择赋予新的轴号，把新轴线和轴号一起融入到存在的参考轴号系统中，本命令同时取代 6.5 版本的【添加径轴】命令。

单击【添加轴线】菜单命令后，对于直线轴网，命令行提示：

选择参考轴线＜退出＞：点取要添加相邻轴线，距离已知的轴线作为参考轴线

新增轴线是否为附加轴线？（Y/N）［N］：

回应 Y，添加的轴线作为参考轴线的附加轴线，按规范要求标出附加轴号，如 1/1、2/1 等。

回应 N，添加的轴线作为一根主轴线插入到指定的位置，标出主轴号，其后轴号自动重排。

偏移方向＜退出＞：在参考轴线两侧中，单击添加轴线的一侧

距参考轴线的距离＜退出＞：2400 键入距参考轴线的距离

单击【添加轴线】菜单命令后，对于圆弧轴网，命令行提示：

选择参考轴线＜退出＞：选取圆弧轴网上一根径向轴线

新增轴线是否为附加轴线？（Y/N）［N］：键入 Y 或 N，解释同上

输入转角＜退出＞：15 键入输入转角度数或在图中点取

在点取转角时，程序实时显示，可以随时拖动预览添加的轴线情况，点取后即在指定位置处增加一条轴线。

4. 轴线裁剪

菜单命令：轴网柱子→轴线裁剪（ZXCJ）。

本命令可根据设定的多边形或直线范围，裁剪多边形内的轴线或者直线某一侧的轴线。

单击菜单命令后，命令行提示：

矩形的第一个角点或［多边形裁剪（P）/轴线取齐（F）］＜退出＞：F

键入 F 显示轴线取齐功能的交互命令如下：

请输入裁剪线的起点或选择一条裁剪线：点取取齐的裁剪线起点

请输入裁剪线的终点：点取取齐的裁剪线终点

请输入一点以确定裁剪的是哪一边：单击轴线被裁剪的一侧结束裁剪

矩形的第一个角点或［多边形裁剪（P）/轴线取齐（F）］＜退出＞：

（1）如果给出第一个角点，则系统默认为矩形剪裁，命令行继续提示：

另一个角点＜退出＞：选取另一角点后程序即按矩形区域剪裁轴线

（2）如果键入 P，则系统进入多边形剪裁，命令行提示：

多边形的第一点＜退出＞：选取多边形第一点

下一点或［回退（U）］＜退出＞：选取第二点及下一点

……

下一点或［回退（U）］＜封闭＞：选取下一点或回车，命令自动封闭该多边形结束裁剪

5. 轴改线型

菜单命令：轴网柱子→轴改线型（ZGXX）。

本命令在点画线和连续线两种线型之间切换。建筑制图要求轴线必须使用点画线，但由于点画线不便于对象捕捉。常在绘图过程使用连续线，在输出的时候切换为点画线。如果使用模型空间出图，则线型比例用 $10 \times$ 当前比例决定，当出图比例为 1：100 时，默认线型比例为 1000。如果使用图纸空间出图，天正建筑软件内部已经考虑了自动缩放。

15.2.2　轴号的编辑

轴号对象是一组专门为建筑轴网定义的标注符号，通常就是轴网的开间或进深方向上的一排轴号。按国家制图规范，即使轴间距上下不同，同一个方向轴网的轴号也是统一编号的系统，以一个轴号对象表示，但一个方向的轴号系统和其他方向的轴号系统是独立的对象。

天正轴号对象中的任何一个单独的轴号可设置为双侧显示或者单侧显示，也可以一次关闭打开一侧全体轴号，不必为上下开间（进深）各自建立一组轴号，也不必为关闭其中某些轴号而炸开对象进行轴号删除。

本软件提供了"选择预览"特性，光标移动到轴号上方时亮显轴号对象，此时右击即可启动智能感知右键菜单，在右键菜单中列出轴号对象的编辑命令供用户选择使用。修改轴号本身可直接双击轴号文字，即可进入在位编辑状态修改文字。

1. 添补轴号

菜单命令：轴网柱子→添补轴号（TBZH）。

本命令可在矩形、弧形、圆形轴网中对新增轴线添加轴号，新添轴号成为原有轴号对象的一部分，但不会生成轴线，也不会更新尺寸标注，适用于以其他方式增添或修改轴线后进行的轴号标注。

2. 删除轴号

菜单命令：轴网柱子→删除轴号（SCZH）。

本命令用于在平面图中删除个别不需要的轴号的情况，可根据需要决定是否重排轴号，可框选多个轴号一次删除。

3. 一轴多号

菜单命令：轴网柱子→一轴多号（YZDH）。

本命令用于平面图中同一部分由多个分区公用的情况，利用多个轴号共用一根轴线可以节省图面和工作量，本命令将已有轴号作为源轴号进行多排复制，用户进一步对各排轴号编辑获得新轴号系列。默认不复制附加轴号，需要复制附加轴号时请先在"高级选项→轴线→轴号→不绘制附加轴号"中改为否。

4. 轴号隐现

菜单命令：轴网柱子→轴号隐现（ZHYX）。

本命令用于在平面轴网中控制单个或多个轴号的隐藏与显示，功能相当于轴号的对象编辑操作中的"变标注侧"和"单轴变标注侧"，为了方便用户使用而改为独立命令。

5. 主附转换

菜单命令：轴网柱子→主附转换（ZFZH）。

本命令用于在平面图中将主轴号转换为附加轴号或者反过来将附加轴号转换回主轴号，本命令的重排模式对轴号编排方向的所有轴号进行重排。

6. 重排轴号

本命令在所选择的一个轴号对象（包括轴线两端）中，从选择的某个轴号位置开始对轴网的开间或者进深（方向默认从左到右或从下到上）按输入的新轴号重新排序，在此新轴号左（下）方的其他轴号不受本命令影响。应注意：轴号对象事先执行过倒排轴号，则重排轴号的排序方向按当前轴号的排序方向。

7. 倒排轴号

改变一组轴线编号的排序方向，该组编号自动进行倒排序，即原来从右到左 3→1 排序改为从左到右 1→3 排序，同时影响到今后该轴号对象的排序方向，如果倒排为右到左的方向后，重排轴号会按照右到左进行，除非重新执行倒排轴号。本命令以右键菜单启动执行，没有交互命令。

8. 轴号夹点编辑

轴号对象预设了专用夹点，用户可以用鼠标拖曳这些夹点编辑轴号，解决以前众多命令才能解决的问题，如轴号的外偏与恢复、成组轴号的相对偏移都直接拖动完成，对象每个夹点的用途均在光标靠近时出现提示，夹点预设功能如图 15-17 所示。其中轴号的横移是两侧号圈一致的，而纵移则是仅是对单侧号圈有效的，拖动每个轴号引线端夹点都能拖动一侧轴号一起纵向移动。

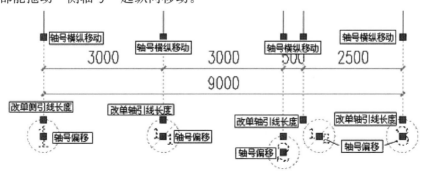

图 15-17　轴号对象夹点示意图

9. 轴号在位编辑

可方便地使用在位编辑来修改轴号，光标在轴号对象范围内，然后双击轴号文字，即可进入在位编辑状态，在轴号上出现编辑框。如果要关联修改后续的多个编号，右击出现快捷菜单，在其中单击【重排轴号】命令即可完成轴号排序，否则只修改当前编号。

重排轴号也可以通过在编辑框中键入默认符号"＜"和"＞"执行，在轴号的在位编辑实例，如图 15-18 所示的编辑框里面键入 1＜，然后框外单击，即可完成从左到右的重排轴号，如在其中键入＞1，则表示从右到左倒排当前的轴号。光标移动到轴号上方时轴号对象亮显，右击出现智能感知快捷菜单中单击【倒排轴号】命令即可完成倒排轴号。

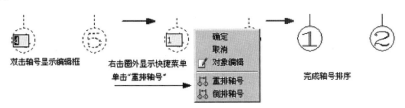

图 15-18　轴号的在位编辑实例

10. 轴号对象编辑

光标移动到轴号上方时轴号对象亮显，右击出现智能感知快捷菜单，在其中选择【对象编辑】命令即可启动轴号对象编辑命令，命令提示如下：

变标注侧［M］/单轴变标注侧［S］/添补轴号［A］/删除轴号［D］/单轴变号［N］/重排轴号［R］/轴圈半径［Z］/＜退出＞：

键入选项热键即可启动其中的功能，选择重要选项介绍如下，其余几种功能与同名命令一致，在此不再赘述。

变标注侧：用于控制轴号显示状态，在本侧标轴号（关闭另一侧轴号），对侧标轴号（关闭一侧轴号）和双侧标轴号（打开轴号）间切换。

单轴变标注侧：此功能是任由您逐个点取要改变显示方式的轴号（在轴号关闭时点取轴线端点），轴号显示的三种状态立刻改变，被关闭的轴号在编辑状态变虚，回车结束后关闭，如图 15-19 所示。

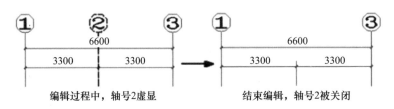

图 15-19　关闭部分轴号

注意：不必为删除一侧轴号去分解轴号对象，变标注侧就可以解决问题。

15.3 柱子

15.3.1 柱子的概念

柱子在建筑设计中主要起到结构支撑作用，有些时候柱子也用于纯粹的装饰。本软件以自定义对象来表示柱子，但各种柱子对象定义不同，标准柱用底标高、柱高和柱截面参数描述其在三维空间的位置和形状，构造柱用于砖混结构，只有截面形状而没有三维数据描述，只服务于施工图。

柱与墙相交时按墙柱之间的材料等级关系决定柱自动打断墙或者墙穿过柱。如果柱与墙体同材料，墙体被打断的同时与柱连成一体。

柱子的填充方式与柱子的当前比例有关，如柱子的当前比例大于预设的详图模式比例，柱子和墙的填充图案按详图填充图案填充，否则按标准填充图案填充。

标准柱的常规截面形式有矩形、圆形、多边形等，异形截面柱由标准柱命令中"选择 Pline 线创建异形柱"图标定义，或者单击"标准构件库…"按钮取得。

插入图中的柱子，用户如需要移动和修改，可充分利用夹点功能和其他编辑功能。对于标准柱的批量修改，可以使用"替换"的方式，柱同样可采用 AutoCAD 的编辑命令进行修改，修改后相应墙段会自动更新。此外，柱、墙可同时用夹点拖动编辑。

1. 柱子与墙的保温层特性

柱子添加保温层是自 TArch 8.5 版本起提供的新特性，柱子的保温层与墙保温层均通过【墙柱保温】命令添加，柱保温层与相邻的墙保温层的边界自动融合，但两者具有不同的性质，柱保温层在独立柱中能自动环绕柱子一周添加，保温层厚度对每一个柱子可独立设置、独立开关，但更广泛的应用场合中，柱保温层更多的是被墙（包括虚墙）断开，分别为外侧保温或者内侧保温、两侧保温，但保温层不能设置不同厚度；柱保温的范围可随柱子与墙的相对位置自动调整，如图 15-20 所示。

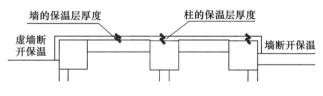

图 15-20 柱子与墙的保温

2. 柱子的夹点定义

柱子的每一个夹点都可以拖动改变柱子的尺寸或者位置，如矩形柱的边中夹点用于拖动调整柱子的侧边、对角夹点改变柱子的大小、中心夹点改变柱子的转角或移动柱子，圆柱的边夹点用于改变柱子的半径、中心夹点移动柱子。柱子的夹点定义如图 15-21所示。

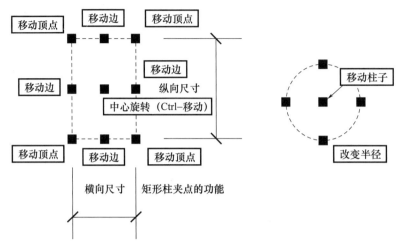

图 15-21 柱子的夹点定义

3. 柱子与墙的连接方式

柱子的材料决定了柱与墙体的连接方式，图 15-22 是不同材质墙柱连接关系的示意图，标准填充模式与详图填充模式的切换由"选项→天正加粗填充"中用户设定的比例自动控制。

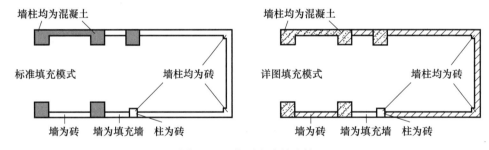

图 15-22 柱子和墙的连接

4. 柱子的交互和显示特性

自动裁剪特性：楼梯、坡道、台阶、阳台、散水、屋顶等对象可以自动被柱子裁剪。

矮柱特性：矮柱表示在平面图假定水平剖切线以下的可见柱，在平面图中这种柱不被加粗和填充，此特性在柱特性表中设置。

柱填充颜色：柱子具有材料填充特性，柱子的填充不再单独受各对象的填充图层控制，而是优先由选项中材料颜色控制，更加合理、方便。

15.3.2 柱子的创建

1. 标准柱

在轴线的交点或任何位置插入矩形柱、圆柱或正多边形柱，正多边形柱包括常用的三、五、六、八、十二边形断面，还包括创建异形柱的功能。

　　插入柱子的基准方向总是沿着当前坐标系的方向，如果当前坐标系是 UCS，柱子的基准方向自动按 UCS 的 X 轴方向，不必另行设置。

　　【标准柱】命令的工具栏新增"选择 Pline 创建异形柱"和"在图中拾取柱子形状或已有柱子"图标，用于创建异形柱和把已有形状或柱子作为当前标准柱使用。

　　菜单命令：轴网柱子→标准柱（BZZ）。

　　创建标准柱的步骤如下：

　　（1）设置柱的参数，包括截面类型、截面尺寸和材料，或者从构件库取得以前入库的柱。

　　（2）单击下面的工具栏图标，选择柱子的定位方式。

　　（3）根据不同的定位方式回应相应的命令行输入。

　　（4）重复 1～3 步或按回车键结束标准柱的创建。以下是具体的交互过程：

　　点击菜单命令后，显示标准柱对话框，在选取不同形状后会根据不同形状，显示对应的参数输入，如图 15-23～图 15-25 所示。

图 15-23　标准柱对话框——方柱

图 15-24　标准柱对话框——圆柱

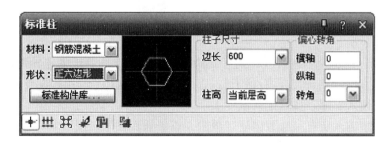

图 15-25　标准柱对话框——多边形柱

对话框控件的说明：

【柱子尺寸】：其中的参数因柱子形状而略有差异，如图 15-23～图 15-25 所示。

【柱高】：柱高默认取当前层高，也可从列表中选取常用高度。

【偏心转角】：其中旋转角度在矩形轴网中以 x 轴为基准线；在弧形、圆形轴网中以环向弧线为基准线，以逆时针为正，顺时针为负自动设置。

【材料】：由下拉列表选择材料，柱子与墙之间的连接形式以两者的材料决定，目前包括砖、石材、钢筋混凝土或金属，默认为钢筋混凝土。

【形状】：设定柱截面类型，列表框中有矩形、圆形和正多边形等柱截面，选择任一种类型成为选定类型。

【标准构件库···】：从柱构件库中取得预定义柱的尺寸和样式，柱构件库如图 15-26 所示。

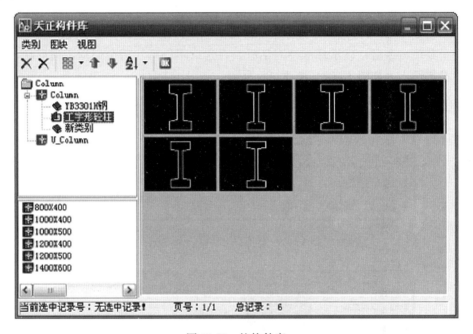

图 15-26　柱构件库

【点选插入柱子】：优先捕捉轴线交点插柱，如未捕捉到轴线交点，则在点取位置插柱。

【沿一根轴线布置柱子】：在选定的轴线与其他轴线的交点处插柱。

【矩形区域的轴线交点布置柱子】：在指定的矩形区域内，所有的轴线交点处插柱。

【替换图中已插入柱子】：以当前参数柱子替换图上的已有柱子，可以单个替换或者以窗选成批替换。

【选择 Pline 创建异形柱】：以图上已绘制的闭合 Pline 线就地创建异形柱。

【在图中拾取柱子形状或已有柱子】：以图上已绘制的闭合 Pline 线或者已有柱子作为当前标准柱读入界面，接着插入该柱。

在对话框中输入所有尺寸数据后，单击"点选插入柱子"按钮，命令行显示：

点取位置或［转 90 度（A）/左右翻（S）/上下翻（D）/对齐（F）/改转角（R）/改基点（T）/参考点（G）］＜退出＞:

柱子插入时键入定位方式热键，可见图中处于拖动状态的柱子马上发生改变，在合适时给点定位。

在对话框中输入所有尺寸数据后，单击"沿一根轴线布置柱子"按钮，命令行显示：

请选择一轴线<退出>：选取要标注的轴线；

在对话框中输入所有尺寸数据后，单击"矩形区域布置"按钮，命令行显示：

第一个角点<退出>：取区域对角两点框选范围；

另一个角点<退出>：给出第二点后在范围内布置柱子。

2. 角柱

在墙角插入形状与墙一致的角柱，可改各肢长度以及各分肢的宽度，宽度默认居中，高度为当前层高。生成的角柱与标准柱类似，每一边都有可调整长度和宽度的夹点，可以方便地按要求修改。

菜单命令：轴网柱子→角柱（JZ）。

3. 构造柱

本命令在墙角交点处或墙体内插入构造柱，依照所选择的墙角形状为基准，输入构造柱的具体尺寸，指出对齐方向，默认为钢筋混凝土材质，仅生成二维对象。目前本命令还不支持在弧墙交点处插入构造柱。

4. 布尔运算创建异形柱

这不是一个新命令，而是结合布尔运算功能，利用已有的柱子与其他闭合轮廓线，创建各种异形截面柱的功能，异形柱在标准柱对话框的图标工具中创建。

15.3.3 编辑柱子

已经插入图中的柱子，用户如需要成批修改，可使用柱子替换功能或者特性编辑功能，当需要个别修改时应充分利用夹点编辑和对象编辑功能，夹点编辑在前面一节中已有详细描述。

1. 柱子的替换

菜单命令：轴网柱子→标准柱（BZZ）。

输入新的柱子数据，然后单击柱子下方工具栏的替换图标，如图 15-27 所示。

图 15-27　替换标准柱

同时命令行显示：

选择被替换的柱子：用两点框选多个要替换的柱子区域或选取要替换的个别柱子均可。

2. 柱子的对象编辑

双击要替换的柱子，即可显示出对象编辑对话框，与标准柱对话框类似，如图 15-28 所示。

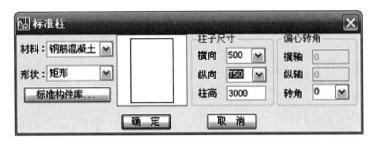

图 15-28　柱对象编辑

修改参数后，单击"确定"即可更新所选的柱子，但对象编辑只能逐个对象进行修改，如果要一次修改多个柱子，就应该使用下面介绍的特性编辑功能了。

3. 柱子的特性编辑

在本软件中，完善了柱子对象特性的描述，通过 AutoCAD 的对象特性表，我们可以方便地修改柱对象的多项专业特性，而且便于成批修改参数，具体方法如下。

（1）用如天正"对象选择"等方法，选取要修改特性的多个柱子对象。

（2）键入"Ctrl＋1"，激活特性编辑功能，使 AutoCAD 显示柱子的特性表。

（3）在特性表中修改柱子参数，然后各柱子自动更新，如图 15-29 所示。

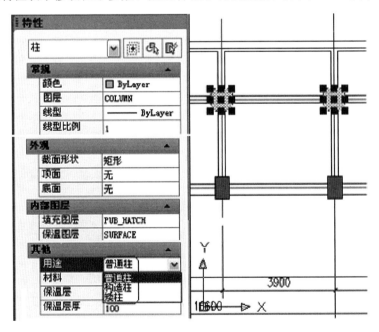

图 15-29　柱子的特性编辑

4. 柱齐墙边

本命令将柱子边与指定墙边对齐，可一次选多个柱子一起完成墙边对齐，条件是各柱都在同一墙段，且对齐方向的柱子尺寸相同。

菜单命令：柱子→柱齐墙边（ZQQB）。

15.4　实战演练——绘制并标注轴网

操作步骤如下：

（1）绘制轴网。正常启动 TArch10.0 情况下，单击【轴网柱子】→【绘制轴网】菜单命令，在弹出的【绘制轴网】对话框中设置轴网各参数后，单击【确定】按钮，然后在绘图区中指定轴网插入位置即可。绘制轴网的具体操作步骤和效果如图 15-30 所示。

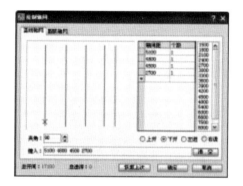
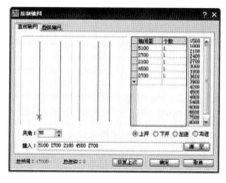
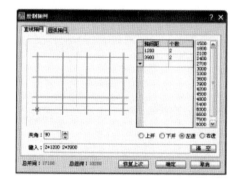
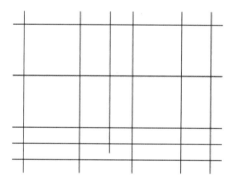

图 15-30　绘制轴网

（2）轴网标注。单击【轴网柱子】→【轴网标注】菜单命令，在弹出的【轴网标注】对话框中设置参数后，在绘图区中依次指定起始轴线和终止轴网，即可完成"轴网标注"命令。轴网标注的具体操作步骤和效果如图 15-31 所示。

（3）添加附加线。单击【轴网柱子】→【添加轴线】菜单命令，在绘图区中单击参考轴线，然后确认新增轴线为附加轴线以及偏移方向，最后输入距参考轴线的距离后按回车键，即可完成附加轴线的添加。添加附加轴线的具体操作步骤和效果如图 15-32所示。

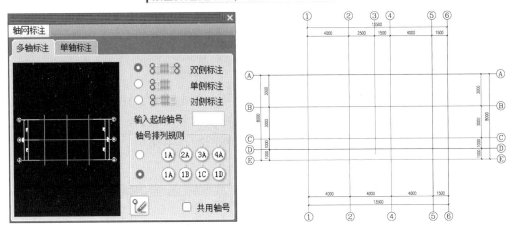

图 15-31　轴网标注

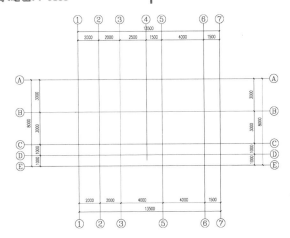

图 15-32　添加附加轴线

（4）轴线裁剪。单击【轴网柱子】→【轴线裁剪】菜单命令，将选定矩形区域内的轴线进行修剪；单击 AutoCAD 修改工具栏中的 ERASE（删除）按钮，将多余的轴线进行修剪，其操作步骤如图 15-33 所示。

（5）删除轴号和轴改线型。单击【轴网柱子】→【删除轴号】菜单命令，在绘图区中框选轴号对象后按回车键，然后确认重排轴号，即可完成"删除轴号"命令；单击【轴网柱子】→【轴改线型】菜单命令，软件立即执行命令，将轴网改为"点画线"显示，此时就完成别墅轴网的绘制。删除轴号和轴改线型的具体操作步骤和效果如图 15-34 所示。

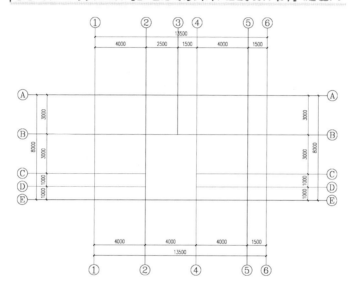

图 15-33　轴线裁剪

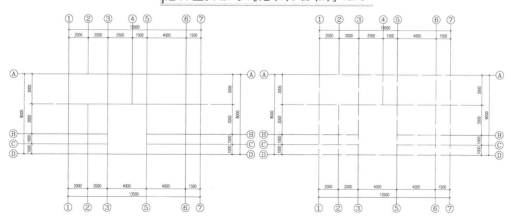

图 15-34　删除轴号和轴改线型

15.5 实战演练——创建并编辑柱子

创建并编辑柱子步骤如下：

（1）绘制轴网。正常启动 TArch 8.5 情况下，单击【轴网柱子】→【绘制轴网】菜单命令，在弹出的【绘制轴网】对话框中设置轴网各参数后，单击【确定】按钮，然后在绘图区中指定轴网插入位置即可；单击 AutoCAD 绘图工具栏中的 LINE（直线）按钮，在"TODE"图层上绘制一条轴线；单击 AutoCAD 修改工具栏中的 TRIM（修剪）按钮，修剪轴线。绘制轴网的具体操作步骤和效果如图 15-35 所示。

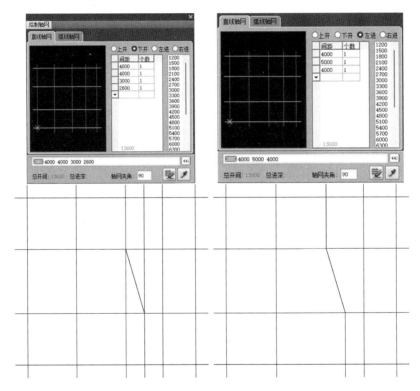

图 15-35　绘制轴网

（2）轴号标注。单击【轴网柱子】→【轴网标注】菜单命令，在弹出的【轴网标注】对话框中设置参数后，在绘图区依次指定起始轴线和终止轴线，即可完成"轴网标注"命令。轴号标注的具体操作步骤和效果如图 15-36 所示。

（3）绘制墙体。单击【墙体】→【绘制墙体】菜单命令，在弹出的【绘制墙体】对话框中设置参数后，在绘图区中依次指定墙体的起点和下一点，即可完成一段墙体的绘制，按右键开始绘制新的墙体。绘制墙体的具体操作步骤和效果如图 15-37 所示。

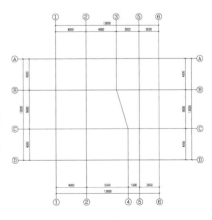

图 15-36　轴号标注

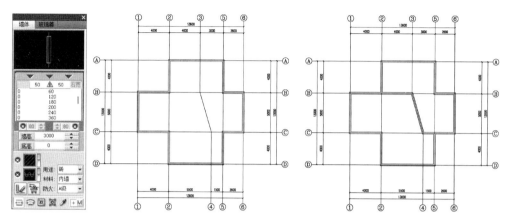

图 15-37　绘制墙体

（4）绘制标准柱。单击【轴网柱子】→【标准柱】菜单命令，在弹出的【标准柱】对话框中，设置合适的参数，并选择"点选插入柱子"方式，在绘图区中指定柱子插入位置即可创建出标准柱。插入标准柱的具体操作步骤和效果如图 15-38 所示。

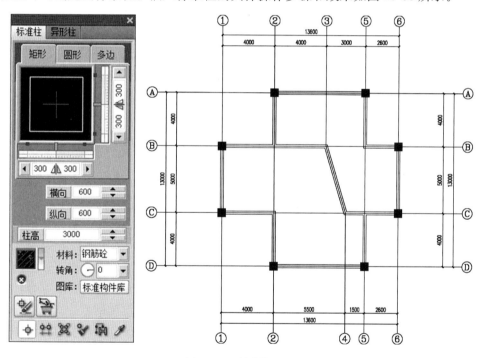

图 15-38　绘制标准柱

（5）绘制异形柱。绘制异形柱的方法是首先利用 PLINE 工具绘制出异形柱的平面轮廓线，然后利用【标准柱】对话框中的"选择 PLINE 线创建异形柱"，创建出异形柱。

第 16 章　绘制与编辑墙体

16.1　墙体的基本知识

墙体是天正建筑软件中的核心对象，它模拟实际墙体的专业特性构建而成，因此可实现墙角的自动修剪、墙体之间按材料特性连接、与柱子和门窗互相关联等智能特性，并且墙体是建筑房间的划分依据，因此理解墙体对象的概念非常重要。墙对象不仅包含位置、高度、厚度这样的几何信息，还包括墙类型、材料、内外墙这样的内在属性。

一个墙对象是柱间或墙角间具有相同特性的一段直墙或弧墙单元，墙对象与柱子围合而成的区域就是房间，墙对象中的"虚墙"作为逻辑构件，围合建筑中挑空的楼板边界与功能划分的边界（如同一空间内餐厅与客厅的划分），可以查询得到各自的房间面积数据。

1. 墙基线的概念

墙基线是墙体的定位线，通常位于墙体内部并与轴线重合，但必要时也可以在墙体外部（此时左宽和右宽有一为负值），墙体的两条边线就是依据基线按左右宽度确定的。墙基线同时也是墙内门窗测量基准，如墙体长度指该墙体基线的长度，弧窗宽度指弧窗在墙基线位置上的宽度。应注意墙基线只是一个逻辑概念，出图时不会打印到图纸上。

墙体的相关判断都是依据于墙基线，比如墙体的连接相交、延伸和剪裁等，因此互相连接的墙体应当使得它们的基线准确地交接。TArch 规定墙基线不准重合，如果在绘制过程中产生重合墙体，系统将弹出警告，并阻止这种情况的发生。在用 Auto-CAD 命令编辑墙体时产生的重合墙体现象，系统也将给出警告，并要求用户选择删除相同颜色的重合墙体部分，如图 16-1 所示。

图 16-1　墙对象的重合判断

通常不需要显示基线，选中墙对象后显示的三个夹点位置就是基线的所在位置。如果需要判断墙是否准确连接，可以单击状态栏"基线"按钮或菜单切换墙的二维表现方式到"单双线"状态显示基线，如图16-2所示。

2. 墙体用途与特性

天正建筑软件定义的墙体按用途分为以下几类，可由对象编辑改变，如图16-3所示。

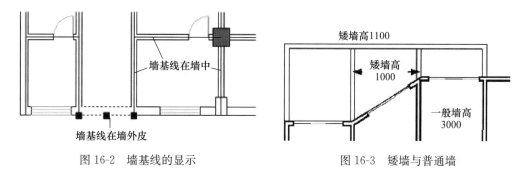

图 16-2　墙基线的显示　　　　　图 16-3　矮墙与普通墙

（1）一般墙：包括建筑物的内外墙，参与按材料的加粗和填充。

（2）虚墙：用于空间的逻辑分隔，以便于计算房间面积。

（3）卫生隔断：卫生间洁具隔断用的墙体或隔板，不参与加粗填充与房间面积计算。

（4）矮墙：表示在水平剖切线以下的可见墙，如女儿墙，不会参与加粗和填充。矮墙的优先级低于其他所有类型的墙，矮墙之间的优先级由墙高决定，不受墙体材料控制。

对一般墙还进一步以内外特性分为内墙、外墙两类。用于节能计算时，室内外温差计算不必考虑内墙；用于组合生成建筑透视三维模型时，常常不必考虑内墙，大大节省渲染的内存开销。

3. 墙体材料系列

墙体的材料类型用于控制墙体的二维平面图效果。相同材料的墙体在二维平面图上墙角连通一体，系统约定按优先级高的墙体打断优先级低的墙体的预设规律处理墙角清理。优先级由高到低的材料依次为钢筋混凝土墙、石墙、砖墙、填充墙、示意幕墙和轻质隔墙，它们之间的连接关系如图16-4所示。

4. 玻璃幕墙与示意幕墙的关系

使用【绘制墙体】命令，在对话框中选择"玻璃幕墙"材料创建的是玻璃幕墙对象，它的三维表示由玻璃、竖梃和横框等构件表示，可以通过对象编辑详细设置，图层设于专门的幕墙图层CURTWALL，通过对象编辑界面可对组成玻璃幕墙的构件进行编辑，创建"隐框"或"明框"幕墙，适用于三维建模。

选择其他材料创建的是墙对象，双击对象编辑可以把材料改为"示意幕墙"而非"玻璃幕墙"，"示意幕墙"的三维表示简单，它的图层依然是墙层WALL，颜色不变，但用户可以修改其图层与颜色。

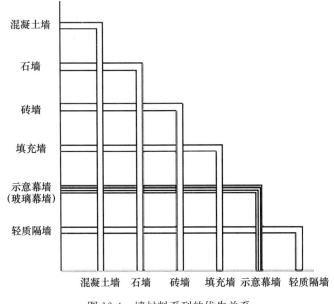

图 16-4　墙材料系列的优先关系

此外玻璃幕墙的二维平面表示有两种样式，在当前比例小于规定的比例界限（例如 1∶150）时使用 3 线表示，而在当前比例大于或等于该界限时使用 4 线表示，普通墙改为示意幕墙后也按以上的规定显示，该比例界限由天正选项下的高级选项设置，如图 16-5 所示。

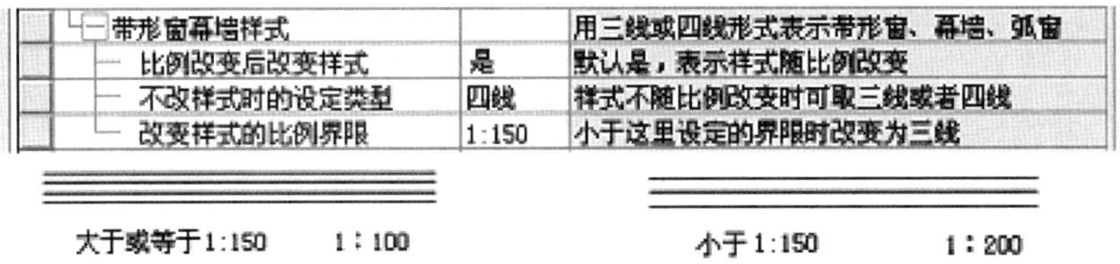

带形窗幕墙样式		用三线或四线形式表示带形窗、幕墙、弧窗
比例改变后改变样式	是	默认是，表示样式随比例改变
不改样式时的设定类型	四线	样式不随比例改变时可取三线或者四线
改变样式的比例界限	1:150	小于这里设定的界限时改变为三线

大于或等于1:150　　1：100　　　　　　　小于1:150　　1：200

图 16-5　玻璃幕墙的示意图

5. 墙体加粗与线宽打印设置

使用状态栏的加粗按钮，可以加粗显示和输出墙体边界线，加粗的参数在天正选项命令下的加粗填充中设置，最终打印时还需通过打印样式表 TArch8.ctb 文件设置墙线颜色对应的线宽，如果加粗打开，实际墙线宽度是两者的组合效果。

打印在图纸上的墙线实际宽度＝加粗宽度＋1/2 墙柱在天正打印样式表 ctb 文件中设定的宽度。例如，按照系统默认值，选项设置的线宽为 0.4，ctb 文件中设为 0.4，打印出来为 0.6，如果是打印室内设计或者其他非建筑专业使用的平面图，不必打开加粗。

16.2　墙体的创建

墙体可使用【绘制墙体】命令创建或由【单线变墙】命令从直线、圆弧或轴网转换。下面介绍这两种创建墙体的方法。墙体的底标高为当前标高（Elevation），墙高默认为楼层层高。墙体的底标高和墙高可在墙体创建后用【改高度】命令进行修改，当墙高给定为零时，墙体在三维视图下不生成三维视图。本软件支持圆墙的绘制，圆墙可由两段同心圆弧墙拼接而成。

16.2.1 绘制墙体

本命令启动名为"绘制墙体"的非模式对话框，其中可以设定墙体参数，不必关闭对话框即可直接使用"直墙""弧墙"和"矩形布置"3种方式绘制墙体对象，墙线相交处自动处理，墙宽随时定义、墙高随时改变，在绘制过程中墙端点可以回退，用户使用过的墙厚参数在数据文件中按不同材料分别保存。

为了准确地定位墙体端点位置，天正软件内部提供了对已有墙基线、轴线和柱子的自动捕捉功能。必要时可以将天正软件内含的自动捕捉关闭，然后按下 F3 键打开 AutoCAD 的捕捉功能。

本软件为 AutoCAD2004 以上平台用户提供了动态墙体绘制功能，按下状态行 DYN 按钮，启动动态距离和角度提示，按 Tab 键可切换参数栏，在位输入距离和角度数据。

菜单命令：墙体→绘制墙体（HZQT）。

在如图 16-6 所示对话框中选取要绘制墙体的左右墙宽数据，选择一个合适的墙基线方向，然后单击下面的工具栏图标，在"直墙""弧墙""矩形布置"3种绘制方式中选择其中之一，进入绘图区绘制墙体。

图 16-6 绘制墙体对话框

绘制墙体工具栏中新提供的墙体参数拾取功能，可以通过提取图上已有天正墙体对象的一系列参数，接着依据这些参数绘制新墙体。

对话框控件的说明：

【墙宽参数】：包括左宽、右宽两个参数，其中墙体的左、右宽度，指沿墙体定位点顺序，基线左侧和右侧部分的宽度，对于矩形布置方式，则分别对应基线内侧宽度和基线外侧的宽度，对话框相应提示改为内宽、外宽。其中左宽（内宽）、右宽（外宽）都可以是正数，也可以是负数，也可以为零。

【墙宽组】：在数据列表预设有常用的墙宽参数，每一种材料都有各自常用的墙宽组系列供选用，用户新的墙宽组定义使用后会自动添加进列表中，用户选择其中某组数据，按 Del 键可删除当前这个墙宽组。

【墙基线】：基线位置设左、中、右、交换共4种控制，左、右是计算当前墙体总宽后，全部左偏或右偏的设置，例如当前墙宽组为120、240，按左按钮后即可改为

360、0；中是当前墙体总宽居中设置，前例单击中按钮后即可改为 180、180；交换就是把当前左右墙厚交换方向，把前例数据改为 240、120。

【高度/底高】：高度是墙高，从墙底到墙顶计算的高度，底高是墙底标高，从本图零标高（Z＝0）到墙底的高度。

【材料】：包括从轻质隔墙、玻璃幕墙、填充墙到钢筋混凝土共 8 种材质，按材质的密度预设了不同材质之间的遮挡关系，通过设置材料绘制玻璃幕墙。

【用途】：包括一般墙、卫生隔断、虚墙和矮墙四种类型，其中矮墙是新添的类型，具有不加粗、不填充的特性，表示女儿墙等特殊墙体。

【拾取墙体参数】：用于从已经绘制的墙中提取其中的参数到本对话框，按与已有墙一致的参数继续绘制。

【自动捕捉】：用于自动捕捉墙体基线和交点绘制新墙体，自动捕捉不按下时执行 AutoCAD 默认捕捉模式，此时可捕捉墙体边线和保温层线。

【模数开关】：在工具栏找到模数开关，打开模数开关，墙的拖动长度按"自定义→操作配置"页面中设置的模数变化。

线图案墙的绘制功能，通过在【天正选项】→【加粗填充】页面中定义线图案类型的详图填充，可绘制出以符合国家标准材料图例图案填充的墙对象，用于表达普通图案填充无法表示的空心砖、细木工板、保温层等墙体，主墙与线图案墙分两次绘制贴到一起表示复合墙，注意线图案墙的基线设置在主墙一侧，在对象特性表里面可以设置墙填充的图层，绘制效果如图 16-7 所示。

图 16-7　线图案墙绘制实例

1. 绘制直墙的命令交互

在对话框中输入所有尺寸数据后，单击"绘制直墙"工具栏图标，命令行显示：

起点或 ［参考点（R）］＜退出＞：

画直墙的操作类似于 LINE 命令，可连续输入直墙下一点，或以空回车结束绘制。

直墙下一点或 ［弧墙（A）/矩形画墙（R）/闭合（C）/回退（U）］＜另一段＞：连续绘制墙线

直墙下一点或 ［弧墙（A）/矩形画墙（R）/闭合（C）/回退（U）］＜另一段＞：右击停止绘制

起点或 ［参考点（R）］＜退出＞：右击退出命令

绘制直墙的实例如图 16-8 所示。

2. 绘制弧墙的命令交互

在对话框中输入所有尺寸数据后，单击"绘制弧墙"工具栏图标，命令行显示：

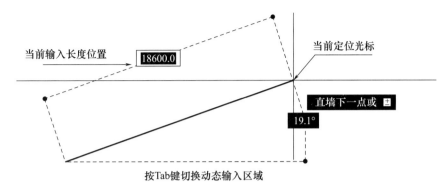

图 16-8　墙体动态输入方法

起点或［参考点（R）］＜退出＞：给出弧墙起点；

弧墙终点＜取消＞：给出弧墙终点

点取弧上任意点或［半径（R）］＜取消＞：输入弧墙基线任意一点或键入 R 指定半径

绘制完一段弧墙后，自动切换到直墙状态，右击退出命令，实例如图 16-9 所示。

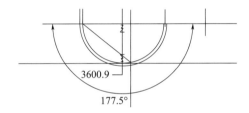

图 16-9　弧墙绘制方法

16.2.2　等分加墙

用于在已有的大房间按等分的原则划分出多个小房间。将一段墙在纵向等分，垂直方向加入新墙体，同时新墙体延伸到给定边界。本命令有 3 种相关墙体参与操作过程，即参照墙体、边界墙体和生成的新墙体。

菜单命令：墙体→等分加墙（DFJQ）。

点击菜单命令后，命令行提示：

选择等分所参照的墙段＜退出＞：

选择要准备等分的墙段，随即显示对话框如图 16-10 所示。

选择作为另一边界的墙段＜退出＞：选择与要准备等分的墙段相对的墙段为边界绘图

图 16-10　等分加墙对话框

等分加墙的应用实例：在图 16-11 中选取下方的水平墙段等分添加 4 段厚为 240 的内墙。

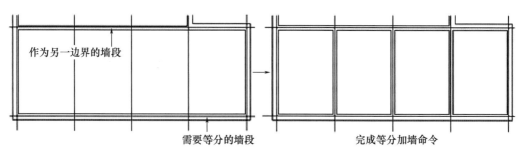

图 16-11　等分加墙实例

16.2.3　单线变墙

本命令有两个功能：一是将 LINE、ARC 绘制的单线转为天正墙体对象，并删除选中单线，生成墙体的基线与对应的单线相重合；二是在基于设计好的轴网创建墙体，然后进行编辑，创建墙体后仍保留轴线，智能判断清除轴线的伸出部分，可以自动识别新旧两种多段线，便于生成椭圆墙。

菜单命令：墙体→单线变墙（DXBQ）。

点击菜单命令后，显示对话框如图 16-12 所示。

图 16-12　【单线变墙】对话框

当前需要基于轴网创建墙体，即勾选"轴线生墙"复选框，此时只选取轴线图层的对象，命令行提示如下：

　　选择要变成墙体的直线、圆弧、圆或多段线：指定两个对角点指定框选范围

　　选择要变成墙体的直线、圆弧、圆或多段线：按回车键退出选取，创建墙体

如果没有勾选"轴线生墙"复选框，此时可选取任意图层对象，命令提示相同，根据直线的类型和闭合情况决定是否按外墙处理。

轴线生墙的应用实例：在图 16-13 中选取下方的轴网，创建 360 厚外墙，240 厚的内墙的墙体。

单线变墙的应用实例：在图 16-14 中选取普通多段线和直线，创建 360 厚外墙，240 厚的内墙的墙体。

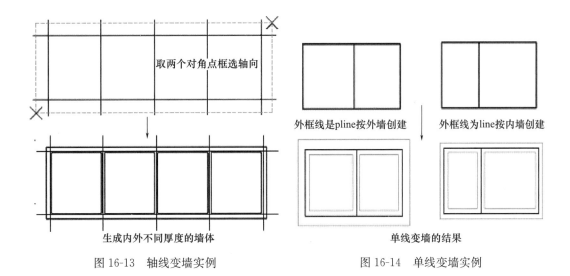

图 16-13　轴线变墙实例　　　　　图 16-14　单线变墙实例

16.2.4　墙体分段

本命令将原来的一段墙按给定的两点分为两段或者三段，两点间的墙段按新给定的材料和左右墙宽重新设置。

菜单命令：墙体→墙体分段（QTFD）。

点击菜单命令后，命令行提示：

请选择一段墙体＜退出＞：选取需要分段的墙体

选择起点＜返回＞：在墙体中点取要修改的那段墙的起点

选择终点＜返回＞：在墙体中点取要修改的那段墙的终点

此时会显示墙体编辑对话框，并把修改中的墙段显示在其中，如图 16-15 所示。

图 16-15　墙体分段修改墙体

在对话框中编辑该墙的特性，最后单击"确定"按钮完成墙体的更新，如图 16-16 所示。

图 16-16　墙体分段实例

16.2.5 墙体造型

本命令根据指定多段线外框生成与墙关联的造型，常见的墙体造型是墙垛、壁炉、烟道一类与墙砌筑在一起，平面图与墙连通的建筑构造，墙体造型的高度与其关联的墙高一致，但是可以双击加以修改。墙体造型可以用于墙体端部（墙角或墙柱连接处），包括跨过两个墙体端部的情况，除了正常的外凸造型外还提供了向内开洞的"内凹造型"（仅用于平面）。

菜单命令：墙体→墙体造型（QTZX）。

16.2.6 净距偏移

本命令功能类似 AutoCAD 的 Offset（偏移）命令，可以用于室内设计中，以测绘净距建立墙体平面图的场合，命令自动处理墙端交接，但不处理由于多处净距偏移引起的墙体交叉，如有墙体交叉，请使用【修墙角】命令自行处理。

菜单命令：墙体→净距偏移（JJPY）。

16.2.7 转为幕墙

利用【墙体分段】命令或者墙体的特性编辑，都可以把墙体改为示意幕墙，但仅可以用于绘图而不满足节能分析的要求，而本命令可以把包括示意幕墙在内的墙对象转换为玻璃幕墙对象，用于节能分析。

菜单命令：墙体→转为幕墙（ZWMQ）。

16.3 墙体的编辑

墙体对象支持 AutoCAD 的通用编辑命令，可使用包括偏移（Offset）、修剪（Trim）、延伸（Extend）等命令进行修改，对墙体执行以上操作时均不必显示墙基线。

此外可直接使用删除（Erase）、移动（Move）和复制（Copy）命令进行多个墙段的编辑操作。软件中也有专用编辑命令对墙体进行专业意义的编辑，简单的参数编辑只需要双击墙体即可进入对象编辑对话框，拖动墙体的不同夹点可改变长度与位置。

16.3.1 倒墙角

本命令功能与 AutoCAD 的倒角（Fillet）命令相似，专门用于处理两段不平行的墙体的端头交角，使两段墙以指定倒角半径进行连接，圆角半径按墙中线计算，注意如下几点：

（1）当倒角半径不为零时，两段墙体的类型、总宽和左右宽必须相同，否则无法进行；

（2）当倒角半径为零时，自动延长两段墙体进行连接，此时两墙段的厚度和材料可以不同，当参与倒角两段墙平行时，系统自动以墙间距为直径加弧墙连接。

（3）在同一位置不应反复进行半径不为零的倒角操作，在再次倒角前应先把上次倒角时创建的圆弧墙删除。

菜单命令：墙体→倒墙角（DQJ）。

16.3.2　倒斜角

本命令功能与 AutoCAD 的倒角（Chamfer）命令相似，专门用于处理两段不平行的墙体的端头交角，使两段墙以指定倒角长度进行连接，倒角距离按墙中线计算。

菜单命令：墙体→倒斜角（DXJ）。

16.3.3　修墙角

本命令提供对属性完全相同的墙体相交处的清理功能，当用户使用 AutoCAD 的某些编辑命令，或者夹点拖动对墙体进行操作后，墙体相交处有时会出现未按要求打断的情况，采用本命令框选墙角可以轻松处理，本命令也可以更新墙体、墙体造型、柱子以及维护各种自动裁剪关系，如柱子裁剪楼梯，凸窗一侧撞墙情况。

菜单命令：墙体→修墙角（XQJ）。

16.3.4　基线对齐

本命令用于纠正以下两种情况的墙线错误：
（1）因基线不对齐或不精确对齐而导致墙体显示或搜索房间出错；
（2）因短墙存在而造成墙体显示不正确情况，去除短墙并连接剩余墙体。

菜单命令：墙体→基线对齐（JXDQ）。

16.3.5　墙保温层

本命令可在图中已有的墙段上加入或删除保温层线，遇到门该线自动打断，遇到窗自动把窗厚度增加。

菜单命令：墙体→墙保温层（QBWC）。

16.3.6　边线对齐

本命令用来对齐墙边，并维持基线不变，边线偏移到给定的位置。换句话说，就是维持基线位置和总宽不变，通过修改左右宽度来达到边线与给定位置对齐的目的。通常用于处理墙体与某些特定位置的对齐，特别是和柱子的边线对齐。墙体与柱子的关系并非都是中线对中线，要把墙边与柱边对齐，无非两个途径，直接用基线对齐柱边绘制，或者先不考虑对齐，而是快速地沿轴线绘制墙体，待绘制完毕后用本命令处理。边线对齐可以把同一延长线方向上的多个墙段一次取齐，推荐使用。

菜单命令：墙体→边线对齐（BXDQ）。

16.3.7　墙齐屋顶

本命令用来向上延伸墙体和柱子，使原来水平的墙顶成为与天正屋顶一致的斜面（柱顶还是平的），使用本命令前，屋顶对象应在墙平面对应的位置绘制完成，屋顶与山墙的竖向关系应经过合理调整，本命令暂时不支持圆弧墙。

菜单命令：墙体→墙齐屋顶（QQWD）。

16.3.8　普通墙的对象编辑

双击墙体，显示墙体编辑对话框。在对话框中修改墙体参数，然后单击确定完成修改，新的对话框提供了墙体厚度列表、左右控制和保温层的修改，操作更加方便，墙体的分段编辑不再和对象编辑合并，而是另行提供【墙体分段】命令。

16.3.9　墙的反向编辑

曲线编辑【反向】命令可用于墙体，可将墙对象的起点和终点反向，也就是翻转了墙的生成方向，同时相应调整了墙的左右宽，因此边界不会发生变化，选择要反向的墙体，单击右键菜单的曲线编辑子菜单下的【反向】命令执行。

16.3.10　玻璃幕墙的编辑

为适合设计院当前大多数的幕墙绘图习惯，取消了【玻璃幕墙】命令，恢复 TArch5 中选择墙体材料为玻璃幕墙的定义方式，幕墙默认三维下按"详细"构造显示，平面下按"示意"构造显示，通过对象编辑可修改幕墙分格形式与参数，如图 16-17 所示。

图 16-17　【玻璃幕墙编辑】对话框

通过 Ctrl+1 进入特性编辑，可以设置玻璃幕墙的"外观→平面显示"模式，默认为"示意"模式，可设置为"详图"模式。

对话框控件的说明如下：

1. 幕墙分格

【玻璃图层】：确定玻璃放置的图层，如果准备渲染请单独置于一层中，以便附给材质。

【横向分格】：高度方向分格设计。缺省的高度为创建墙体时的原高度，可以输入新高度，如果均分，系统自动算出分格距离；不均分，先确定格数，再从序号 1 开始顺序填写各个分格距离。按 Del 键可删除当前这个墙宽列表。

【竖向分格】：水平方向分格设计，操作程序同【横向分格】。

2. 竖梃/横框

【图层】：确定竖梃或者横框放置的图层，如果进行渲染请单独置于一层中，以方便附给材质。

【截面宽】/【截面长】：竖梃或横框的截面尺寸，见界面右侧示意图。

【垂直/水平隐框幕墙】：勾选此项，竖梃或横框向内退到玻璃后面。如果不选择此项，分别按"对齐位置"和"偏移距离"进行设置。

【玻璃偏移】/【横框偏移】：定义本幕墙玻璃/横框与基准线之间的偏移，默认玻璃/横框在基准线上，偏移为零。

【基线位置】：选择下拉列表中预定义的墙基线位置，默认为竖梃中心。

本命令应注意下列各点：

（1）幕墙和墙重叠时，幕墙可在墙内绘制，通过对象编辑修改墙高与墙底高，表达幕墙不落地或不等高的情况；

（2）幕墙与普通墙类似，可以在其插入门窗，幕墙中常常要求插入上悬窗用于通风。

玻璃幕墙的三维显示模式如图 16-18 所示。

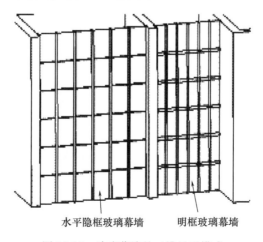

水平隐框玻璃幕墙　　　明框玻璃幕墙

图 16-18　玻璃幕墙的三维显示模式

16.4　墙体编辑工具

墙体在创建后，可以双击进行本墙段的对象编辑修改，但对于多个墙段的编辑，应该使用下面的墙体编辑工具更有效。

1. 改墙厚

单段修改墙厚使用"对象编辑"命令即可，本命令按照墙基线居中的规则批量修改多段墙体的厚度，但不适合修改偏心墙。

菜单命令：墙体→墙体工具→改墙厚（GQH）。

点击菜单命令后，命令行提示：

请选择墙体：选择要修改的一段或多段墙体，选择完毕选中墙体亮显

新的墙宽<120>：输入新墙宽值

选中墙段按给定墙宽修改，并对墙段和其他构件的连接处进行处理。

2. 改外墙厚

用于整体修改外墙厚度，执行本命令前应事先识别外墙，否则无法找到外墙进行处理。

菜单命令：墙体→墙体工具→改外墙厚（GWQH）

点击菜单命令后，命令行提示：

请选择外墙：光标框选所有墙体，只有外墙亮显

内侧宽<120>：输入外墙基线到外墙内侧边线距离

外侧宽<240>：输入外墙基线到外墙外侧边线距离

交互完毕按新墙宽参数修改外墙，并对外墙与其他构件的连接进行处理。

3. 改高度

本命令可对选中的柱、墙体及其造型的高度和底标高成批进行修改，是调整这些构件竖向位置的主要手段。修改底标高时，门窗底的标高可以和柱、墙联动修改。

菜单命令：墙体→墙体工具→改高度（GGD）。

4. 改外墙高

本命令与【改高度】命令类似，只是仅对外墙有效。运行本命令前，应已做过内外墙的识别操作。

菜单命令：墙体→墙体工具→改外墙高（GWQG）。

此命令通常用在无地下室的首层平面，把外墙从室内标高延伸到室外标高。

5. 平行生线

本命令类似Offset，生成一条与墙线（分侧）平行的曲线，也可以用于柱子，生成与柱子周边平行的一圈粉刷线。

菜单命令：墙体→墙体工具→平行生线（PXSX）。

6. 墙端封口

本命令用于改变墙体对象自由端的二维显示形式，使用本命令可以使其封闭和开口两种形式互相转换。本命令不影响墙体的三维效果，对已经与其他墙相接的墙端不起作用。

菜单命令：墙体→墙体工具→墙端封口（QDFK）。

第 17 章　门　窗

17.1　门窗的概念

软件中的门窗是一种附属于墙体并需要在墙上开启洞口，带有编号的 AutoCAD 自定义对象，它包括通透的和不通透的墙洞在内；门窗和墙体建立了智能联动关系，门窗插入墙体后，墙体的外观几何尺寸不变，但墙体对象的粉刷面积、开洞面积已经立刻更新以备查询。门窗和其他自定义对象一样可以用 AutoCAD 的命令和夹点编辑修改，并可通过电子表格检查和统计整个工程的门窗编号。

门窗对象附属在墙对象之上，离开墙体的门窗就将失去意义。按照和墙的附属关系，软件中定义了两类门窗对象：一类是只附属于一段墙体，即不能跨越墙角，对象 DXF 类型 TCH _ OPENING；另一类附属于多段墙体，即跨越一个或多个转角，对象 DXF 类型 TCH _ CORNER _ WINDOW。前者和墙之间的关系非常严谨，因此系统根据门窗和墙体的位置，能够可靠地在设计编辑过程中自动维护和墙体的包含关系，例如可以把门窗移动或复制到其他墙段上，系统可以自动在墙上开洞并安装上门窗；后者比较复杂，离开了原始的墙体，可能就不再正确，因此不能像前者那样可以随意编辑。

门窗创建对话框中提供输入门窗的所有需要参数，包括编号、几何尺寸和定位参考距离，如果把门窗高参数改为零，系统在三维视图下不开该门窗。

1. 普通门

普通门的二维视图和三维视图都用图块来表示，可以从门窗图库中分别挑选门窗的二维形式和三维形式，其合理性由用户自己来掌握。普通门的参数如图 17-1 所示，其中门槛高是指门的下缘到所在的墙底标高的距离，通常就是离本层地面的距离，工具栏中粗线框内的图标是新增的"在已有洞口插入多个门窗"功能，加粗线框的参数是新增连续插入门窗的"个数"。

2. 普通窗

其特性和普通门类似，其参数如图 17-2 所示，比普通门多一个"高窗"复选框控件，勾选后按规范图例以虚线表示高窗。

图 17-1　普通门参数

图 17-2　普通窗参数

3. 弧窗

安装在弧墙上，安装有与弧墙具有相同的曲率半径的弧形玻璃。二维视图用三线或四线表示，缺省的三维视图为一弧形玻璃加四周边框，弧窗的参数如图 17-3 所示。用户可以用【窗棂展开】与【窗棂映射】命令来添加更多的窗棂分格。

图 17-3　弧窗参数

4. 凸窗

凸窗又称为外飘窗，二维视图依据用户的选定参数确定，默认的三维视图包括窗楣与窗台板、窗框和玻璃，对话框如图 17-4 所示。对于楼板挑出的落地凸窗和封闭阳台，平面图应该使用带形窗来实现。

图 17-4　凸窗参数

矩形凸窗还可以设置两侧是玻璃还是挡板，TArch10.0 提供了挡板厚度的设置，可在对话框界面及特性表中修改，挡板碰墙时自动被剪裁，获得正确的平面图效果，各种凸窗类型如图 17-5 所示。

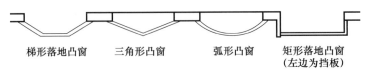

梯形落地凸窗　　　三角形凸窗　　　弧形凸窗　　　矩形落地凸窗
　　　　　　　　　　　　　　　　　　　　　　　　　（左边为挡板）

图 17-5　凸窗类型

5. 矩形洞

墙上的矩形空洞，可以穿透也可以不穿透墙体，有多种二维形式可选。TArch10.0 版本开始提供了绘制不穿透墙体的洞口的勾选项。如图 17-6 所示为空透墙体的情况。

图 17-6　矩形洞（穿透墙体）

矩形洞口与普通门一样，可以在上图的形式上添加门口线，如图 17-7 所示是不穿透墙体的情况。

图 17-7　矩形洞（不穿透墙体）

不穿透洞口平面图有多种表示方法，如图 17-8 所示。

剖到/落地　　　　剖到/不落地　　　　剖到/虚线

未剖到　　　　剖到/未穿透　　　　未剖到/未穿透

图 17-8　不穿透洞口平面图

6. 异型洞

自由在墙面 UCS 上绘制轮廓线（要求先通过【墙面 UCS】命令转坐标系），然后转成洞口，命令对话框如图 17-9 所示。

7. 门连窗

门连窗是一个门和一个窗的组合，在门窗表中作为单个门窗进行统计，缺点是门的平面图例固定为单扇平开门，门连窗参数如图 17-10 所示，如需选择其他图例可以使用【组合门窗】命令。

图 17-9 异形洞参数

图 17-10 门连窗参数

8. 子母门

子母门是两个平开门的组合，在门窗表中作为单个门窗进行统计，缺点是同门连窗，优点是参数定义比较简单，如图 17-11 所示。

图 17-11 子母门参数

9. 组合门窗

组合门窗是把已经插入的两个以上普通门和（或）窗组合为一个对象，作为单个门窗对象统计，优点是组合门窗各个成员的平面和立面都可以由用户独立控制。

10. 转角窗

转角窗是指跨越两段相邻转角墙体的普通窗或凸窗。二维视图转角窗用三线或四线表示（当前比例小于规定界限时按三线表示），三维视图有窗框和玻璃，可在特性栏设置为转角洞口，角凸窗还有窗楣和窗台板，侧面碰墙时自动剪裁，获得正确的平面图效果。

11. 带形窗

带形窗是跨越多段墙体的多扇普通窗的组合，各扇窗共享一个编号，它没有凸窗的特性，其他和转角窗相同。

12. 门窗编号

门窗编号用来标识尺寸相同、材料与工艺相同的门窗，门窗编号是对象的文字属性，在插入门窗时键入创建或【门窗编号】命令自动生成，可通过在位编辑修改。

系统在插门窗或修改编号时在同一 DWG 范围内检查同一编号的门窗洞口尺寸和外观应相同，【门窗检查】命令可检查同一工程中门窗编号是否满足这一规定。

13. 高窗和上层窗

高窗和上层窗是门窗的一个属性，两者都是指位于平面图默认剖切平面以上的窗户。两者的区别是高窗用虚线表示二维视图，而上层窗没有二维视图，只提供门窗编号，表示该处存在另一扇（等宽）窗，但存在三维视图，用于生成立面和剖面图中的窗（图 17-12）。

高窗 GC-08 　　普通窗与上层窗 　GC-08
SC-01

图 17-12　高窗与上层窗

17.2　创建门窗

门窗是天正建筑软件中的核心对象之一，类型和形式非常丰富，然而大部分门窗都使用矩形的标准洞口，并且在一段墙或多段相邻墙内连续插入，规律十分明显。创建这类门窗，就是要在墙上确定门窗的位置。

本命令提供了多种定位方式，以便用户快速在墙内确定门窗的位置，新增动态输入方式，在拖动定位门窗的过程中按 Tab 键可切换门窗定位的当前距离参数，键盘直接输入数据进行定位，适用于各种门窗定位方式的混合使用。

17.2.1　门窗命令

普通门、普通窗、弧窗、凸窗和矩形洞等的定位方式基本相同，因此用本命令即可创建这些门窗类型。在 17.1"门窗的概念"一节已经介绍了各种门窗的特点，本小节以普通门窗为例，对门窗的创建方法做深入的介绍。

门窗参数对话框下有一工具栏，分隔条左边是定位模式图标，右边是门窗类型图标，对话框上是待创建门窗的参数，由于门窗界面是无模式对话框，单击工具栏图标选择门窗类型以及定位模式后，即可按命令行提示进行交互插入门窗。

应注意，在弧墙上使用普通门窗插入时，如门窗的宽度大，弧墙的曲率半径小，这时插入失败，可改用弧窗类型。

构件库中可以保存已经设置参数的门窗对象，在门窗对话框中最右边的图标是打开构件库，从库中获得入库的门窗，高宽按构件库保存的参数，窗台和门槛高按当前值不变。

菜单命令：门窗→门窗（MC）。

点击菜单命令后，显示如图17-13所示的对话框，以下按工具栏的门窗定位方式从左到右依次介绍。

图17-13　门窗对话框

1. 自由插入

可在墙段的任意位置插入，速度快但不易准确定位，通常用在方案设计阶段。以墙中线为分界内外移动光标，可控制内外开启方向，按Shift键控制左右开启方向，点击墙体后，

图17-14　自由插入门窗

门窗的位置和开启方向就完全确定了，单击工具栏如图17-14所示。

命令行提示：

点取门窗插入位置（Shift-左右开）：点取要插入门窗的墙体即可插入门窗，按Shift键改变开向。

2. 顺序插入

以距离点取位置较近的墙边端点或基线端点为起点，按给定距离插入选定的门窗。此后顺着前进方向连续插入，插入过程中可以改变门窗类型和参数。在弧墙顺序插入时，门窗按照墙基线弧长进行定位，单击工具栏如图17-15所示。

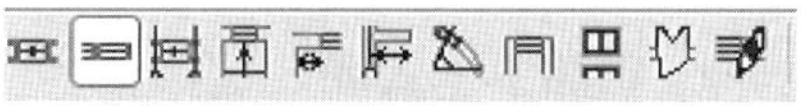

图17-15 顺序插入门窗

命令行提示：

点取墙体＜退出＞：点取要插入门窗的墙线

输入从基点到门窗侧边的距离＜退出＞：键入从起点到第一个门窗边的距离

输入从基点到门窗侧边的距离或［左右翻转（S）/内外翻转（D）］＜退出＞：键入到前一个门窗边的距离

3. 轴线等分插入

将一个或多个门窗等分插入到两根轴线间的墙段等分线中间，如果墙段内没有轴线，则该侧按墙段基线等分插入。

命令行提示：

点取门窗大致的位置和开向（Shift-左右开）＜退出＞：

在插入门窗的墙段上任取一点，该点相邻的轴线亮显

指定参考轴线（S）/输入门窗个数（1～3）＜1＞：3　键入插入门窗的个数3

括弧中给出按当前轴线间距和门窗宽度计算可以插入的个数范围，结果如图17-16所示；键入S可跳过亮显轴线，选取其他轴线作为等分的依据（要求仍在同一个墙段内）。

图17-16　轴线等分插入门窗实例

4. 墙段等分插入

与轴线等分插入相似，本命令在一个墙段上按墙体较短的一侧边线，插入若干个门窗，按墙段等分使各门窗之间墙垛的长度相等。

命令行提示：

点取门窗大致的位置和开向（Shift-左右开）＜退出＞：在插入门窗的墙段上单击一点

门窗个数（1～3）＜1＞：3　键入插入门窗的个数 3，括号中给出按当前墙段与门窗宽计算的可用范围

上述命令行交互的实例如图 17-17 所示。

图 17-17　墙段等分插入门窗实例

5. 垛宽定距插入

系统选取距点取位置最近的墙边线顶点作为参考点，按指定垛宽距离插入门窗。本命令特别适合插室内门，实例设置垛宽 240，在靠近墙角左侧插入门，如图 17-18 所示。

命令行提示：

点取门窗大致的位置和开向（Shift-左右开）＜退出＞：点取参考垛宽一侧的墙段插入门窗

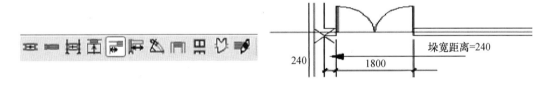

图 17-18　垛宽定距插入门窗实例

6. 轴线定距插入

与垛宽定距插入相似，系统自动搜索距离点取位置最近的轴线的交点，将该点作为参考位置按预定距离插入门窗，如图 17-19 所示。

图 17-19　轴线定距插入门窗实例

7. 按角度定位插入

本命令专用于弧墙插入门窗，按给定角度在弧墙上插入直线型门窗，如图 17-20 所示。

命令行提示：

点取弧墙＜退出＞：点取弧线墙段

门窗中心的角度＜退出＞：键入需插入门

图 17-20　角度定位插入

窗的角度值

8. 满墙插入

门窗在门窗宽度方向上完全充满一段墙，使用这种方式时，门窗宽度参数由系统自动确定，如图 17-21 所示。

图 17-21　满墙插入

命令行提示：

点取门窗大致的位置和开向（Shift-左右开）＜退出＞：点取墙段，按 Enter 键结束

17.2.2　组合门窗命令

本命令不会直接插入一个组合门窗，而是把使用【门窗】命令插入的多个门窗组合为一个整体的"组合门窗"，组合后的门窗按一个门窗编号进行统计，在三维视图显示时子门窗之间不再有多余的面片，如图 17-22 所示。

菜单命令：门窗→组合门窗（ZHMC）。

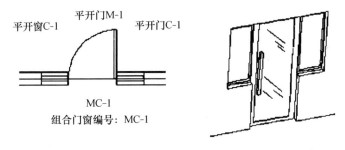

图 17-22　组合门窗实例

17.2.3　带形窗命令

本命令创建窗台高与窗高相同、沿墙连续的带形窗对象，按一个门窗编号进行统计，带形窗转角可以被柱子、墙体造型遮挡。

菜单命令：门窗→带形窗（DXC）。

17.2.4　转角窗命令

本命令创建在墙角位置插入窗台高和窗高相同、长度可选的一个角窗或角凸窗对象，可输入一个门窗编号。在 TArch 10.0 中可设角凸窗两侧窗为挡板，提供厚度参数。

17.2.5　异形洞命令

本命令在墙面上按给定的闭合 PLINE 轮廓线生成任意形状的洞口，平面图例与矩形洞相同。建议先将屏幕设为两个或更多视口，分别显示平面和正立面，然后用【墙面 UCS】命令把墙面转为立面 UCS，在立面用闭合多段线画出洞口轮廓线，最后使用本命令创建异型洞。

菜单命令：门窗→异形洞（YXD）。

17.3　门窗编辑和门窗表

17.3.1　门窗的编辑

最简单的门窗编辑方法是选取门窗可以激活门窗夹点，拖动夹点进行夹点编辑，不必使用任何命令，批量翻转门窗可使用专门的门窗翻转命令处理。

1. 门窗的夹点编辑

普通门、普通窗都有若干个预设好的夹点，拖动夹点时门窗对象会按预设的行为做出动作，熟练操纵夹点进行编辑是用户应该掌握的高效编辑手段，夹点编辑的缺点是一次只能对一个对象操作，而不能一次更新多个对象，为此系统提供了各种门窗编辑命令。

门窗对象提供的编辑夹点功能如图 17-23～图 17-25 所示，其中部分夹点用 Ctrl 来切换功能。

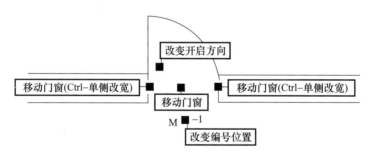

图 17-23　普通门的夹点功能

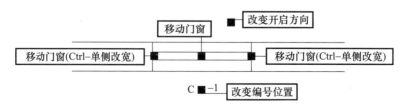

图 17-24　普通窗的夹点功能

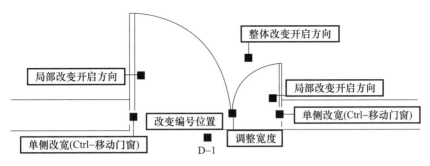

图 17-25　组合门窗的夹点功能

2. 对象编辑与特性编辑

双击门窗对象即可进入"对象编辑"命令对门窗进行参数修改，选择门窗对象右击菜单可以选择"对象编辑"或者"特性编辑"，虽然两者都可以用于修改门窗属性，但是相对而言"对象编辑"启动了创建门窗的对话框，参数比较直观，而且可以替换门窗的外观样式。

门窗对象编辑对话框与插入对话框类似，只是没有了插入或替换的一排图标，并增加了"单侧改宽"的复选框，如图 17-26 所示。

在对话框中勾选"单侧改宽"复选框，输入新宽度，单击"确定"后，命令行提示：

点取发生变化的一侧：用户在改变宽度的一侧给点

图 17-26　门窗的对象编辑界面

还有其他 X 个相同编号的门窗也同时参与修改？（Y/N）〔Y〕：

如果是要所有相同门窗都一起修改，那就回应 Y，否则回应 N。

以 Y 回应后，系统会逐一提示用户对每一个门窗点取变化侧，此时应根据拖引线的指示，平移到该门窗位置点取变化侧。

特性编辑可以批量修改门窗的参数，并且可以控制一些其他途径无法修改的细节参数，如门口线、编号的文字样式和内部图层等。

注意：如果希望新门窗宽度是对称变化的，不要勾选"单侧改宽"复选框。

3. 门窗规整

调整做方案时粗略插入墙上的门窗位置，使其按照指定的规则整理获得正确的门窗位置，以便生成准确的施工图。

菜单命令：门窗→门窗规整（MCGZ）。

4. 门窗填墙

选择选中的门窗将其删除，同时将该门窗所在的位置补上指定材料的墙体，适用的门窗支持除带形窗、转角窗和老虎窗以外的其他所有门窗类别。

菜单命令：门窗→门窗填墙（MCTQ）。

5. 内外翻转

选择需要内外翻转的门窗，统一以墙中为轴线进行翻转，适用于一次处理多个门窗的情况，方向总是与原来相反。

菜单命令：门窗→内外翻转（NWFZ）。

6. 左右翻转

选择需要左右翻转的门窗，统一以门窗中垂线为轴线进行翻转，适用于一次处理多个门窗的情况，方向总是与原来相反。

菜单命令：门窗→左右翻转（ZYFZ）。

17.3.2 门窗编号与门窗表

1. 编号设置

这是在 TArch10.0 版本中提供的命令，用于设置门窗自动编号时的编号规则。

菜单命令：门窗→编号设置（BHSZ）。

点击菜单命令后，显示对话框，如图 17-27 所示。

在对话框中已经按最常用的门窗编号规则加入了默认的编号设置，用户可以根据单位和项目的需要增添自己的编号规则，单击"确认"按钮完成设置。

勾选"添加连字符"后可以在编号前缀和序号之间加入半角的连字符"-"，创建的门窗编号类似 M-2115、M-1。默认的编号规则是按尺寸自动编号，此时编号规则是编号加门窗宽高尺寸，如 RFM1224、FM-1224。

图 17-27　编号设置对话框

改为"按顺序"后，编号规则为编号加自然数序号，如 RFM1、FM1。对具有不同参数的同类门窗，门窗命令在自动编号时会根据类型和参数自动增加序号，区分为另一个门窗编号的规则见表 17-1。

表 17-1　门窗表

门窗类型	门窗参数
门、窗	宽、高、类型、二维样式、三维样式
门连窗	总宽、门宽、门高、窗高、门的三维样式、窗的三维样式
子母门	总宽、大门宽、门高、大门的三维样式、小门的三维样式
弧窗	宽、高、类型
组合门窗、矩形洞、带形窗、老虎窗	宽、高
凸窗	宽、高、出挑长、梯形宽
转角窗	宽、高、出挑长

2. 门窗编号

本命令生成或者修改门窗编号，根据普通门窗的门洞尺寸大小编号，可以删除（隐去）已经编号的门窗，转角窗和带形窗按默认规则编号，使用"自动编号"选项，可以不需要样板门窗，键入 S 直接按照洞口尺寸自动编号。

如果改编号的范围内门窗还没有编号，会出现选择要修改编号的样板门窗的提示，本命令每一次执行只能对同一种门窗进行编号，因此只能选择一个门窗作为样板，多选后会要求逐个确认，对与这个门窗参数相同的编为同一个号，如果以前这些门窗有过编号，即使删除编号，也会提供默认的门窗编号值。

菜单命令：门窗→门窗编号（MCBH）。

3. 门窗检查

在 TArch 10.0 中重新编写了本命令，实现下面几项功能：（1）门窗检查对话框中的门窗参数与图中的门窗对象可以实现双向的数据交流；（2）可以支持块参照和外部参照内部的门窗对象；（3）支持把指定图层的文字当成门窗编号进行检查。在电子表格中可检查当前图和当前工程中已插入的门窗数据是否合理，并可以即时调整图上指定门窗的尺寸。

菜单命令：门窗→门窗检查（MCJC）。

4. 门窗表

本命令统计本图中使用的门窗参数，检查后生成传统样式门窗表或者符合《建筑工程设计文件编制深度规定》（2015 版）样式的标准门窗表，从 TArch 8 开始提供了用户定制门窗表的手段，各设计单位自己可以根据需要定制自己的门窗表格入库，定制本单位的门窗表格样式。如图 17-28 所示。

菜单命令：门窗→门窗表（MCB）。

单击"从构件库中选择"按钮或者单击门窗表图像预览框均可进入构件库选取"门窗表"项下已入库表头，双击选取库内默认的"传统门窗表""标准门窗表"或者本单位的门窗表，如图 17-29 所示。

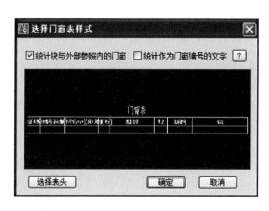

图 17-28　【选择门窗表样式】对话框

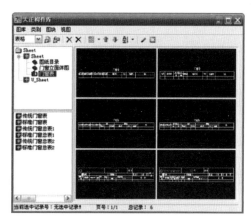

图 17-29　选取门窗表表头

关闭构件库并返回后按命令行提示插入门窗表：

门窗表位置（左上角点）：点取表格在图上的插入位置。

如果门窗中有数据冲突的，程序则自动将冲突的门窗按尺寸大小归到相应的门窗类型中，同时在命令行提示哪个门窗编号参数不一致。

如果对生成的表格宽高及标题不满意，可以通过表格编辑或双击表格内容进入在位编辑，直接进行修改，也可以拖动某行到其他位置。

5. 门窗总表

本命令用于统计本工程中多个平面图使用的门窗编号，检查后生成门窗总表，可由用户在当前图上指定各楼层平面所属门窗，适用于在一个 DWG 图形文件上存放多楼层平面图的情况，也可指定分别保存在多个不同 DWG 图形文件上的不同楼层平面。

菜单命令：门窗→门窗总表（MCZB）。

第 18 章

楼梯及室内外设施

18.1 各种楼梯的创建

本软件提供了由自定义对象建立的基本梯段对象，包括直线、圆弧与任意梯段，由梯段组成的常用的双跑楼梯对象、多跑楼梯对象，考虑了楼梯对象在二维与三维视口下的不同可视特性。双跑楼梯具有梯段方便地改为坡道、标准平台改为圆弧休息平台等灵活可变特性；各种楼梯与柱子在平面相交时，楼梯可以被柱子自动剪裁；多种楼梯的上下行方向箭头可以随对象自动绘制，剖切位置可以预先按踏步数或标高定义。

自 TArch8.5 版本起，还增加了双分平行楼梯、双分转角楼梯、双分三跑楼梯、交叉楼梯、剪刀楼梯、三角楼梯和矩形转角楼梯，考虑了各种楼梯在不同边界条件下的扶手和栏杆设置，以及楼梯和休息平台、楼梯扶手的复杂关系的处理。可以自动绘制楼梯的方向箭头符号，楼梯的剖切位置可通过剖切符号所在的踏步数灵活设置，也可沿楼梯拖动改变位置。

1. 直线梯段

本命令在对话框中输入梯段参数绘制直线梯段，可以单独使用或用于组合复杂楼梯与坡道，以【添加扶手】命令可以为梯段添加扶手，对象编辑显示上下剖断后重生成（Regen），添加的扶手能随之切断。

菜单命令：楼梯其他→直线梯段（ZXTD）。

点击菜单命令后，显示对话框如图 18-1 所示。

对话框控件的说明如下：

【梯段宽】：该项为按钮项，可在图中点取两点获得梯段宽。

【起始高度】：相对于本楼层地面起算的楼梯起始高度，梯段高以此算起。

【梯段长度】：直段楼梯的踏步宽度×（踏步数目－1）＝平面投影的梯段长度。

【梯段高度】：直段楼梯的总高，始终等于踏步高度的总和，如果梯段高度被改变，自动按当前踏步高调整踏步数，最后根据新的踏步数重新计算踏步高。

【踏步高度】：输入一个概略的踏步高设计初值，由楼梯高度推算出最接近初值的设计值。由于踏步数目是整数，梯段高度是一个给定的整数，因此踏步高度并非总是

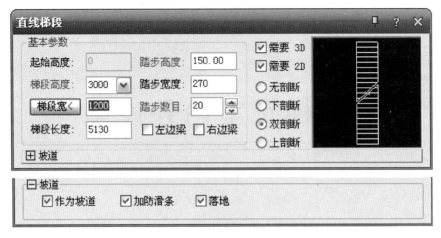

图 18-1 【直线梯段】对话框

整数。用户给定一个概略的目标值后，系统经过计算确定踏步高的精确值。

【踏步数目】：该项可直接输入或者步进调整，由梯段高和踏步高概略值推算取整获得，同时修正踏步高，也可改变踏步数，与梯段高一起推算踏步高。

【踏步宽度】：楼梯段的每一个踏步板的宽度。

【需要 2D/3D】：用来控制梯段的二维视图和三维视图，某些梯段只需要二维视图，某些梯段则只需要三维视图。

【剖断设置】：包括无剖断、下剖断、双剖断和上剖断四种设置。

【作为坡道】：勾选此复选框，踏步作防滑条间距，楼梯段按坡道生成。有"加防滑条"和"落地"复选框。

对话框中的蓝字表示有弹出提示，光标滑过蓝字即可弹出有关该项的提示。

在无模式对话框中输入参数后，拖动光标到绘图区，命令行提示：

点取位置或 ［转 90 度（A）/左右翻（S）/上下翻（D）/对齐（F）/改转角（R）/改基点（T）］＜退出＞：

点取梯段的插入位置和转角插入梯段

直线梯段为自定义构件对象，因此具有夹点编辑特征，同时可用对象编辑重新设定参数。

梯段夹点的功能说明如下：

【改梯段宽】：梯段被选中后亮显，点取两侧中央夹点即可拖移该梯段改变宽度。

【移动梯段】：在显示的夹点中，居于梯段四个角点的夹点为移动梯段，点取四个中任意一个夹点，即表示以该夹点为基点移动梯段。

【改剖切位置】：在带有剖切线的梯段上，在剖切线的两端还有两个夹点为改剖切位置，可拖移该夹点改变剖切线的角度和位置。

> 注意：
> 1. 作为坡道时，防滑条的间距是靠楼梯踏步来表示的，事先要选好踏步数量。
> 2. 坡道的长度可由梯段长度直接给出，但会受踏步数与踏步宽等少量调整。
> 3. 剖切线在【天正选项】命令的"基本设定"标签下有"单剖断"和"双剖断"样式可选。

直线梯段的各种绘图实例如图 18-2 所示。

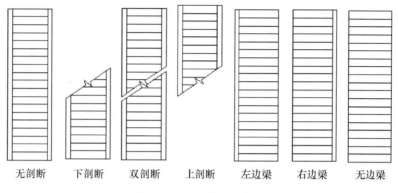

无剖断　　下剖断　　双剖断　　上剖断　　左边梁　　右边梁　　无边梁

图 18-2　直线梯段的实例

2. 圆弧梯段

本命令创建单段弧线型梯段，适合单独的圆弧楼梯，也可与直线梯段组合创建复杂楼梯和坡道，如大堂的螺旋楼梯与入口的坡道。

菜单命令：楼梯其他→圆弧梯段（YHTD）。

点击菜单命令后，对话框显示如图 18-3 所示。

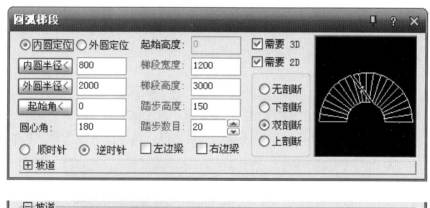

图 18-3　【圆弧梯段】对话框

在对话框中输入楼梯的参数，可根据右侧的动态显示窗口，确定楼梯参数是否符合要求。对话框中的选项与【直线梯段】类似，可以参照上一节的描述。

命令行提示：

点取位置或［转 90 度（A）/左右翻（S）/上下翻（D）/对齐（F）/改转角（R）/改基点（T）］＜退出＞：

点取梯段的插入位置和转角插入圆弧梯段。

圆弧梯段为自定义对象，可以通过拖动夹点进行编辑，夹点的意义如图 18-4 所示，也可以双击楼梯进入对象编辑重新设定参数。

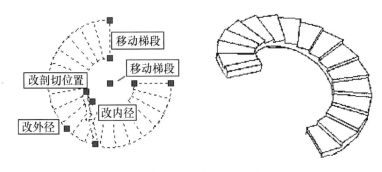

图 18-4　圆弧梯段的实例

梯段夹点的功能说明如下：

【改内径】：梯段被选中后亮显，同时显示七个夹点，如果该圆弧梯段带有剖断，在剖断的两端还会显示两个夹点。在梯段内圆中心的夹点为改内径。点取该夹点，即可拖移该梯段的内圆改变其半径。

【改外径】：在梯段外圆中心的夹点为改外径。点取该夹点，即可拖移该梯段的外圆改变其半径。

【移动梯段】：拖动五个夹点中任意一个，即可以该夹点为基点移动梯段。

3. 任意梯段

本命令以用户预先绘制的直线或弧线作为梯段两侧边界，在对话框中输入踏步参数，创建形状多变的梯段，除了两个边线为直线或弧线外，其余参数与直线梯段相同。

菜单命令：楼梯其他→任意梯段（RYTD）。

点击菜单命令后，命令行提示：

请点取梯段左侧边线（LINE/ARC）：点取一根 LINE 线

请点取梯段右侧边线（LINE/ARC）：点取另一根 LINE 线

点取后屏幕弹出如图 18-5 所示的任意梯段对话框，其中选项与直梯段基本相同。

图 18-5　【任意梯段】对话框

输入相应参数后，点取"确定"，即绘制出以指定的两根线为边线的梯段。

任意梯段为自定义对象，可以通过拖动夹点进行编辑，夹点的意义如图 18-6 所示，也可以双击楼梯进入对象编辑界面重新设定参数。

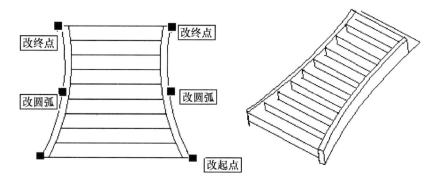

图 18-6 任意梯段的实例

梯段夹点的功能说明如下：

【改起点】：起始点的夹点为"改起点"，控制所选侧梯段的起点。如两边同时改变起点可改变梯段的长度。

【改终点】：终止点的夹点为"改终点"，控制所选侧梯段的终点。如两边同时改变终点可改变梯段的长度。

【改圆弧/平移边线】：中间的夹点为"平移边线"或者"改圆弧"，按边线类型而定，控制梯段的宽度或者圆弧的半径。

4. 双跑楼梯

双跑楼梯是最常见的楼梯形式，是由两跑直线梯段、一个休息平台、一个或两个扶手和一组或两组栏杆构成的自定义对象，具有二维视图和三维视图。双跑楼梯可分解为基本构件即直线梯段、平板和扶手、栏杆等，楼梯方向线属于楼梯对象的一部分，方便随着剖切位置改变自动更新位置和形式，从 TArch 8 开始还增加了扶手的伸出长度、扶手在平台是否连接、梯段之间位置可任意调整、特性栏中可以修改楼梯方向线的文字等新功能。

双跑楼梯对象内包括常见的构件组合形式变化，如是否设置两侧扶手、中间扶手在平台是否连接、设置扶手伸出长度、有无梯段边梁（尺寸需要在特性栏中调整）、休息平台是半圆形或矩形等，尽量满足建筑的个性化要求。

菜单命令：楼梯其他→双跑楼梯（SPLT）。

点击菜单命令后，显示对话框如图 18-7 所示。

双跑楼梯对话框的控件说明如下：

【梯间宽＜】：双跑楼梯的总宽。单击按钮可从平面图中直接量取楼梯间净宽作为双跑楼梯总宽。

【梯段宽＜】：默认宽度或由总宽计算，余下二等分作梯段宽初值，单击按钮可从平面图中直接量取。

【楼梯高度】：双跑楼梯的总高，默认取当前层高的值，对相邻楼层高度不等时应按实际情况调整。

【井宽】：设置井宽参数，井宽＝梯间宽－（2×梯段宽），最小井宽可以等于零，这三个数值互相关联。

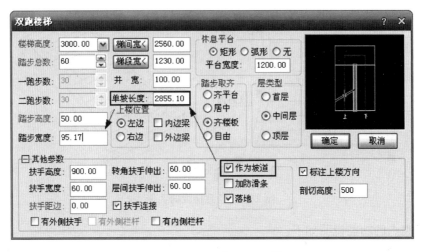

图 18-7 【双跑楼梯】对话框

【踏步总数】：默认踏步总数 20，是双跑楼梯的关键参数，在作为坡道时作为防滑条数。

【一跑步数】：以踏步总数推算一跑与二跑步数，总数为奇数时先增一跑步数。

【二跑步数】：二跑步数默认与一跑步数相同，两者都允许用户修改。

【踏步高度】：踏步高度。用户可先输入大约的初始值，由楼梯高度与踏步数推算出最接近初值的设计值，推算出的踏步高有均分的舍入误差。

【踏步宽度】：踏步沿梯段方向的宽度，是用户优先决定的楼梯参数，但在勾选"作为坡道"后，仅用于推算出的防滑条宽度。

【休息平台】：有矩形、弧形、无三种选项，在非矩形休息平台时，可以选无平台，以便自己用平板功能设计休息平台。

【平台宽度】：按建筑设计规范，休息平台的宽度应大于梯段宽度，在选择弧形休息平台时应修改宽度值，最小值不能为零。

【踏步取齐】：除了两跑步数不等时可直接在"齐平台""居中""齐楼板"中选择两梯段相对位置外，也可以通过拖动夹点任意调整两梯段之间的位置，此时踏步取齐为"自由"。

【层类型】：在平面图中按楼层分为 3 种类型绘制：（1）首层只给出一跑的下剖断；（2）中间层的一跑是双剖断；（3）顶层的一跑无剖断。

【扶手高度】：默认值分别为 900 高。

【扶手宽度】：默认值为 60 宽。

【扶手距边】：在 1∶100 图上一般取 0，在 1∶50 详图上应标以实际值。

【转角扶手伸出】：设置扶手转角处的伸出长度，默认 60，为 0 或者负值时扶手不伸出。

【层间扶手伸出】：设置在楼层间扶手起末端和转角处的伸出长度，默认 60，为 0 或者负值时扶手不伸出。

【扶手连接】：默认勾选此项，扶手通过休息平台和楼层时连接，否则扶手在该处断开。

【有外侧扶手】：在外侧添加扶手，但不会生成外侧栏杆，在室外楼梯时需要单独添加。

【有外侧栏杆】：也可选择是否勾选绘制外侧栏杆，边界为墙时常不用绘制栏杆。

【有内侧栏杆】：勾选此复选框，命令自动生成默认的矩形截面竖栏杆。

【标注上楼方向】：默认勾选此项，在楼梯对象中，按当前坐标系方向创建标注上楼下楼方向的箭头和"上""下"文字。

【剖切高度（步数）】：作为楼梯时按步数设置剖切线中心所在位置，作为坡道时按相对标高设置剖切线中心所在位置。

【作为坡道】：勾选此复选框，楼梯段按坡道生成，在"单坡长度"中输入坡道长度。

【单坡长度】：在此输入其中一个坡道梯段的长度，但其精确值依然受"踏步总数×踏步宽度"的制约，如图18-7所示。

> 注意：
> 1. 勾选"作为坡道"前要求楼梯的两跑步数相等，否则坡长不能准确定义；
> 2. 坡道的防滑条的间距用步数来设置，在勾选"作为坡道"前要设好。

在确定楼梯参数和类型后即可把鼠标拖到作图区插入楼梯，命令行提示：

点取位置或［转90度（A）/左右翻（S）/上下翻（D）/对齐（F）/改转角（R）/改基点（T）］＜退出＞：

键入关键字改变选项，给点插入楼梯。

点取插入点后在平面图中插入双跑楼梯。注意对于三维视图，不同楼层特性的扶手是不一样的，其中顶层楼梯实际上只有扶手，而没有梯段。

双跑楼梯为自定义对象，可以通过拖动夹点进行编辑，夹点的意义如图18-8所示。

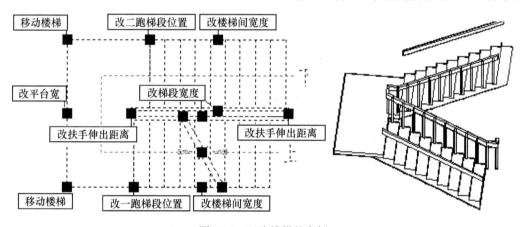

图18-8 双跑楼梯的实例

梯段夹点的功能说明如下：

【移动楼梯】：该夹点用于改变楼梯位置，夹点位于楼梯休息平台两个角点。

【改平台宽】：该夹点用于改变休息平台的宽度，同时改变方向线。

【改梯段宽度】：拖动该夹点对称改变两梯段的梯段宽，同时改变梯井宽度，但不改变楼梯间宽度。

【改楼梯间宽度】：拖动该夹点改变楼梯间的宽度，同时改变梯井宽度，但不改变两梯段的宽度。

【改一跑梯段位置】：该夹点位于一跑末端角点，纵向拖动夹点可改变一跑梯段位置。

【改二跑梯段位置】：该夹点位于二跑起端角点，纵向拖动夹点可改变二跑梯段位置。

【改扶手伸出距离】：两夹点各自位于扶手两端，分别拖动改变平台和楼板处的扶手伸出距离。

【移动剖切位置】：该夹点用于改变楼梯剖切位置，可沿楼梯拖动改变位置。

【移动剖切角度】：该夹点用于改变楼梯剖切位置，可拖动改变角度。

双跑楼梯的各种情况典型实例如图 18-9 所示，除了拖动夹点外，也可双击楼梯进入对象编辑重新设定参数，也可进入特性栏进行特性编辑修改，其中楼梯步数标注在特性栏修改"上楼文字""下楼文字"特性项完成。

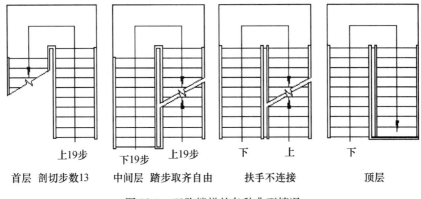

图 18-9　双跑楼梯的各种典型情况

5. 多跑楼梯

本命令创建由梯段开始且以梯段结束、梯段和休息平台交替布置、各梯段方向自由的多跑楼梯，要点是先在对话框中确定"基线在左"或"基线在右"的绘制方向。在绘制梯段过程中实时显示当前梯段步数、已绘制步数以及总步数的功能，便于设计中决定梯段起止位置；绘图交互中的热键切换基线路径左右侧的命令选项，便于绘制休息平台间走向左右改变的 Z 型楼梯。

菜单命令：楼梯其他→多跑楼梯（DPLT）。

点击菜单命令后，显示对话框如图 18-10 所示。

图 18-10　【多跑楼梯】对话框

多跑楼梯对话框的控件说明如下：

【拖动绘制】：暂时进入图形中量取楼梯间净宽作为双跑楼梯总宽。

【路径匹配】：楼梯按已有多段线路径（红色虚线）作为基线绘制，线中给出梯段起末点（不可省略或重合），例如直角楼梯给 4 个点（三段）、三跑楼梯是 6 个点（五段），路径分段数是奇数，如图 18-11 所示分别是以上楼方向为准，选"基线在左"和"基线在右"的两种情况。

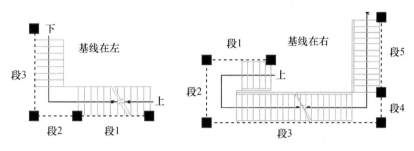

图 18-11　多跑梯段路径匹配实例说明

【基线在左】：拖动绘制时是以基线为标准的，这时楼梯画在基线右边。

【基线在右】：拖动绘制时是以基线为标准的，这时楼梯画在基线左边。

【左边靠墙】：按上楼方向，左边不画出边线。

【右边靠墙】：按上楼方向，右边不画出边线。

参见如图 18-12 所示的工程实例，设置"基线在右"，楼梯宽度为 1820，确定楼梯参数和类型后，拖动鼠标到绘图区绘制楼梯，命令行提示：

起点＜退出＞：在辅助线处点取首梯段起点 P1 位置；

输入下一点或［路径切换到左侧（Q）］＜退出＞：

在楼梯转角处点取首梯段终点 P2（此时过梯段终点显示当前 9/20 步）；

输入下一点或［路径切换到左侧（Q）/撤销上一点（U）］＜退出＞：

拖动楼梯转角后在休息平台结束处点取 P3 作为第二梯段起点；

输入下一点或［路径切换到左侧（Q）/撤销上一点（U）］＜切换到绘制梯段＞：

此时以 Enter 键结束休息平台绘制，切换到绘制梯段；

输入下一点或［路径切换到左侧（Q）/撤销上一点（U）］＜退出＞：Q

键入 Q 切换路径到左侧方便绘制；

输入下一点或［路径切换到左侧（Q）/撤销上一点（U）］＜退出＞：

拖动绘制梯段到显示踏步数为 4，13/20 给点作为梯段结束点 P4；

输入下一点或［路径切换到左侧（Q）/撤销上一点（U）］＜退出＞：

拖动并转角后在休息平台结束处点取 P5 作为第三梯段起点；

输入下一点或［路径切换到左侧（Q）/撤销上一点（U）］＜切换到绘制梯段＞：

此时以 Enter 键结束休息平台绘制，切换到绘制梯段；

输入下一点或［路径切换到左侧（Q）/撤销上一点（U）］＜退出＞：

拖动绘制梯段到梯段结束，步数为 7，20/20 梯段结束点 P6；

起点＜退出＞：按 Enter 键结束绘制

多跑楼梯工程实例：按"基线在右"设置后的绘图过程如图 18-12 所示。

多跑楼梯由给定的基线来生成，基线就是多跑楼梯左侧或右侧的边界线。基线可以事先绘制好，也可以交互确定，但不要求基线与实际边界完全等长，按照基线交互点取顶点，当步数足够时结束绘制，基线的顶点数目为偶数，即梯段数目的两倍。

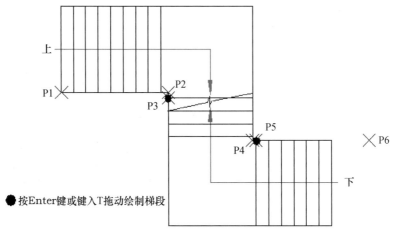

图 18-12　多跑楼梯工程实例说明

多跑楼梯的休息平台是自动确定的，休息平台的宽度与梯段宽度相同，休息平台的形状由相交的基线决定，默认的剖切线位于第一跑，可拖动改为其他位置。图 18-13 中最右侧图形为选路径匹配，基线在左时的转角楼梯生成，注意即使 P2、P3 是重合点但绘图时仍应分两点绘制。多跑楼梯所能绘制的楼梯类型如图 18-13 所示。

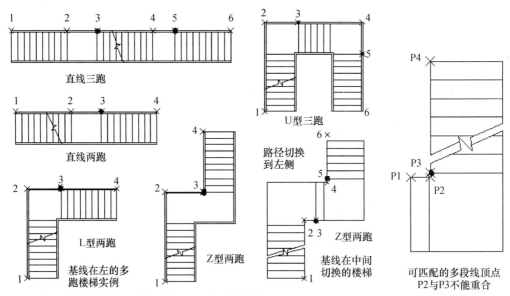

图 18-13　多跑梯段类型实例

6. 双分平行

使用本命令在对话框中输入梯段参数绘制双分平行楼梯，可以选择从中间梯段上楼或者从边梯段上楼，通过设置平台宽度可以解决复杂的梯段关系。

菜单命令：楼梯其他→双分平行（SFPX）。

7. 双分转角

本命令在对话框中输入梯段参数绘制双分转角楼梯，可以选择从中间梯段上楼或者从边梯段上楼。

菜单命令：楼梯其他→双分转角（SFZJ）。

8. 双分三跑

本命令在对话框中输入梯段参数绘制双分转角楼梯，可以选择从中间梯段上楼或者从边梯段上楼。

菜单命令：楼梯其他→双分三跑（SFSP）。

9. 交叉楼梯

本命令在对话框中输入梯段参数绘制交叉楼梯，可以选择不同的上楼方向。

菜单命令：楼梯其他→交叉楼梯（JCLT）。

10. 剪刀楼梯

本命令在对话框中输入梯段参数绘制剪刀楼梯，考虑作为交通核内的防火楼梯使用，两跑之间需要绘制防火墙，因此本楼梯扶手和梯段各自独立，在首层和顶层楼梯有多种梯段排列可供选择。如图 18-14 所示。

菜单命令：楼梯其他→剪刀楼梯（JDLT）。

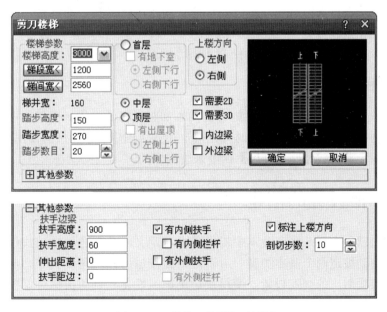

图 18-14　【剪刀楼梯】对话框

11. 三角楼梯

本命令在对话框中输入梯段参数绘制三角楼梯，可以选择不同的上楼方向。

菜单命令：楼梯其他→三角楼梯（SJLT）。

12. 矩形转角

本命令在对话框中输入梯段参数绘制矩形转角楼梯，梯跑数量可以从两跑到四跑，可选择两种上楼方向。

菜单命令：楼梯其他→矩形转角（JXZJ）。

18.2　楼梯扶手与栏杆

扶手作为与梯段配合的构件，与梯段和台阶产生关联。放置在梯段上的扶手，可以遮挡梯段，也可以被梯段的剖切线剖断，通过连接扶手命令把不同分段的扶手连接起来。

1. 添加扶手

本命令以楼梯段或沿上楼方向的 PLINE 路径为基线，生成楼梯扶手。本命令可自动识别楼梯段和台阶，但是不识别组合后的多跑楼梯与双跑楼梯。

菜单命令：楼梯其他→添加扶手（TJFS）。

2. 连接扶手

本命令把未连接的扶手彼此连接起来，如果准备连接的两段扶手的样式不同，连接后的样式以第一段为准；连接顺序要求是前一段扶手的末端连接下一段扶手的始端，梯段的扶手则按上行方向为正向，需要从低到高顺序选择扶手的连接，接头之间应留出空隙，不能相接和重叠。

菜单命令：楼梯其他→连接扶手（LJFS）。

3. 楼梯栏杆的创建

在 TArch10.0 中双跑楼梯对话框有自动添加竖栏杆的设置，但其他楼梯则仅可创建扶手或者栏杆与扶手都没有，此时可先按上述方法创建扶手，然后使用"三维建模"下"造型对象"菜单的【路径排列】命令来绘制栏杆。

18.3　其他设施的创建

天正建筑软件在 8.5 以上版本中提供了由自定义对象创建的自动扶梯对象，分为自动扶梯和自动坡道两个基本类型，后者可根据步道的倾斜角度为零，自动设为水平自动步道，改变对应的交互设置，使得设计更加人性化。自动扶梯对象根据扶梯的排列和运行方向提供了多种组合供设计时选择，适用于各种商场和车站、机场等复杂的实际情况。

1. 电梯

本命令创建的电梯图形包括轿厢、平衡块和电梯门，其中轿厢和平衡块是二维线对象，电梯门是天正门窗对象；绘制条件是每一个电梯周围已经由天正墙体创建了封闭房间作为电梯井，如要求电梯井贯通多个电梯，请临时加虚墙分隔。

菜单命令：楼梯其他→电梯（DT）。

点击菜单命令后，显示对话框如图 18-15 所示。

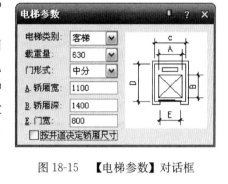

在对话框中，设定电梯类别、载重量、门形式、门宽、轿厢宽、轿厢深等参数。其中电梯类别分别有客梯、住宅梯、医院梯、货梯 4 种类别，每种电梯形式均有已设定好的不同的设计参数，输入参数后按命令行提示执行命令，不必关闭对话框。

图 18-15　【电梯参数】对话框

命令行提示：

请给出电梯间的一个角点或［参考点（R）］

＜退出＞：点取第一角点

再给出上一角点的对角点：点取第二角点

请点取开电梯门的墙线＜退出＞：点取开门墙线，开双门时可多选

请点取平衡块的所在的一侧＜退出＞：点取平衡块所在的一侧的墙体后按 Enter 键开始绘制

电梯绘图实例如图 18-16 所示。

对不需要按类别选取预设设计参数的电梯，可以按井道决定适当的轿厢与平衡块尺寸，勾选对话框中的"按井道决定轿厢尺寸"复选框，对话框把不用的参数虚显，保留门形式和门宽两项参数由用户设置，同时把门宽设为常用的 1100，门宽和门形式会保留用户修改值。去除复选框勾选后，门宽等参数恢复由电梯类别决定，如图 18-17 所示。

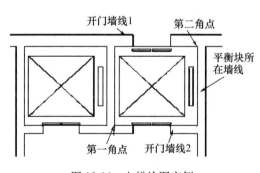

图 18-16　电梯绘图实例

图 18-17　按井道决定轿厢尺寸

2. 自动扶梯

本命令在对话框中输入自动扶梯的类型和梯段参数绘制，可以用于单梯和双梯及其组合，在顶层还有洞口选项，拖动夹点可以解决楼板开洞时，扶梯局部隐藏的绘制，本命令目前仅适用于二维图形绘制，不能创建立面和三维模型，如图 18-18 所示。

菜单命令：楼梯其他→自动扶梯（ZDFT）。

图 18-18 　【单排自动扶梯】对话框

3. 阳台

本命令以几种预定样式绘制阳台，或选择预先绘制好的路径转成阳台，以任意绘制方式创建阳台。阳台可以自动遮挡散水，阳台对象可以被柱子、墙体（包括墙体造型）局部遮挡。

菜单命令：楼梯其他→阳台（YT）。

4. 台阶

本命令直接绘制矩形单面台阶、矩形三面台阶、阴角台阶、沿墙偏移等预定样式的台阶，或把预先绘制好的 PLINE 转成台阶、直接绘制平台创建台阶，如平台不能由本命令创建，应下降一个踏步高绘制下一级台阶作为平台；直台阶两侧需要单独补充 Line 线画出二维边界；台阶可以自动遮挡之前绘制的散水。

菜单命令：楼梯其他→台阶（TJ）。

5. 坡道

本命令通过参数构造单跑的入口坡道，多跑、曲边与圆弧坡道由各楼梯命令中"作为坡道"选项创建。

菜单命令：楼梯其他→坡道（PD）。

6. 散水

本命令通过自动搜索外墙线绘制散水对象，可自动被凸窗、柱子等对象裁剪，也可以通过勾选复选框或者对象编辑，使散水绕壁柱、绕落地阳台生成；阳台、台阶、坡道、柱子等对象自动遮挡散水，位置移动后遮挡自动更新。

自 TArch 8.5 版本起，软件对散水对象做了改进，每一条边宽度可以不同，开始按统一的全局宽度创建，通过夹点和对象编辑单独修改各段宽度，也可以再修改为统一的全局宽度。

菜单命令：楼梯其他→散水（SS）。

7. 散水的对象编辑与夹点编辑

对象编辑：双击散水对象，进入对象编辑的命令行选项进行编辑：

选择［加顶点（A）/减顶点（D）/改夹角（S）/改单边宽度（W）/改全局宽度（Z）/改标高（E）］＜退出＞：A

键入选项热键添加顶点，提示：

点取新的顶点位置：在图上通过捕捉给出准确的新顶点位置，回车结束编辑。

选择［加顶点（A）/减顶点（D）/改夹角（S）/改单边宽度（W）/改全局宽度（Z）/改标高（E）］＜退出＞：W

键入选项热键修改一条边宽度，提示：

选取边：点取要改变散水宽度的一条散水边，注意是点取散水的内侧；

输入新宽度＜600＞：700 键入散水的新宽度

选取边：点取要改变散水宽度的其他散水边，回车退出选边，回到下面的提示：

选择［加顶点（A）/减顶点（D）/改夹角（S）/改单边宽度（W）/改全局宽度（Z）/改标高（E）］＜退出＞：回车退出命令

夹点编辑：单击散水对象，激活夹点后如图18-19所示，拖动夹点即可进行夹点编辑，独立修改各段散水的宽度。

图 18-19　散水夹点编辑实例

特性编辑：单击 Ctrl＋1 选择散水对象，在特性栏中可以看到散水的顶点号与坐标的关系，通过单击顶点栏的箭头可以识别当前顶点，改变坐标，也可以统一修改全局宽度。

第19章 房间和屋顶

19.1 房间面积的概念

建筑各个区域的面积计算、标注和报批是建筑设计中的一个必要环节，本软件的房间对象用于表示不同的面积类型，描述一个由墙体、门窗、柱子围合而成的闭合区域。房间对象按类型识别为不同的含义，包括有：房间面积、套内面积、建筑面积、阳台面积、洞口面积、公摊面积，不同含义的房间使用不同的文字标识。基本的文字标识是名称和编号，前者描述对象的功能，后者用来唯一区别不同的房间。例如用于标识房间使用面积时，名称是房间名称"客厅""卧室"，编号不显示，但在标识套内面积时，名称是套型名称"1-A"，编号是户号"101"，可以选择显示编号用于房产面积配图。

房间面积是一系列符合房产测量规范和建筑设计规范统计规则的命令，按这些规范的不同计算方法，获得多种面积指标统计表格，分别用于房产部门的面积统计和设计审查报批，此外为创建用于渲染的室内三维模型，房间对象提供了一个三维地面的特性，开启该特性就可以获得三维楼板，一般建筑施工图不需要开启这个特性。

面积指标统计使用【搜索房间】、【套内面积】、【查询面积】、【公摊面积】和【面积统计】命令执行。相关常用概念如下：

房间面积：在房间内标注室内净面积即使用面积，对阳台默认用外轮廓线按住宅设计规范标注一半面积；

套内面积：按照国家房屋测量规范的规定，标注由多个房间组成的住宅单元，指由分户墙以及外墙的中线所围成的面积。

公摊面积：按照国家房屋测量规范的规定，套内面积以外，作为公共面积由本层各户分摊的面积，或者由全楼各层分摊的面积。

建筑面积：整个建筑物的外墙皮构成的区域，可以用来表示本层的建筑总面积，注意此时建筑面积不包括阳台面积在内，在【面积统计】表格中最终获得的建筑总面积包括按《建筑工程建筑面积计算规范》（GB/T 50353—2013）计算的阳台面积。

面积单位为平方米，标注的精度可以设置，并可提供图案填充。房间夹点激活的时候还可以看到房间边界，可以通过夹点更改房间边界，房间面积自动更新。

19.2　房间面积的创建

房间面积可通过多种命令创建，按要求分为建筑面积、使用面积和套内面积，按国家 2013 年颁布的最新建筑面积测量规范，【搜索房间】等命令在搜索建筑面积时可选择忽略柱子、墙垛等超出墙体的部分。房间通常以墙体划分，可以通过绘制虚墙来划分边界或者楼板洞口，如客厅上空的中庭空间。

1. 搜索房间

本命令可用来批量搜索建立或更新已有的普通房间和建筑轮廓，建立房间信息并标注室内使用面积，标注位置自动置于房间的中心。如果用户编辑墙体改变了房间边界，房间信息不会自动更新，可以通过再次执行本命令更新房间或拖动边界夹点，与当前边界保持一致。当勾选"显示房间编号"时，会依照默认的排序方式对编号进行排序，编辑删除房间造成房间号不连续、重号或者编号顺序不理想，可用后面介绍的【房间排序】命令重新排序。

菜单命令：房间屋顶→搜索房间（SSFJ）。

点击菜单命令后，显示对话框如图 19-1 所示。

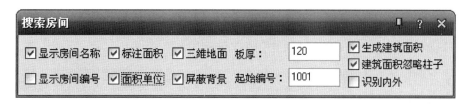

图 19-1　搜索房间对话框

对话框控件的说明如下：

【标注面积】：房间使用面积的标注形式，是否显示面积数值。

【面积单位】：是否标注面积单位，默认以平方米（m²）单位标注。

【显示房间名称/显示房间编号】：房间的标识类型，建筑平面图标识房间名称，其他专业图标识房间编号。

【三维地面】：勾选则表示同时沿着房间对象边界生成三维地面。

【板厚】：生成三维地面时，给出地面的厚度。

【生成建筑面积】：在搜索生成房间的同时，计算建筑面积。

【建筑面积忽略柱子】：根据建筑面积测量规范，建筑面积包括凸出的结构柱与墙垛，也可以选择忽略凸出的装饰柱与墙垛。

【屏蔽背景】：勾选后利用 Wipeout 的功能屏蔽房间标注下面的填充图案。

【识别内外】：勾选后同时执行识别内外墙功能，用于建筑节能。

同时命令行提示：

请选择构成一完整建筑物的所有墙体（或门窗）：选取平面图上的墙体

请选择构成一完整建筑物的所有墙体（或门窗）：按 Enter 键退出选择

建筑面积的标注位置：在生成建筑面积时应在建筑外给点标注

图 19-2 为搜索房间的应用实例（同时显示房间名称和编号）。

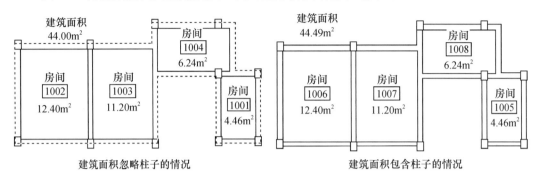

图 19-2 搜索房间的实例

本命令目前还不适用于回字形内院式房间面积的标注，可先使用虚墙划分回形房间，搜索面积后使用【面积计算】命令以两个面积相减获得。

2. 查询面积

本命令可动态查询由天正墙体组成的房间使用面积、套内阳台面积以及闭合多段线面积，即时创建面积对象标注在图上，光标在房间内时显示的是使用面积，注意本命令获得的建筑面积不包括墙垛和柱子凸出部分。

菜单命令：房间屋顶→查询面积（CXMJ）。

点击菜单命令后，显示对话框如图 19-3 所示。

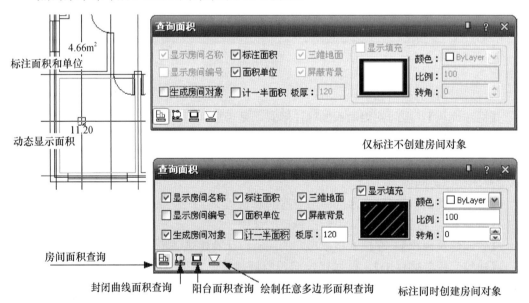

图 19-3 【查询面积】对话框

本命令功能与搜索房间命令类似，不同点在于显示对话框的同时可在各个房间上移动光标，动态显示这些房间的面积，不希望标注房间名称和编号时，请去除"生成房间对象"的勾选，只创建房间的面积标注。

命令默认功能是查询房间，如需查询阳台或者用户给出的多段线，可单击对话框工具栏的图标，如图 19-3 所示，分别是查询房间、封闭曲线和阳台面积，功能介绍如下。

（1）默认查询房间面积，命令行提示：

请选择查询面积的范围：给出两点框选要查询面积的平面图范围，可在多个平面图中选择查询

请在屏幕上点取一点＜返回＞：光标移动到房间同时显示面积，如果要标注，请在图上给点，光标移到平面图外会显示和标注该平面图的建筑面积

（2）单击查询封闭曲线面积图标时，命令行提示：

选择闭合多段线或圆＜退出＞：

此时可选择表示面积的闭合多段线或者圆，光标处显示面积，命令行提示：

请点取面积标注位置＜中心＞：此时可按 Enter 键在该闭合多段线中心标注面积

（3）单击查询阳台面积图标时，命令行提示为：

选择阳台＜退出＞：

此时选取天正阳台对象，光标处显示阳台面积，命令行提示：

请点取面积标注位置＜中心＞：

此时可在面积标注位置给点，或者按 Enter 键在该阳台中心标注面积，如图 19-4 所示。

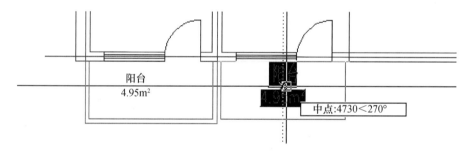

图 19-4　标注阳台面积

阳台面积的计算是否算一半面积，各地不尽相同，用户可修改【天正选项】的"基本设定"页的"阳台按一半面积计算"设定，个别不同的通过阳台面积对象编辑修改。

（4）单击绘制任意多边形面积查询图标时，命令行提示即时点取多边形角点。

多边形起点＜退出＞：此时点取需要查询的多边形的第一个角点

直段下一点或［弧段（A）/回退（U）］＜结束＞：点取需要查询的多边形的第二个角点

直段下一点或［弧段（A）/回退（U）］＜结束＞：点取需要查询的多边形的第三个角点

直段下一点或［弧段（A）/回退（U）］＜结束＞：此时按 Enter 键封闭需要查询的多边形

请点取面积标注位置＜中心＞：此时可在面积标注位置选点，创建多边形面积对象

注意：在阳台平面不规则、无法用天正阳台对象直接创建阳台面积时，可使用本选项创建多边形面积，然后对象编辑为"套内阳台面积"。

3. 房间轮廓

房间轮廓线以封闭 Pline 线表示，轮廓线可以用在其他用途，如把它转为地面或用来作为生成踢脚线等装饰线脚的边界。

菜单命令：房间屋顶→房间轮廓（FJLK）。

点击菜单命令后，命令行提示：

请指定房间内一点或〈参考点［R］〉＜退出＞：点取房间内任意一点

是否生成封闭的多段线？［是（Y）/否（N）］＜Y＞：按要求键入 N 或按 Enter 键

交互完毕后在图层 0 生成房间轮廓线。

4. 套内面积

本命令用于计算住宅单元的套内面积，并创建套内面积的房间对象。按照房产测量规范的要求，自动计算分户单元墙中线计算的套内面积，选择时注意仅仅选取本套套型内的房间面积对象（名称），而不要把其他房间面积对象（名称）包括进去。本命令获得的套内面积不含阳台面积，选择阳台操作用于指定阳台所归属的户号。

菜单命令：房间屋顶→套内面积（TNMJ）。

5. 面积计算

本命令用于统计【查询面积】或【套内面积】等命令获得的房间使用面积、阳台面积、建筑面积等，用于不能直接测量到所需面积的情况，取面积对象或者标注数字均可。TArch 8.5 版改进了面积计算功能，支持更多的运算符和括号，默认采用命令行模式，可以选择快捷键切换到对话框模式。

面积精度的说明：当取图上面积对象和运算时，命令会取得该对象的面积不加精度折减，在单击"标在图上＜"按钮对面积进行标注时按用户设置的面积精度位数进行处理。

菜单命令：房间屋顶→面积计算（MJJS）。

19.3 房间的布置

在房间布置菜单中提供了多种工具命令，用于房间与天花的布置，以及添加踢脚线，适用于装修建模。

1. 加踢脚线

本命令自动搜索房间轮廓，按用户选择的踢脚截面生成二维和三维一体的踢脚线，门和洞口处自动断开，可用于室内装饰设计建模，也可以作为室外的勒脚使用，在 TArch 8 中，踢脚线支持 AutoCAD 的 Break（打断）命令，因此取消了【断踢脚线】命令。

菜单命令：房间屋顶→房间布置→加踢脚线（JTJX）。

点击菜单命令后，显示如图 19-5 所示的对话框。

对话框控件的说明如下：

【取自截面库】：点击本选项后，用户单击右边"…"按钮进入踢脚线图库，在右侧预览区双击选择需要的截面样式。

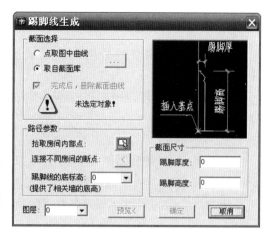

图 19-5 　【踢脚线生成】对话框

【点取图中曲线】：点取本选项后，用户单击右边"<"按钮进入图形中选取截面形状，命令行提示：

请选择作为断面形状的封闭多段线：选择断面线后随即返回对话框

作为踢脚线的必须是 Pline 线，X 方向代表踢脚的厚度，Y 方向代表踢脚的高度。

【拾取房间内部点】：单击此按钮，命令行提示如下：

请指定房间内一点或［参考点（R）］＜退出＞：在加踢脚线的房间里点取一个点

请指定房间内一点或［参考点（R）］＜退出＞：按 Enter 键结束取点，创建踢脚线路径

【连接不同房间的断点】：单击此按钮，命令行提示如下（如果房间之间的门洞是无门套的做法，应该连接踢脚线断点）：

第一点＜退出＞：点取门洞外侧一点 P1

下一点＜退出＞：点取门洞内侧一点 P2

【踢脚线的底标高】：用户可以在对话框中选择输入踢脚线的底标高，在房间内有高差时在指定标高处生成踢脚线。

【预览＜】：此按钮用于观察参数是否合理，此时应切换到三维轴测视图，否则看不到三维显示的踢脚线。

【截面尺寸】：截面高度和厚度尺寸，默认为选取的截面实际尺寸，用户可修改。

如图 19-6 所示为【加踢脚线】命令的应用实例。

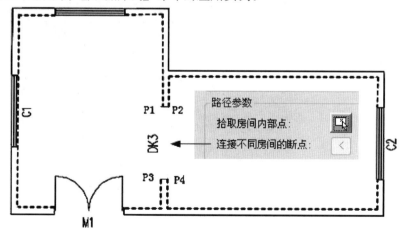

图 19-6　踢脚线生成实例

2. 奇数分格

本命令用于绘制奇数分格的地面或天花平面，分格使用 AutoCAD 对象直线（Line）绘制。

菜单命令：房间屋顶→房间布置→奇数分格（JSFG）。

3. 偶数分格

本命令用于绘制按偶数分格的地面或天花平面，分格使用 AutoCAD 对象直线（Line）绘制，不能实现对象编辑和特性编辑。

菜单命令：房间屋顶→房间布置→偶数分格（OSFG）。

19.4　洁具布置工具

在房间布置菜单中提供了多种工具命令，适用于卫生间的各种不同洁具布置。

19.4.1　布置洁具

本命令按选取的洁具类型的不同，沿天正建筑墙对象和单墙线布置卫生洁具等设施。本软件的洁具是从洁具图库调用的二维天正图块对象，其他辅助线采用了 AutoCAD 的普通对象。在 TArch 10.0 中支持洁具沿弧墙布置，洁具布置默认参数依照国家标准《民用建筑设计统一标准》（GB 50352—2019）中的规定。

菜单命令：房间屋顶→房间布置→布置洁具（BZJJ）。

点取菜单命令后，显示洁具图库如图 19-7 所示。

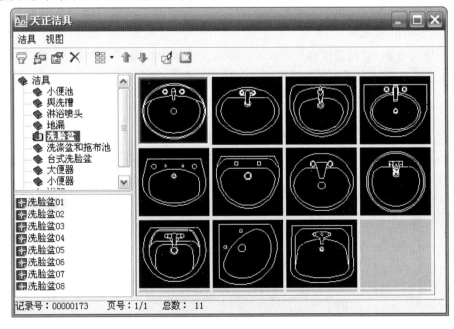

图 19-7　专用洁具图库

本对话框为专用的洁具图库，操作与天正通用图库管理界面大同小异，该图库的图块中内嵌有与天正给排水软件接口的数据，但自行入库的图块没有此功能。

洁具图库的简单说明如下：

【洁具分类菜单】：显示卫生洁具库的类别树状目录，其中当前类别粗体显示。

【洁具名称列表】：显示卫生洁具库当前类别下的图块名称。

【洁具图块预览】：显示当前库内所有卫生洁具图块的预览图像。被选中的图块显示红框，同时名称列表中亮显该项洁具名称。

选取不同类型的洁具后，系统自动给出与该类型相适应的布置方法。在预览框中双击所需布置的卫生洁具，根据弹出的对话框和命令行提示在图中布置洁具，按照布置方式分类，布置洁具的操作方式介绍如下。

1. 普通洗脸盆、大小便器、淋浴喷头、洗涤盆的布置

在"天正洁具"图库中双击所需布置的卫生洁具，屏幕弹出相应的布置洁具对话框，如图 19-8 所示。

图 19-8 【布置洁具】对话框

对话框控件的说明如下：

【初始间距】：侧墙和背墙同材质时，第一个洁具插入点与墙角点的默认距离。

【设备间距】：插入的多个卫生设备的插入点之间的间距。

【离墙间距】：座便器紧靠墙边布置，插入点距墙边的距离为零；蹲便器默认为 300。

（1）单击"沿墙布置"图标，背墙为砖墙、侧墙为填充墙时，交互命令如下：

请选择沿墙边线＜退出＞：在洁具背墙内皮上，靠近初始间距的一端取点

请插入第一个洁具［插入基点（B）］＜退出＞：

在第一个洁具的插入位置附近给点，此时应键入 B，在墙角定义基点，否则初始间距会错误缩小；各墙材质一致时能自动得到正确基点，不用键入 B 定义基点。

下一个＜结束＞：在洁具增加方向取点

下一个＜结束＞：洁具插入完成后按 Enter 键结束交互

命令完成绘图，各参数与效果如图 19-9 所示。

（2）单击"沿已有洁具布置"图标，此时确认参数"离墙间距"改为零，初始间距改为设备间距－洁具宽度/2，交互命令如下：

请选择已有洁具＜结束＞：选择你要继续布置的最末一个洁具

下一个＜结束＞：在洁具增加方向取点

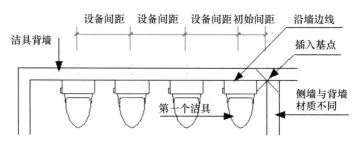

图 19-9　洁具布置实例一

下一个＜结束＞：洁具插入完成后按 Enter 键结束交互，然后命令完成绘图

2. 台式洗脸盆的布置

在"天正洁具"图库中双击所需布置的卫生洁具，屏幕弹出相应的布置洁具对话框，与上述普通洗脸盆等相同。

交互命令如下：

请点取沿墙边线＜退出＞：在洁具背墙内皮上，靠近初始间距的一端取点

插入第一个洁具［插入基点（B）］＜退出＞：在第一个洁具的插入位置附近给点，必要时定义基点

下一个＜退出＞：在洁具增加方向取点

……

下一个＜退出＞：洁具插入完成后按 Enter 键，接着提示：

台面宽度＜600＞：输入台面宽

台面长度＜2500＞：输入台面长度

然后执行命令完成绘图，各参数与效果如图 19-10 所示。

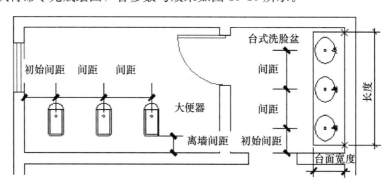

图 19-10　洁具布置实例二

3. 浴缸、拖布池的布置

在"天正洁具"图库中选中浴缸，双击图中相应的样式，屏幕出现如图 19-11 所示对话框。

在对话框中直接选取浴缸尺寸列表，或者输入其他尺寸，交互命令如下：

请选择布置洁具沿线位置［点取方式布置（D）］：点取浴缸短边所在墙体一侧，对应短边中点

键入 D 时改为类似图块插入的方式：

点取位置或［转 90 度（A）/左右翻（S）/上下翻（D）/对齐（F）/改转角（R）/改基点（T）/参考点（Q）］＜退出＞：按需要的方式键入选项关键字

请选择布置洁具沿线位置［点取方式布置（D）］：按 Enter 键结束浴缸插入

然后命令完成绘图，各参数与效果如图 19-12 所示。

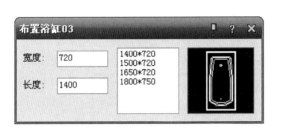

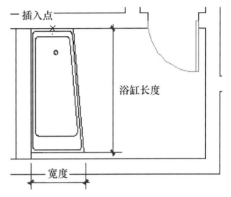

图 19-11　【布置浴缸】对话框　　　　图 19-12　洁具布置实例三

4. 小便池的布置

在"天正洁具"图库双击小便池后，命令交互如下：

请选择布置洁具的墙线＜退出＞：点取安装小便池的墙体内皮

输入小便池离墙角距离＜0＞：200　给出小便池开始点

请输入小便池的长度＜3000＞：2400　输入小便池的新长度

请输入小便池宽度＜600＞：620　键入新值

请输入台阶宽度＜300＞：按 Enter 键接受默认值

请选择布置洁具的墙线＜退出＞：按 Enter 键结束小便池的布置

然后命令完成绘图，各参数与效果如图 19-13 所示。

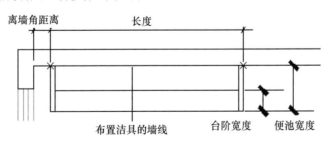

图 19-13　洁具布置实例四

5. 盥洗槽的布置

在"天正洁具"图库中找到盥洗槽分类，双击盥洗槽图块后，交互命令如下：

请选择布置洁具的墙线＜退出＞：点取安装盥洗槽的墙内皮

盥洗槽离墙角距离＜0＞：400　给出盥洗槽开始点

盥洗槽的长度<5300>：2300　键入盥洗槽长度

盥洗槽的宽度<690>：700　键入盥洗槽宽度值

排水沟宽度<100>：100　键入新值或按 Enter 键接受默认值

水龙头的数目<3>：4　键入新值或按 Enter 键接受默认值

请选择布置洁具的墙线<退出>：按 Enter 键结束盥洗槽的布置

然后命令完成绘图，各参数与效果如图 19-14 所示。

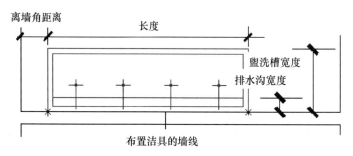

图 19-14　洁具布置实例五

19.4.2　布置隔断

本命令通过两点选取已经插入的洁具，布置卫生间隔断，要求先布置洁具才能执行，隔板与门采用了墙对象和门窗对象，支持对象编辑；墙类型由于使用卫生隔断类型，隔断内的面积不参与房间划分与面积计算。

菜单命令：房间屋顶→房间布置→布置隔断（BZGD）。

点击菜单命令后，命令行提示：

输入一直线来选洁具，起点：点取靠近端墙的洁具外侧

终点：第二点过要布置隔断的一排洁具另一端

隔板长度<1200>：键入新值或按 Enter 键用默认值

隔断门宽<600>：键入新值或按 Enter 键用默认值

命令执行结果如图 19-15 所示。

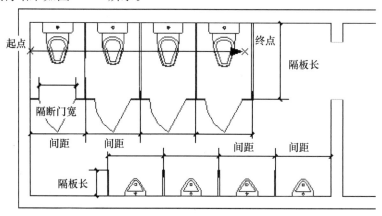

图 19-15　隔断与隔板布置实例

命令执行结果为生成宽度等于洁具间距的卫生间，如图 19-15 所示，通过【内外翻转】、【门口线】等命令可对门进行修改。

19.4.3 布置隔板

通过两点选取已经插入的洁具，布置卫生洁具，主要用于小便器之间的隔板。

菜单命令：房间屋顶→房间布置→布置隔板（BZGB）。

点击菜单命令后，命令行提示：

输入一直线来选洁具，起点：点取靠近端墙的洁具外侧

终点：第二点过要布置隔断的一排洁具另一端

隔板长度＜400＞：键入新值或按 Enter 键用默认值

命令执行结果如图 19-15 所示。

19.5 创建屋顶

本软件提供了多种屋顶造型功能，如人字坡顶包括单坡屋顶和双坡屋顶，任意坡顶是指任意多段线围合而成的四坡屋顶、矩形屋顶（包括歇山屋顶和攒尖屋顶）。用户也可以利用三维造型工具自建其他形式的屋顶，如用平板对象和路径曲面对象相结合构造带有复杂檐口的平屋顶，利用路径曲面构建曲面屋顶（歇山屋顶）。天正屋顶均为自定义对象，支持对象编辑、特性编辑和夹点编辑等编辑方式，可用于天正节能和天正日照模型。

在工程管理命令的"三维组合建筑模型"中，屋顶作为单独的一层添加，楼层号＝顶层的自然楼层号＋1，也可以在其下一层添加，此时主要适用于建模。

1. 搜屋顶线

本命令可搜索整栋建筑物的所有墙线，按外墙的外皮边界生成屋顶平面轮廓线。屋顶线在属性上为一个闭合的 Pline 线，可以作为屋顶轮廓线，进一步绘制出屋顶的平面施工图，也可以用于构造其他楼层平面轮廓的辅助边界或用于外墙装饰线脚的路径。

菜单命令：房间屋顶→搜屋顶线（SWDX）。

2. 人字坡顶

本命令以闭合的 Pline 线为屋顶边界生成人字坡屋顶和单坡屋顶。两侧坡面的坡度可具有不同的坡角，可指定屋脊位置与标高，屋脊线可随意指定和调整，因此两侧坡面可具有不同的底标高，除了使用角度设置坡顶的坡角外，还可以通过限定坡顶高度的方式自动求算坡角，此时创建的屋面具有相同的底标高。

屋顶边界的形式可以是包括弧段在内的复杂多段线，也可以生成屋顶后再使用【布尔运算】的求差命令裁剪屋顶的边界。

菜单命令：房间屋顶→人字坡顶（RZPD）。

3. 任意坡顶

本命令由封闭的任意形状 Pline 线生成指定坡度的坡形屋顶，可采用对象编辑单独修改每个边坡的坡度，可支持布尔运算，而且可以被其他闭合对象剪裁。

菜单命令：房间屋顶→任意坡顶（RYPD）。

4. 攒尖屋顶

本命令提供了构造攒尖屋顶三维模型的方法，但不能生成曲面构成的中国古建亭子顶。此对象对布尔运算的支持仅限于作为第二运算对象，它本身不能被其他闭合对象剪裁。

菜单命令：房间屋顶→攒尖屋顶（CJWD）。

5. 矩形屋顶

本命令提供一个能绘制歇山屋顶、四坡屋顶、人字屋顶和攒尖屋顶的新屋顶命令，与【人字坡顶】命令不同，本命令绘制的屋顶平面限于矩形；此对象对布尔运算的支持仅限于作为第二运算对象，它本身不能被其他闭合对象剪裁。

菜单命令：房间屋顶→矩形屋顶（JXWD）。

6. 加老虎窗

本命令在三维屋顶生成多种老虎窗形式，老虎窗对象提供了墙上开窗功能，并提供了图层设置、窗宽、窗高等多种参数，可通过对象编辑修改。

菜单命令：房间屋顶→加老虎窗（JLHC）。

7. 加雨水管

本命令在屋顶平面图中绘制雨水管穿过女儿墙或檐板的图例，TArch 从 8.2 版本开始提供了洞口宽和雨水管的管径大小的设置。

菜单命令：房间屋顶→加雨水管（JYSG）。

第20章 尺寸标注、文字和符号

20.1 尺寸标注

20.1.1 尺寸标注的概念

尺寸标注是设计图纸中的重要组成部分，图纸中的尺寸标注在国家颁布的建筑制图标准中有严格的规定，直接沿用 AutoCAD 本身提供的尺寸标注命令不适合建筑制图的要求，特别是编辑尺寸尤其显得不便，为此天正建筑软件提供了自定义的尺寸标注系统，完全取代了 AutoCAD 的尺寸标注功能，分解后退化为 AutoCAD 的尺寸标注。

1. 尺寸标注对象与转化

天正尺寸标注分为连续标注与半径标注两大类标注对象，其中连续标注包括线性标注和角度标注，这些对象按照国家建筑制图规范的标注要求，对 AutoCAD 的通用尺寸标注进行了大胆的简化与优化，通过如图 20-1 所示的夹点编辑操作，对尺寸标注的修改提供了前所未有的灵活手段。

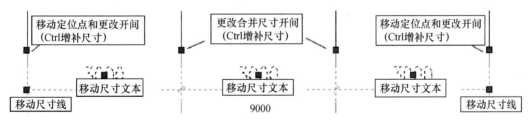

图 20-1 尺寸标注对象夹点编辑示意图

由于天正的尺寸标注是自定义对象，在利用旧图资源时，通过【转化尺寸】命令可将原有的 AutoCAD 尺寸标注对象转化为等效的天正尺寸标注对象。反之在导出天正图形到其他非天正对象环境时，需要分解天正尺寸标注对象，系统提供的【图形导出】命令可以自动完成分解操作，分解后天正尺寸标注对象按其当前比例，使用天正建筑 3.0 的兼容标注样式（如 DIMN、DIMN200），退化为 AutoCAD 的尺寸标注对象，以此保证了天正版本之间的双向兼容性。

2. 标注对象的单位与基本单元

天正尺寸标注系统以毫米为默认的标注单位，当用户在"天正基本设定"中对整个 DWG 图形文件进行了以米为绘图单位的切换后，标注系统可改为以米为标注单位，按《总图制图标准》（GB/T 50103—2010）2.3.1 条的要求，默认精度设为两位小数，可以通过修改样式改精度为三位小数。

天正尺寸标注系统以连续的尺寸区间为基本标注单元，相连接的多个标注区间属于同一尺寸标注对象，并具有用于不同编辑功能的夹点，而 AutoCAD 的标注对象每个尺寸区间都是独立的，相互之间没有关联，夹点功能不便于常用操作。

3. 标注对象的样式

为了兼容起见，天正自定义尺寸标注对象是基于 AutoCAD 的几种标注样式开发的，因此用户通过修改这几种 AutoCAD 标注样式更新天正尺寸标注对象的特性。

（1）尺寸标注对象支持 _ TCH _ ARCH（毫米单位按毫米标注）、 _ TCH _ ARCH _ mm _ M（毫米单位按米标注）与 _ TCH _ ARCH _ M _ M（米单位按米标注）共三种尺寸样式的参数。

（2）增加"直线与箭头"页面尺寸线的"超出标记"实现尺寸线出头效果，修改"文字"页面文字位置的"从尺寸线偏移"调整文字与尺寸线距离。

（3）角度标注对象的标注角度格式改为"度/分/秒"，符合制图规范的要求。

天正自定义标注对象支持的两种标注样式如下。

（1） _ TCH _ ARCH（包括 _ TCH _ ARCH _ mm _ M 与 _ TCH _ ARCH _ M _ M）：用于直线型的尺寸标注，如门窗标注和逐点标注等，如图 20-2 所示是尺寸线出头的直线标注实例。

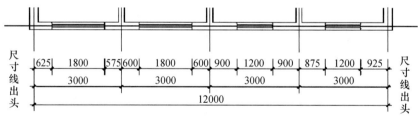

图 20-2　直线尺寸标注对象

（2） _ TCH _ ARROW：用于角度标注，如弧轴线和弧窗的标注，如图 20-3 所示是"度/分/秒"单位的角度标注实例。

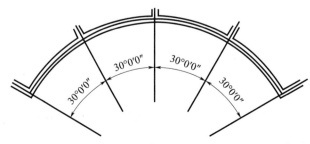

图 20-3　角度标注对象

4. 尺寸标注的状态设置

菜单中提供了"尺寸自调"开关，控制尺寸线上的标注文字拥挤时，是否自动进行上下移位调整，可来回反复切换，自调开关的状态影响各标注命令的结果，如图 20-4 所示。

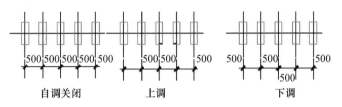

图 20-4　尺寸标注的自调

菜单中提供了"尺寸检查"开关，控制尺寸线上的文字是否自动检查与测量值不符的标注尺寸，经人工修改过的尺寸以红色文字显示在尺寸线下的括号中，如图 20-5 所示。

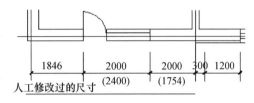

图 20-5　尺寸标注的自动检查

20.1.2　尺寸标注的创建

1. 门窗标注

本命令适合标注建筑平面图的门窗尺寸，有两种使用方式。

（1）在平面图中参照轴网标注的第一、二道尺寸线，自动标注直墙和圆弧墙上的门窗尺寸，生成第三道尺寸线；

（2）在没有轴网标注的第一、二道尺寸线时，在用户选定的位置标注出门窗尺寸线。

菜单命令：尺寸标注→门窗标注（MCBZ）。

点击菜单命令后，命令行提示：

请用线选第一、二道尺寸线及墙体

起点＜退出＞：在第一道尺寸线外面不远处取一个点 P1

终点＜退出＞：在外墙内侧取一个点 P2，系统自动定位绘制该段墙体的门窗标注

选择其他墙体：添加被内墙断开的其他要标注墙体，按 Enter 键结束命令

分别表示两种情况的门窗标注的实例如图 20-6 所示。

2. 门窗标注的联动

门窗标注命令创建的尺寸对象与门窗宽度具有联动的特性，在发生包括门窗移动、夹点改宽、对象编辑、特性编辑（Ctrl＋1）和格式刷特性匹配，使门窗宽度发生线性变化时，线性的尺寸标注将随门窗的改变联动更新；门窗的联动范围取决于尺寸对象的联动范围设定，即由起始尺寸界线、终止尺寸界线以及尺寸线和尺寸关联夹点所围合范围内的门窗才会联动，避免发生误操作。

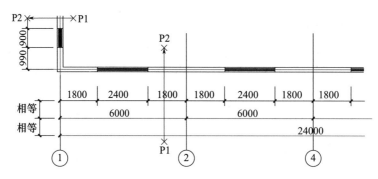

图 20-6　门窗标注实例

沿着门窗尺寸标注对象的起点、中点和结束点，另一侧共提供了三个尺寸关联夹点，其位置可以通过鼠标拖动改变，对于任何一个或多个尺寸对象可以在特性表中设置联动是否启用。

门窗尺寸的联动关联范围如图 20-7 所示。

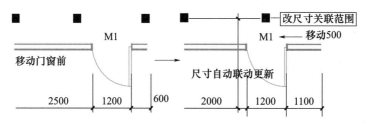

图 20-7　门窗尺寸联动实例

> 注意：目前带形窗与角窗（角凸窗）、弧窗还不支持门窗标注的联动；通过镜像、复制创建新门窗不属于联动，不会自动增加新的门窗尺寸标注。

3. 墙厚标注

本命令在图中一次标注两点连线经过的一至多段天正墙体对象的墙厚尺寸，标注中可识别墙体的方向，标注出与墙体正交的墙厚尺寸，在墙体内有轴线存在时标注以轴线划分的左右墙宽，墙体内没有轴线存在时标注墙体的总宽。

菜单命令：尺寸标注→墙厚标注（QHBZ）。

点击菜单命令后，命令行提示：

直线第一点＜退出＞：在标注尺寸线处点取起始点

直线第二点＜退出＞：在标注尺寸线处点取结束点

4. 两点标注

本命令为两点连线附近有关系的轴线、墙线、门窗、柱子等构件标注尺寸，并可标注各墙中点或者添加其他标注点，U 热键可撤销上一个标注点。

菜单命令：尺寸标注→两点标注（LDBZ）。

点击菜单命令后，命令行提示：

起点（当前墙面标注）或［墙中标注（C）］＜退出＞：

在标注尺寸线一端点取起始点或键入 C 进入墙中标注，提示相同。

终点＜选物体＞：在标注尺寸线另一端点取结束点

请选择不要标注的轴线和墙体：如果要略过其中不需要标注的轴线和墙，这里有机会去掉这些对象

请选择不要标注的轴线和墙体：按 Enter 键结束选择

选择其他要标注的门窗和柱子：

此时可以用任何一种选取图元的方法选择其他墙段上的窗等图元，最后提示：

请输入其他标注点［参考点（R）/撤销上一标注点（U）］＜退出＞：选择其他点或键入 U 撤销标注点

请输入其他标注点［参考点（R）/撤销上一标注点（U）］＜退出＞：按 Enter 键结束标注

取点时可选用有对象捕捉（快捷键 F3 切换）的取点方式定点，天正将前后多次选定的对象与标注点一起完成标注。

两点标注的实例如图 20-8 所示。

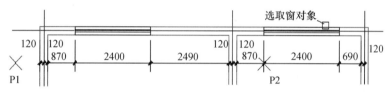

图 20-8　墙门窗标注

键入 C 切换为墙中标注，实例如图 20-9 所示。

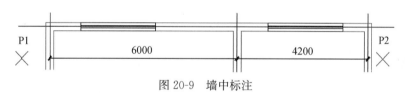

图 20-9　墙中标注

5. 内门标注

本命令用于标注平面室内门窗尺寸以及定位尺寸线，其中定位尺寸线与邻近的正交轴线或者墙角（墙垛）相关。

菜单命令：尺寸标注→内门标注（NMBZ）。

点击菜单命令后，命令行提示：

标注方式：轴线定位请用线选门窗，并且第二点作为尺寸线位置！

起点或［垛宽定位（A）］＜退出＞：在标注门窗的另一侧点取起点或者键入 A 改为垛宽定位

终点＜退出＞：经过标注的室内门窗，在尺寸线标注位置上给终点

分别表示轴线和垛宽两种定位方式的内门标注实例如图 20-10 所示。

6. 快速标注

本命令类似 AutoCAD 的同名命令，适用于天正对象，特别适用于选取平面图后快速标注外包尺寸线。

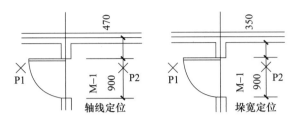

图 20-10　内门标注实例

菜单命令：尺寸标注→快速标注（KSBZ）。

点击菜单命令后，命令行提示：

选择要标注的几何图形：选取天正对象或平面图

选择要标注的几何图形：选取其他对象或按 Enter 键结束

请指定尺寸线位置或［整体（T）/连续（C）/连续加整体（A）］＜整体＞：

选项中，整体是从整体图形创建外包尺寸线，连续是提取对象节点创建连续直线标注尺寸，连续加整体是两者同时创建。

快速标注外包尺寸线的实例如图 20-11 所示，标注步骤如下。

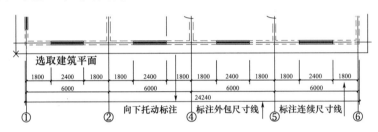

图 20-11　快速标注外包尺寸实例

选取整个平面图，默认整体标注，下拉完成外包尺寸线标注，键入 C 可标注连续尺寸线。

7. 逐点标注

本命令是一个通用的灵活标注工具，对选取的一串给定点沿指定方向和选定的位置标注尺寸。特别适用于没有指定天正对象特征，需要取点定位标注的情况，以及其他标注命令难以完成的尺寸标注情况。

菜单命令：尺寸标注→逐点标注（ZDBZ）。

点击菜单命令后，命令行提示：

起点或［参考点（R）］＜退出＞：点取第一个标注点作为起始点

第二点＜退出＞：点取第二个标注点

请点取尺寸线位置或［更正尺寸线方向（D）］＜退出＞：

拖动尺寸线，点取尺寸线就位点，或键入 D 选取线或墙对象用于确定尺寸线方向

请输入其他标注点或［撤销上一标注点（U）］＜结束＞：逐点给出标注点，并可以回退

请输入其他标注点或［撤销上一标注点（U）］＜结束＞：继续取点，以按 Enter 键结束命令

逐点标注尺寸线的实例如图 20-12 所示。

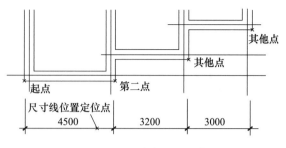

图 20-12　逐点标注的实例

8. 外包尺寸

本命令是一个简洁的尺寸标注修改工具，在大部分情况下，可以一次按规范要求完成四个方向的两道尺寸线共 16 处修改，期间不必输入任何墙厚尺寸。

菜单命令：尺寸标注→外包尺寸（WBCC）。

9. 半径标注

本命令在图中标注弧线或圆弧墙的半径，尺寸文字容纳不下时，会按照制图标准规定，自动引出标注在尺寸线外侧。

菜单命令：尺寸标注→半径标注（BJBZ）。

10. 直径标注

本命令在图中标注弧线或圆弧墙的直径，尺寸文字容纳不下时，会按照制图标准规定，自动引出标注在尺寸线外侧。

菜单命令：尺寸标注→直径标注（ZJBZ）。

11. 角度标注

本命令按逆时针方向标注两根直线之间的夹角，请注意按逆时针方向选择要标注的直线的先后顺序。

菜单命令：尺寸标注→角度标注（JDBZ）。

12. 弧长标注

本命令以国家建筑制图标准规定的弧长标注画法分段标注弧长，保持整体的一个角度标注对象，可在弧长、角度和弦长三种状态下相互转换。

菜单命令：尺寸标注→弧长标注（HCBZ）。

20.1.3　尺寸标注的编辑

尺寸标注对象是天正自定义对象，支持裁剪、延伸、打断等编辑命令，使用方法与 AutoCAD 尺寸对象相同。以下介绍的是本软件提供的专用尺寸编辑命令的详细使用方法，除了单击尺寸编辑命令外，双击尺寸标注对象，即可进入对象编辑的默认的增补尺寸功能，详见下文中【增补尺寸】命令一段。

1. 文字复位

本命令将尺寸标注中被拖动夹点移动过的文字恢复回原来的初始位置，可解决夹点拖动不当时与其他夹点合并的问题。

菜单命令：尺寸标注→尺寸编辑→文字复位（WZFW）。

2. 文字复值

本命令将尺寸标注中被有意修改的文字恢复回尺寸的初始数值。有时为了方便起见，会把其中一些标注尺寸文字加以改动，为了校核或提取工程量等需要尺寸和标注文字一致的场合，可以使用本命令按实测尺寸恢复文字的数值。

菜单命令：尺寸标注→尺寸编辑→文字复值（WZFZ）。

3. 剪裁延伸

本命令在尺寸线的某一端，按指定点剪裁或延伸该尺寸线。本命令综合了 Trim（剪裁）和 Extend（延伸）两命令，自动判断对尺寸线的剪裁或延伸。

菜单命令：尺寸标注→尺寸编辑→剪裁延伸（JCYS）。

4. 取消尺寸

本命令删除天正标注对象中指定的尺寸线区间，如果尺寸线共有奇数段，【取消尺寸】删除中间段会把原来标注对象分开成为两个相同类型的标注对象。因为天正标注对象是由多个区间的尺寸线组成的，用 Erase（删除）命令无法删除其中某一个区间，必须使用本命令完成。

菜单命令：尺寸标注→尺寸编辑→取消尺寸（QXCC）。

5. 连接尺寸

本命令连接两个独立的天正自定义直线或圆弧标注对象，将点取的两尺寸线区间段加以连接，原来的两个标注对象合并成为一个标注对象，如果准备连接的标注对象尺寸线之间不共线，连接后的标注对象以第一个点取的标注对象为主标注尺寸对齐，通常用于把 AutoCAD 的尺寸标注对象转为天正尺寸标注对象。

菜单命令：尺寸标注→尺寸编辑→连接尺寸（LJCC）。

6. 尺寸打断

本命令把整体的天正自定义尺寸标注对象在指定的尺寸界线上打断，成为两段互相独立的尺寸标注对象，可以各自拖动夹点、移动和复制。

菜单命令：尺寸标注→尺寸编辑→尺寸打断（CCDD）。

7. 合并区间

合并区间新增加了一次框选多个尺寸界线箭头的命令交互方式，可大大提高合并多个区间时的效率，本命令可作为【增补尺寸】命令的逆命令使用。

菜单命令：尺寸标注→尺寸编辑→合并区间（HBQJ）。

8. 等分区间

本命令用于等分指定的尺寸标注区间，类似于多次执行【增补尺寸】命令，可提高标注效率。

菜单命令：尺寸标注→尺寸编辑→等分区间（DFQJ）。

9. 等式标注

本命令对指定的尺寸标注区间尺寸自动按等分数列出等分公式作为标注文字，除不尽的尺寸保留一位小数。

菜单命令：尺寸标注→尺寸编辑→等式标注（DSBZ）。

10. 对齐标注

本命令用于一次按 Y 向坐标对齐多个尺寸标注对象，对齐后各个尺寸标注对象按参考标注的高度对齐排列。

菜单命令：尺寸标注→尺寸编辑→对齐标注（DQBZ）。

11. 增补尺寸

本命令在一个天正自定义直线标注对象中增加区间，增补新的尺寸界线断开原有区间，但不增加新标注对象。

菜单命令：尺寸标注→尺寸编辑→增补尺寸（ZBCC）。

12. 切换角标

本命令把角度标注对象在角度标注、弦长标注与弧长标注 3 种模式之间切换。

菜单命令：尺寸标注→尺寸编辑→切换角标（QHJB）。

13. 尺寸转化

本命令将 AutoCAD 尺寸标注对象转化为天正标注对象。

菜单命令：尺寸标注→尺寸编辑→尺寸转化（CCZH）。

20.2 文字和表格

20.2.1 天正文字的概念

文字表格的绘制在建筑制图中占有重要的地位，所有的符号标注和尺寸标注的注写离不开文字内容，而必不可少的设计说明整个图面主要是由文字和表格所组成。

AutoCAD 提供了一些文字书写的功能，但主要是针对西文的，对于中文字，尤其是中西文混合文字的书写，编辑就显得很不方便。在 AutoCAD 简体中文版的文字样式里，尽管提供了支持输入汉字的大字体（Bigfont），但是 AutoCAD 却无法对组成大字体的中英文分别规定高宽比例，即使拥有简体中文版 AutoCAD，有了与文字字高一致的配套中英文字体，但完成的图纸中的尺寸与文字说明里，依然存在中文与数字符号大小不一、排列参差不齐的问题，长期没有根本的解决方法。

1. AutoCAD 的文字问题

AutoCAD 提供了设置中西文字体及宽高比的命令——Style，但只能对所定义的中文和西文提供同一个宽高比和字高，即使是号称本地化的 AutoCAD 2000 简体中文版本亦是如此，而在建筑设计图纸中如将中文和西文写成一样大小是很难看的；而且 AutoCAD 不支持建筑图中常常出现的上标与特殊符号，如面积单位 m^2 和我国大陆地区特有的二三级钢筋符号等。AutoCAD 的中英文混排存在的问题主要有：

（1）AutoCAD 汉字字体与西文字体高度不等；

（2）AutoCAD 汉字字体与西文字体宽度不匹配；

（3）Windows 的字体在 AutoCAD 内偏大（名义字高小于实际字高）。

2. 天正建筑 TArch 3 的文字

旧版本天正建筑软件的文字注写依然采用 AutoCAD 文字对象，分别调整中文与西文两套字体的宽高比例，再把用户输入的中西文混合字串里中西文分开，使两者达到比例最优的效果；但是带来问题是：一个完整字串被分解为多个对象，导致文字的编辑和复制、移动都十分不便，特别是当比例改变后，文字多的图形常常需要重新调整版面。

3. 天正建筑高版本的文字

天正建筑软件新开发的自定义文字对象改进了原有的文字对象，可方便地书写和修改中西文混合文字，可使组成天正文字样式的中西文字体有各自的宽高比例，方便地输入和变换文字的上下标。特别是天正对 AutoCAD 的 SHX 字体与 Windows 的 Truetype 字体存在名义字高与实际字高不等的问题作了自动修正，使汉字与西文的文字标注符合国家制图标准的要求。此外，由于我国的建筑制图规范规定了一些特殊的文字符号，在 AutoCAD 中提供的标准字体文件中无法解决，国内自制的各种中文字体繁多，不利于图档交流，为此天正建筑软件在文字对象中提供了多种特殊符号，如钢号、加圈文字、上标、下标等处理，但与非对象格式文件交流时要进行格式转换处理。

4. 中文字体的使用

在 AutoCAD 中注写中文，如果希望文件处理效率高，还是不要使用 Windows 的字体，而应该使用 AutoCAD 的 SHX 字体，这时需要文件扩展名为 .SHX 的中文大字体，最常见的汉字形文件名是 HZTXT.SHX，在 AutoCAD 简体中文版中还提供了中西文等高的一套国标字体，名为 GBCBIG.SHX（仿宋）、GBENOR.SHX（等线）、GBEITC.SHX（斜等线），是近年来得到广泛使用的字体。其他还有：CHINA.SHX、ST64F.SHX（宋体）、HT64F.SHX（黑体）、FS64F.SHX（仿宋）和 KT64F.SHX（楷体）等，还有些公司对常用字体进行修改，加入了一些结构专业标注钢筋等的特殊符号，如探索者、PKPM 软件都带有各自的中文字体，所有这些能在 AutoCAD 中使用的汉字字体文件都可以在天正建筑中使用。

要使用新的 AutoCAD 字体文件（＊.SHX），可将它复制到"\ AutoCAD 200X \ Fonts"目录下，在天正建筑中执行【文字样式】命令时，从对话框的字体列表中就能看见相应的文件名。

要使用 Windows 下的各种 Turetype 字体，只要把新的 Turetype 字体（＊.TTF）复制到"\ Windows \ Fonts"目录下，利用它可以直接写出实心字，缺点是导致绘图的运行效率降低，图 20-13 是各种字体在 AutoCAD 和天正软件下的效果比较。

图 20-13　字体的比较

5. 特殊文字符号的导出

在天正文字对象中，特殊文字符号和普通文字是结合在一起的，属于同一个天正文字对象，因此在【图形导出】命令转为 TArch 3 或其他不支持新符号的低版本时，会把这些符号分解为以 AutoCAD 文字和图形表示的非天正对象，如加圈文字在图形导出到 TArch 6 格式图形时，旧版本文字对象不支持加圈文字，因此分解为外观与原有文字大小相同的文字与圆的叠加，图 20-14 为天正文字对象支持的特殊文字符号。

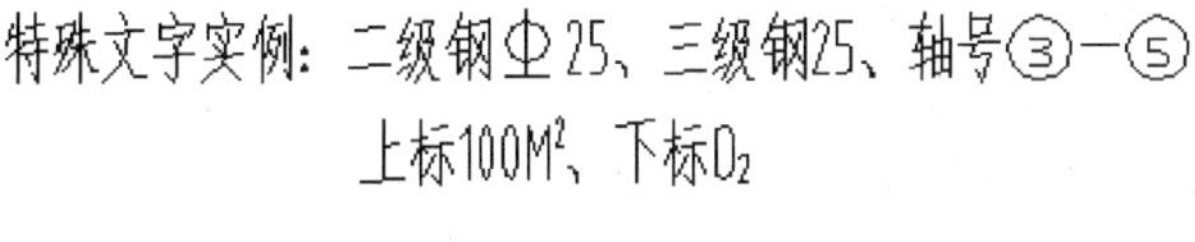

特殊文字实例：二级钢Φ25、三级钢25、轴号③-⑤
上标100M²、下标O₂

图 20-14　特殊文字符号

20.2.2　天正表格的概念

天正表格是一个具有层次结构的复杂对象，用户应该完整地掌握如何控制表格的外观表现，制作出美观的表格。天正表格对象除了独立绘制外，还在门窗表和图纸目录、窗日照表等处应用，请参阅有关章节。

1. 表格的构造

表格的功能区域组成：标题和内容两部分。

表格的层次结构：由高到低的级次为表格，标题、表行和表列，单元格和合并格。

表格的外观表现：文字、表格线、边框和背景，表格文字支持在位编辑，双击文字即可进入编辑状态，按方向键，文字光标即可在各单元之间移动。

表格对象由单元格、标题和边框构成，单元格和标题的表现是文字，边框的表现是线条，单元格是表行和表列的交汇点。天正表格通过表格全局设定、行列特征和单元格特征三个层次控制表格的表现，可以制作出各种不同外观的表格。

图 20-15 和图 20-16 分别为标题在边框内与标题在边框外的表格对象图解。

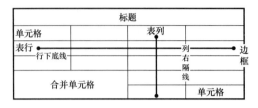

图 20-15　标题在内的表格对象示意图

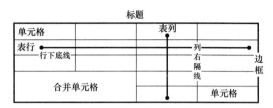

图 20-16　标题在外的表格对象示意图

2. 表格的特性设置

全局设定：表格设定。控制表格的标题、外框、表行和表列以及全体单元格的全局样式。

表行：表行属性。控制选中的某一行或多个表行的局部样式。

表列：表列属性。控制选中的某一列或多个表列的局部样式。

单元：单元编辑。控制选中的某一个或多个单元格的局部样式。

3. 表格的属性

双击表格边框进入表格设定对话框，如图 20-17 所示，可以对标题、表行、表列和内容等全局属性进行设置。

在【表格设定】中的全局属性项如果勾选了"强制下属…"复选框，则影响全局；不勾选此项只影响未设置过个性化的单元格。

在【行设定】/【列设定】中，如果勾选了"继承…"复选框，则本行或列的属性继承【表格设定】中的全局设置，不勾选则本次设置生效。

个性化设置只对本次选择的单元格有效，边框属性只有设不设边框的选择。

4. 表行编辑

【表行编辑】命令在右键菜单中，首先选中准备编辑的表格，右击表行编辑菜单项，进入本命令后移动光标选择表行，单击进入如图 20-18 所示的对话框。

图 20-17　表格的属性

图 20-18　【行设定】对话框

20.2.3　天正文字工具

1. 文字样式

本命令为天正自定义文字样式的组成，设定中西文字体各自的参数。

菜单命令：文字表格→文字样式（WZYS）。

单击菜单命令后，显示对话框如图 20-19 所示。

对话框控件的说明如下：

【新建】：新建文字样式，首先给新文字样式命名，然后选定中西文字体文件和高宽参数。

【重命名】：给文件样式赋予新名称。

【删除】：删除图中没有使用的文字样式，已经使用的样式不能被删除。

【样式名】：显示当前文字样式名，可在下拉列表中切换其他已经定义的样式。

【宽高比】：表示中文字宽与中文字高之比。

【中文字体】：设置组成文字样式的中文字体。

【字宽方向】：表示西文字宽与中文字宽的比。

图 20-19　【文字样式】对话框

【字高方向】：表示西文字高与中文字高的比。

【西文字体】：设置组成文字样式的西文字体。

【Windows 字体】：使用 Windows 的系统字体 TTF，这些系统字体（如"宋体"等）包含有中文和英文，只需设置中文参数即可。

【预览】：使新字体参数生效，浏览编辑框内文字以当前字体写出的效果。

【确定】：退出样式定义，把"样式名"内的文字样式作为当前文字样式。

文字样式由分别设定参数的中西文字体或者 Windows 字体组成，由于天正扩展了 AutoCAD 的文字样式，可以分别控制中英文字体的宽度和高度，达到文字的名义高度与实际可量度高度统一的目的，字高由使用文字样式的命令确定。

2. 单行文字

本命令使用已经建立的天正文字样式，输入单行文字，可以方便地为文字设置上下标、加圆圈、添加特殊符号，导入专业词库内容。

菜单命令：文字表格→单行文字（DHWZ）。

单击菜单命令后，显示对话框如图 20-20 所示。

对话框控件的说明如下：

图 20-20 【单行文字】对话框

【文字输入列表】：可供键入文字符号；在列表中保存有已输入的文字，方便重复输入同类内容，在下拉选择其中一行文字后，该行文字复制到首行。

【文字样式】：在下拉列表中选用已由 AutoCAD 或天正文字样式命令定义的文字样式。

【对齐方式】：选择文字与基点的对齐方式。

【转角＜】：输入文字的转角。

【字高＜】：表示最终图纸打印的字高，而非在屏幕上测量出的字高数值，两者有一个绘图比例值的倍数关系。

【背景屏蔽】：勾选后文字可以遮盖背景例如填充图案，本选项利用 AutoCAD 的 WipeOut 图像屏蔽特性，屏蔽作用随文字移动存在。

【连续标注】：勾选后单行文字可以连续标注。

【上下标】：鼠标选定需变为上下标的部分文字，然后点击上下标图标。

【加圆圈】：鼠标选定需加圆圈的部分文字，然后点击加圆圈的图标。

【钢筋符号】：在需要输入钢筋符号的位置，点击相应的钢筋符号图标。

【其他特殊符号】：点击进入特殊字符集，在弹出的对话框中选择需要插入的符号。

单行文字在位编辑实例如下：

双击图上的单行文字即可进入在位编辑状态，直接在图上显示编辑框，方向总是按从左到右的水平方向，方便修改，如图 20-21 所示。

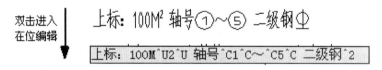

图 20-21 单行文字进入在位编辑

在需要使用特殊符号、专业词汇等时，移动光标到编辑框外右击，即可调用单行文字的快捷菜单进行编辑，使用方法与对话框中的工具栏图标完全一致，如图 20-22 所示。

3. 多行文字

本命令使用已经建立的天正文字样式，按段落输入多行中文文字，可以方便设定页宽与硬按 Enter 键位置，并随时拖动夹点改变页宽。

菜单命令：文字表格→多行文字（DHWZ）。

单击菜单命令后，显示对话框如图 20-23 所示。

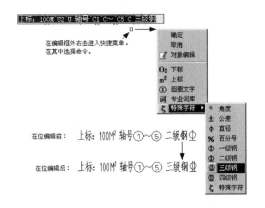

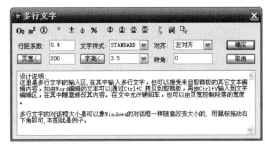

图 20-22　单行文字的在位编辑右键快捷菜单　　　　图 20-23　【多行文字】对话框

对话框控件的功能说明如下：

【文字输入区】：在其中输入多行文字，也可以接受来自剪裁板的其他文本编辑内容，如由 Word 编辑的文本可以通过 Ctrl＋C 组合键拷贝到剪贴板，再由 Ctrl＋V 组合键输入到文字编辑区，在其中随意修改其内容。允许硬按 Enter 键，也可以由页宽控制段落的宽度。

【行距系数】：与 AutoCAD 的 MTEXT 中的行距有所不同，本系数表示的是行间的净距，单位是当前的文字高度，比如 1 为两行间相隔一空行，本参数决定整段文字的疏密程度。

【字高】：以毫米为单位表示的打印出图后的实际文字高度，已经考虑当前比例。

【对齐】：决定了文字段落的对齐方式，共有左对齐、右对齐、中心对齐、两端对齐四种对齐方式。

其他控件的含义与单行文字对话框相同。

输入文字内容编辑完毕以后，单击"确定"按钮完成多行文字输入，本命令的自动换行功能特别适合输入以中文为主的设计说明文字。

多行文字对象设有两个夹点，左侧的夹点用于整体移动，而右侧的夹点用于拖动改变段落宽度，当宽度小于设定时，多行文字对象会自动换行，而最后一行的结束位置由该对象的对齐方式决定。

多行文字的编辑考虑到排版的因素，默认双击进入多行文字对话框，而不推荐使用在位编辑，但是可通过右键菜单进入在位编辑功能。

20.2.4　天正表格工具

1. 新建表格

本命令从已知行列参数通过对话框新建一个表格，提供以最终图纸尺寸值（毫米）为单位的行高与列宽的初始值，考虑了当前比例后自动设置表格尺寸大小。

菜单命令：文字表格→新建表格（XJBG）。

2. 全屏编辑

本命令用于从图形中取得所选表格，在对话框中进行行列编辑以及单元编辑，单元编辑也可由在位编辑所取代。

菜单命令：文字表格→表格编辑→全屏编辑（QPBJ）。

3. 拆分表格

本命令把表格按行或者按列拆分为多个表格，也可以按用户设定的行列数自动拆分，有丰富的选项供用户选择，如保留标题、规定表头行数等。

菜单命令：文字表格→表格编辑→拆分表格（CFBG）。

4. 合并表格

本命令可把多个表格逐次合并为一个表格，这些待合并的表格行列数可以与原来表格不等，默认按行合并，也可以改为按列合并。

菜单命令：文字表格→表格编辑→合并表格（HBBG）。

5. 增加表行

本命令对表格进行编辑，在选择行上方一次增加一行或者复制当前行到新行，也可以通过【表行编辑】实现。

菜单命令：文字表格→表格编辑→增加表行（ZJBH）。

6. 删除表行

本命令对表格进行编辑，以"行"作为单位一次删除当前指定的行。

菜单命令：文字表格→表格编辑→删除表行（SCBH）。

7. 转出 Word

天正提供了与 Word 之间导出表格文件的接口，把表格对象的内容输出到 Word 文件中，供用户在其中制作报告文件。

菜单命令：文字表格→转出 Word。

8. 转出 Excel

天正提供了与 Excel 之间交换表格文件的接口，把表格对象的内容输出到 Excel 中，供用户在其中进行统计和打印，还可以根据 Excel 中的数据表更新原有的天正表格，当然也可以读入 Excel 中建立的数据表格，创建天正表格对象。

菜单命令：文字表格→转出 Excel。

9. 读入 Excel

把当前 Excel 表单中选中的数据更新到指定的天正表格中，支持 Excel 中保留的小数位数。

菜单命令：文字表格→读入 Excel。

20.3　符号标注

20.3.1　符号标注的概念

按照《建筑制图标准》（GB/T 50104—2010）中工程符号规定画法，天正软件提供了一整套的自定义工程符号对象，这些符号对象可以方便地绘制剖切号、指北针、引注箭头，绘制各种详图符号、引出标注符号。使用自定义工程符号对象，不是简单地插入符号图块，而是在图上添加代表建筑工程专业含义的图形符号对象。工程符号对象提供了专业夹点定义和内部保存有对象特性数据，用户除了在插入符号的过程中通过对话框的参数控制选项，根据绘图的不同要求，还可以在图上已插入的工程符号上，拖动夹点或者按 Ctrl＋1 组合键启动对象特性栏，在其中更改工程符号的特性，双击符号中的文字，启动在位编辑即可更改文字内容。

工程符号标注的特点如下：

（1）引入了文字的在位编辑功能，只要双击符号中涉及的文字进入在位编辑状态，无须命令即可直接修改文字内容。

（2）索引符号具有多索引特性，拖动索引号的"改变索引个数"夹点即可增减索引号，结合在位编辑满足提供多索引的要求。

（3）为剖切索引符号提供了改变剖切长度的夹点控制，适应工程制图的要求。

（4）箭头引注提供了规范的半箭头样式，用于坡度标注，坐标标注提供了 4 种箭头样式。

（5）提供图名标注对象，方便了比例修改时的图名的更新，新的文字加圈功能便于注写轴号。

（6）工程符号标注改为无模式对话框连续绘制方式，不必单击"确认"按钮，提高了效率。

（7）做法标注结合了新的【专业词库】命令，提供了标准的楼面、屋面和墙面做法。

图 20-24 是各种工程符号标注示例。

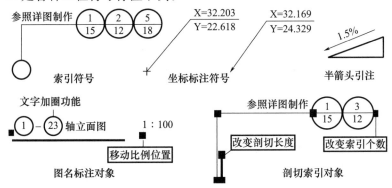

图 20-24　各种工程符号标注

天正的工程符号对象可随图形指定范围的绘图比例的改变，对符号大小、文字字高等参数进行适应性调整以满足规范的要求。剖面符号除了可以满足施工图的标注要求外，还为生成剖面定义了与平面图的对应规则。

符号标注的各命令位于主菜单下的"符号标注"子菜单。

【索引符号】和【索引图名】两个命令用于标注索引号。

【剖面剖切】和【断面剖切】两个命令用于标注剖切符号，同时为剖面图的生成提供了依据。

【画指北针】和【箭头绘制】命令分别用于在图中画指北针和指示方向的箭头。

【引出标注】和【做法标注】主要用于标注详图。

【图名标注】为图中的各部分注写图名。

符号标注的图层设置：

TArch 8.5 开始为天正的符号对象提供了【当前层】和【默认层】两种标注图层选项，由符号标注菜单下的标注图层的设定开关切换，菜单开关项为【当前层】，表示当前绘制的符号对象是绘制在当前图层上的，而菜单开关项为【默认层】，表示当前绘制的符号对象是绘制在这个符号对象本身设计默认的图层上的。

例如：【引出标注】命令默认的图层是 DIM _ LEAD 图层，而索引符号默认的图层是 DIM _ IDEN，如果你把菜单开关设为【默认层】，此时绘制的符号对象就会在默认图层上创建，与当前层无关。

20.3.2　坐标标高符号

坐标标注在工程制图中用来表示某个点的平面位置，一般由政府的测绘部门提供，而标高标注则是用来表示某个点的高程或者垂直高度，标高有绝对标高和相对标高的概念，绝对标高的数值也来自当地测绘部门，而相对标高则是设计单位设计的，一般是室内一层地坪，与绝对标高有相对关系。天正分别定义了坐标对象和标高对象来实现坐标和标高的标注，这些符号的画法符合国家制图规范的工程符号图例。

1. 标注状态设置

标注的状态分动态标注和静态标注两种，移动和复制后的坐标受状态开关项的控制。

2. 坐标标注

本命令在总平面图上标注测量坐标或者施工坐标，取值根据世界坐标或者当前用户坐标 UCS，从 TArch 8 起新增加坐标引线固定角度的设置功能。

菜单命令：符号标注→坐标标注（ZBBZ）。

3. 坐标检查

本命令用以在总平面图上检查测量坐标或者施工坐标，避免由于人为修改坐标标注值导致设计位置的错误，本命令可以检查世界坐标系 WCS 下的坐标标注和用户坐标系 UCS 下的坐标标注，但注意只能选择基于其中一个坐标系进行检查，而且应与绘制时的条件一致。

菜单命令：符号标注→坐标检查（ZBJC）。

4. 标高标注

本命令在 TArch 8.5 中进行了较大的改进，在界面中分为两个页面，分别用于建筑专业的平面图标高标注、立剖面图楼面标高标注以及总图专业的地坪标高标注、绝对标高和相对标高的关联标注，地坪标高符合总图制图规范的三角形、圆形实心标高符号，提供可选的两种标注排列，标高数字右方或者下方可加注文字，说明标高的类型。标高文字新增了夹点，需要时可以拖动夹点移动标高文字。

5. 建筑标高

单击"建筑"标签切换到建筑标高页面，如图 20-25 所示，界面左方显示一个输入标高和说明的电子表格，在楼层标高栏中可填入一个起始标高，右栏可以填入相对标高值，用于标注建筑和结构的相对标高，此时两者均可作为动态标志，在移动或复制后根据当前位置坐标自动更新；当右栏填入说明文字时，此标高成为注释性标高符号，不能动态更新。

图 20-25　建筑标高标注对话框

建筑标高的标注精度自动切换为 0.000，小数点后保留三位小数。

6. 总图标高

单击"总图"标签切换到总图标高页面，如图 20-26 所示，五个可按下的图标按钮中，仅有"实心三角""实心圆点"和"标准标高"符号可以用于总图标高，这三个按钮表示标高符号的三种不同样式，仅可任选其中之一进行标注。

总图标高的标注精度自动切换为 0.00，保留两位小数。

可选实心标高符号或标准标高符号标注相对标高或注释，标高符号的尺寸可由用户定义，见【天正选项】命令的"基本设定"页面。

"自动换算绝对标高"复选框勾选时，在换算关系框输入标高关系，绝对标高自动算出并标注两者换算关系，当注释为文字时自动加括号作为注释；该复选框去除勾选时，不自动计算标高，如图 20-27 所示中右边的编辑框可写入注释内容。

"文字居中"是《总图制图标准》（GB/T 50103—2010）中收录的两种标高符号排列，勾选后标高文字标注在符号上面，不勾选则标注在符号右边。

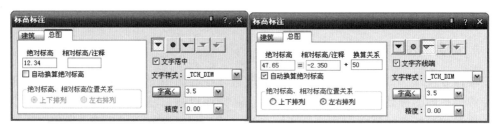

图 20-26　【总图标高标注】对话框　　　　图 20-27　绝对、相对标高的换算

20.3.3　工程符号标注

1. 箭头引注

本命令绘制带有箭头的引出标注，文字可从线端标注也可从线上标注，引线可以多次转折，用于楼梯方向线、坡度等标注，提供共 5 种箭头样式和两行说明文字。

菜单命令：符号标注→箭头引注（JTYZ）。

点击菜单命令后，显示如图 20-28 所示对话框。

图 20-28　【箭头引注】对话框

在对话框中输入引线端部要标注的文字，可以从下拉列表选取命令保存的文字历史记录，也可以不输入文字只画箭头，对话框中还提供了更改箭头长度、样式的功能，箭头长度按最终图纸尺寸为准，以毫米为单位给出；箭头的可选样式有"箭头""半箭头""点""十字""无"共 5 种。

对话框中输入要注写的文字，设置好参数，按命令行提示取点标注：

箭头起点或［点取图中曲线（P）/点取参考点（R）］＜退出＞：点取箭头起始点

直段下一点［弧段（A）/回退（U）］＜结束＞：画出引线（直线或弧线）

直段下一点［弧段（A）/回退（U）］＜结束＞：以按 Enter 键结束。

双击箭头引注中的文字，即可进入在位编辑框修改文字。

箭头引注与在位编辑实例如图 20-29 所示。

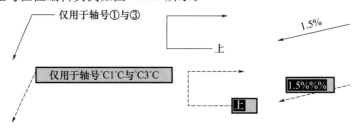

图 20-29　箭头引注与在位编辑实例

2. 引出标注

本命令可用于对多个标注点进行说明性的文字标注，自动按端点对齐文字，具有拖动自动跟随的特性，新增"固定角度"、"多行文字"与"多点共线"功能，默认是单行文字，需要标注多行文字时在特性栏中切换。

菜单命令：符号标注→引出标注（YCBZ）。

点击菜单命令后，显示如图 20-30 所示对话框。

图 20-30   【引出标注】对话框

3. 做法标注

本命令用于在施工图纸上标注工程的材料做法，通过专业词库可调入北方地区常用的 88J1-X1（2000 版）的墙面、地面、楼面、顶棚和屋面标准做法。TArch10.0 可提供多行文字的做法标注文字，每一条做法说明都可以按需要的宽度拖动为多行，还增加了多行文字位置和宽度的控制夹点。

4. 索引符号

本命令为图中另有详图的某一部分标注索引号，指出表示这些部分的详图在哪张图上，分为"指向索引"和"剖切索引"两类，索引符号的对象编辑提供了增加索引号与改变剖切长度的功能，为满足用户急切的需求，新增加"多个剖切位置线"和"引线增加一个转折点"复选框，还为符合制图规范的图例画法，增加了"在延长线上标注文字"复选框。

5. 图名标注

一个图形中绘有多个图形或详图时，需要在每个图形下方标出该图的图名，并且同时标注比例，比例变化时会自动调整其中文字的合理大小，新增特性栏"间距系数"项，表示图名文字到比例文字间距的控制参数。

6. 剖面剖切

本命令在图中标注国标规定的断面剖切符号，用于定义编号的剖面图，表示剖切断面上的构件以及从该处沿视线方向可见的建筑部件，生成剖面中要依赖此符号定义剖面方向，绘制阶梯剖切时的取点改为与 TArch 3.0 习惯完全一致。

7. 断面剖切

本命令在图中标注国标规定的断面剖切符号，指不画剖视方向线的断面剖切符号，以指向断面编号的方向表示剖视方向，在生成剖面时此符号也可用于定义剖面方向。

8. 加折断线

本命令绘制折断线，形式符合制图规范的要求，并可以依照当前比例更新其大小，同时还具有切割线功能，切割线一侧的天正建筑对象不予显示，用于解决天正对象无法从对象中间打断的问题，切割线功能对普通 AutoCAD 对象不起作用，需要切断图块等时应配合使用"其他工具"菜单下的【图形裁剪】命令以及 AutoCAD 的编辑命令。

9. 索引图名

本命令为图中被索引的详图标注索引图名，对象中新增"详图比例"，在命令交互中输入即可标注，在特性栏中提供"圆圈文字"项，用于选择圈内的索引编号和张号注写方式，默认"随基本设定"，还可选择"标注在圈内"、"旧圆圈样式"、"标注可出圈"三种方式，用于调整编号相对于索引圆圈的大小的关系，标注在圈内时字高与"文字字高系数"有关，在 1.0 时字高充满圆圈。

10. 画对称轴

本命令用于在施工图纸上标注表示对称轴的自定义对象。

11. 画指北针

本命令在图上绘制一个国标规定的指北针符号，从插入点到橡皮线的终点定义为指北针的方向，这个方向在坐标标注时起指示北向坐标的作用。

第 21 章

工 具

21.1 常用工具

1. 对象查询

本命令功能比 List 更加方便，它不必选取对象，只要光标经过对象，即可出现文字窗口动态查看该对象的有关数据，如点取对象，则自动进入对象编辑进行修改，修改完毕继续本命令。例如查询墙体，屏幕出现详细信息，点击墙体则弹出"墙体编辑"对话框。

菜单命令：工具→对象查询（DXCX）。

点取菜单命令后，图上显示光标，经过对象时出现如图 21-1 所示的文字窗口，对于天正定义的专业对象，将有反映该对象的详细的数据，对于 AutoCAD 的标准对象，只列出对象类型和通用的图层、颜色、线型等信息，点取标准对象也不能进行对象编辑。

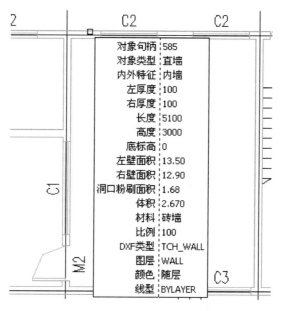

图 21-1　对象查询实例

2. 对象编辑

本命令提供了天正对象的专业编辑功能，系统自动识别对象类型，调用相应的编辑界面对天正对象进行编辑，从 TArch 6.5 开始默认双击对象启动本命令，在对多个同类对象进行编辑时，对象编辑不如特性编辑（Ctrl＋1）功能强大。

菜单命令：工具→对象编辑（DXBJ）。

点击菜单命令或双击对象，命令行提示：

选择要编辑的物体：

选取需编辑的对象，随即进入各自的对话框或命令行，根据所选择的天正对象而定。

3. 对象选择

本命令提供过滤选择对象功能。首先选择作为过滤条件的对象，再选择其他符合过滤条件的对象，在复杂的图形中筛选同类对象，建立需要批量操作的选择集，新提供构件材料的过滤，柱子和墙体可按材料过滤进行选择，默认匹配的结果存在新选择集中，也可以选择从新选择集中排除匹配内容。

菜单命令：工具→对象选择（DXXZ）。

点取菜单命令后，显示对话框如图 21-2 所示。

4. 在位编辑

本命令适用于几乎所有天正注释对象（多行文字除外）的文字编辑，此功能不需要进入对话框即可直接在图形上以简洁的界面修改文字，如图 21-3 所示。

菜单命令：工具→在位编辑（ZWBJ）。

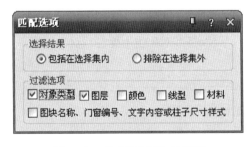

图 21-2 【对象选择】对话框

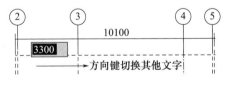

图 21-3 尺寸标注的在位编辑

点击菜单命令后，命令行提示：

选择需要修改文字的图元＜退出＞：选择符号标注或尺寸标注等注释对象

此时注释对象中最左边的注释文字出现编辑框供编辑，可按方向键或者 Tab 键切换到该对象的其他注释文字。

本命令特别适合用于填写类似空门窗编号的对象，有文字时不必使用本命令，双击该文字即可进入本命令。

5. 自由复制

本命令对 AutoCAD 对象与天正对象均起作用，能在复制对象之前对其进行旋转、镜像、改插入点等灵活处理，而且默认为多重复制，十分方便。

菜单命令：工具→自由复制（ZYFZ）。

6. 自由移动

本命令对 AutoCAD 对象与天正对象均起作用，能在移动对象就位前使用键盘先行对其进行旋转、镜像、改插入点等灵活处理。

菜单命令：工具→自由移动（ZYYD）。

7. 移位

本命令按照指定方向精确移动图形对象的位置，可减少键入次数，提高效率。

菜单命令：工具→移位（YW）。

8. 自由粘贴

本命令能在粘贴对象之前对其进行旋转、镜像、改插入点等灵活处理，对 Auto-CAD 对象与天正对象均起作用。

菜单命令：工具→自由粘贴（ZYNT）。

9. 局部隐藏

本命令把妨碍观察和操作的对象临时隐藏起来；在三维操作中，经常会遇到前方的物体遮挡了想操作或观察的物体，这时可以把前方的物体临时隐藏起来，以方便观察或其他操作。例如在某个墙面上开不规则洞口，需要把 UCS 设置到该墙面上，然后在该墙面上绘制洞口轮廓，但常常其他对象在立面视图上的重叠会造成墙面定位困难，这时可以把无关的对象临时隐藏起来，以方便定位操作。

菜单命令：工具→局部隐藏（JBYC）。

点击菜单命令后，命令行提示：

选择对象：选择待隐藏的对象

可以连续多次执行本命令进行隐藏操作，请用后面介绍的【恢复可见】命令恢复隐藏对象的显示。

10. 局部可见

本命令选取要关注的对象进行显示，并把其余对象临时隐藏起来。

菜单命令：工具→局部可见（JBKJ）。

点击菜单命令后，命令行提示：

选择对象：选择非隐藏的对象，其余对象隐藏

选择对象：回车结束选择

可以连续多次执行本命令进行隐藏操作，但目前不能先执行局部隐藏再执行局部可见，结果是后面的命令无效，反过来是可以的，即允许先执行局部可见，如果看到的内容还嫌多，接着可以执行局部隐藏再临时隐去一部分。隐去的部分是以整个对象为单元，例如无法隐去半边墙、半个窗、切去部分楼梯等。

【局部可见】命令的应用实例如图 21-4 所示。

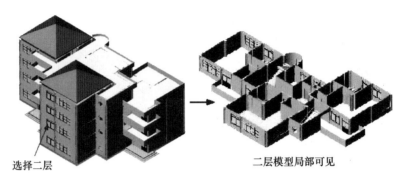

选择二层　　　　　　　　　　　二层模型局部可见

图 21-4　局部可见实例

在图 21-4 中执行【局部可见】命令选取组合模型中的二层作为外部参照，其他楼层对象均被隐藏，只有二层作为整体显示出来。

11. 恢复可见

本命令对被局部隐藏的图形对象重新恢复可见。

菜单命令：工具→恢复可见（HFKJ）。

点击菜单命令后，之前被隐藏的物体立即恢复可见，没有命令提示。

12. 消重图元

本命令消除重合的天正对象以及普通对象如线、圆和圆弧，消除的对象包括部分重合和完全重合的墙对象和线条，当多段墙对象共线部分重合时也会作出需要清理的提示。

菜单命令：工具→消重图元（XCTY）。

点取菜单命令后，显示对话框如图 21-5 所示。

用户可以选择去除某些不用的勾选项，以加快检查速度，然后单击"整个图形"下拉列表为"当前选择"，或者单击"搜索范围"选取要求检查的局部范围，或者直接单击"开始检查"按钮开始检查过程。

当命令发现重合或者部分重合的对象时，会显示如图 21-6 所示界面，单击"删除红色"或者"删除黄色"按钮，即可把其中一道重合墙对象删除。

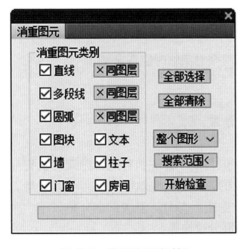

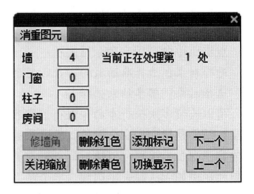

图 21-5　消重图元对话框　　　　　　　　图 21-6　消重图元实例

同时命令行提示如下，单击按钮和键入关键字效果是一致的。

选择操作［下一处（Q）/上一处（W）/删除黄色（E）/删除红色（R）/添加标记（A）/切换显示（Z）/完全消重（D）］＜退出＞：

选择操作［下一处（Q）/上一处（W）］＜退出＞：单击下一处，命令继续运行对下一处重合部分进行处理

> 注意：对于墙、柱、房间（面积）对象，本命令提供了完全消重（D）选项，可以一次消除完全重合的这几类对象，不必依次逐个清理。

13. 编组的状态管理

菜单中提供了"编组开启"和"编组关闭"开关项用于控制图形中使用的编组，可来回反复切换，除了在菜单中设有编组开关外，在图形编辑区下面的状态栏也设有编组按钮，两者的操作是互相关联的，单击"编组关闭"菜单开关可使状态栏按钮松开变暗，单击"编组开启"菜单开关可使状态栏按钮按下变亮，如图 21-7 所示的两种编组状态。

图 21-7　编组状态

编组的状态控制着采用编组的构件的编辑特性，例如【加雨水管】命令创建的三个图形对象组成雨水管构件就采用编组互相关联，编组关闭后就可以独立进行编辑，编组开启后恢复关联，图 21-8 中左边图形表示编组开启时，选中雨水管时三个对象关联，而中间图形表示编组关闭后，对象可各自独立编辑。

图 21-8　编组实例

21.2　曲线工具

1. 线变复线

本命令将若干段彼此衔接的线（Line）、弧（Arc）、多段线（Pline）连接成整段的多段线（Pline），即复线。

菜单命令：工具→曲线工具→线变复线（XBFX）。

点击菜单命令后，显示对话框如图 21-9 所示。

命令行提示：

请选择要合并的线：

选择对象：选择需要连接的对象包括线、多段线和弧

选择对象：按回车键结束选择，系统把可能连接的线与弧连接为多段线

控制精度用于控制在两线线端距离比较接近时，希望通过倒角合并为一根时的可合并距离，即倒角顶点到其中一个端点的距离，如图 21-10 所示，用户通过精度控制倒角合并与否，单位为当前绘图单位。

图 21-9　线变复线对话框

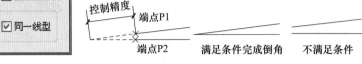

图 21-10　线变复线精度控制

默认【合并选项】去除勾选，即执行条件默认不要求同一图层、同一颜色和同一线型，合并条件比以前版本适当宽松，用户可按需要勾选适当的合并选项，例如勾选"同一颜色"复选框，可仅把同颜色首尾衔接的线变为多段线，但注意线型、颜色的分类包括"ByLayer、ByBlock"等在内。

2. 连接线段

本命令将共线的两条线段或两段弧、相切的直线段与弧相连接，如两段线位于同一直线上、或两根弧线同圆心和半径、或直线与圆弧有交点，便将它们连接起来。

菜单命令：工具→曲线工具→连接线段（LJXD）。

点击菜单命令后，命令行提示：

请拾取第一根线（LINE）或弧（ARC）＜退出＞：点取第一根直线或弧

再拾取第二根线（LINE）或弧（ARC）进行连接＜退出＞：点取第二根直线或弧

图 21-11 为连接线段的实例，注意拾取弧时应取要连接的近端。

图 21-11　连接线段实例

3. 交点打断

本命令将通过交点并在同一平面上的线（包括线、多段线和圆、圆弧）打断，一次打断经过框选范围内的交点的所有线段。

菜单命令：工具→曲线工具→交点打断（JDDD）。

点击菜单命令后，命令行提示：

请框选需要打断交点的范围：在需要打断线或弧的交点范围框选两点，至少包括一个交点

请框选需要打断交点的范围：按回车键退出选择

通过交点的线段被打断，通过该点的线或弧变成为两段，有效被打断的相交线段是直

线（Line）、圆弧（Arc）和多段线（Pline），可以一次打断多根线段，包括多段线节点在内；椭圆和圆自身仅作为边界，本身不会被其他对象打断。交点打断实例如图 21-12 所示。

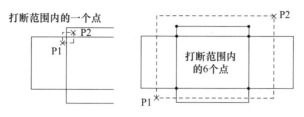

图 21-12　交点打断实例

4. 虚实变换

本命令使图形对象（包括天正对象）中的线型在虚线与实线之间进行切换。

菜单命令：工具→曲线工具→虚实变换（XSBH）。

点击菜单命令后，命令行提示：

请选择要变换线型的对象＜退出＞：选毕，按回车键后进行变换

原来线型为实线的则变为虚线；原来线型为虚线的则变为实线，若虚线的效果不明显，可用系统变量 LTSCALE 调整其比例。

本命令不适用于天正图块，如需要变换天正图块的虚实线型，应先把天正图块分解为标准图块，如图 21-13 所示。

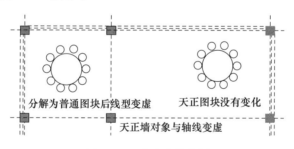

图 21-13　虚实变换实例

5. 加粗曲线

本命令将直线（Line）、圆弧（Arc）、圆（Circle）转换为多段线，与原有多段线一起按指定宽度加粗。

菜单命令：工具→曲线工具→加粗曲线（JCQX）。

点击菜单命令后，显示对话框如图 21-14 所示。

图 21-14　加粗曲线对话框

默认线宽50，可输入数值改变线宽或者变换加粗方向，默认删除原曲线。

命令行提示：

请选择需要加粗的曲线（直线/多段线/圆弧/圆/椭圆/椭圆弧）：选择各要加粗的线和圆弧

选择对象：以右击或回车结束选择，完成变换

6. 消除重线

本命令用于消除多余的重叠对象，参与处理的重线包括搭接、部分重合和全部重合的直线（Line）、圆弧（Arc）、圆（Circle）对象，对于多段线（Pline），用户必须先将其Explode（分解），才能参与处理。

菜单命令：工具→曲线工具→消除重线（XCCX）。

点击菜单命令后，命令行提示：

选择对象：在图上框选要清除重线的区域

选择对象：按回车键执行消除，提示消除结果

7. 反向

本命令用于改变多段线、墙体、线图案和路径曲面的方向，在遇到方向不正确时本命令可进行纠正而不必重新绘制，对于墙体解决镜像后两侧左右墙体相反的问题。

菜单命令：工具→曲线工具→反向（FX）。

点击菜单命令后，命令行提示：

选择要反转的PLINE、墙体、线图案或路径曲面：选择要处理的对象，在遇到封闭对象时会提示：

××××现在变为逆时针（顺时针）！

（1）散水反向的实例，如图21-15所示。

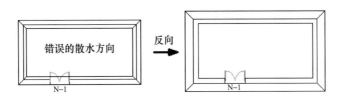

图21-15　散水反向实例

（2）墙体反向的实例，如图21-16所示。

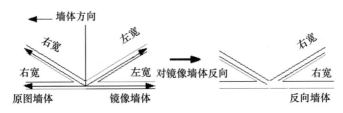

图21-16　墙体反向实例

8. 布尔运算

本命令除了 AutoCAD 的多段线外，已经全面支持天正对象，包括墙体造型、柱子、平板、房间、屋顶、路径曲面等，不但多个对象可以同时运算，而且各类型对象之间可以交叉运算；布尔运算和在位编辑一样，是新增的对象通用编辑方式，通过对象的右键快捷菜单可以方便启动，可以把布尔运算作为灵活方便的造型和图形裁剪功能使用。

菜单命令：工具→曲线工具→布尔运算（BEYS）

点取菜单命令后，显示对话框如图 21-17 所示。

在其中"并集""交集""差集"三种运算方式中选择一种，命令提示：

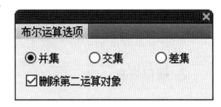

图 21-17　布尔运算对话框

选择第一个闭合轮廓对象（pline、圆、平板、柱子、墙体造型、房间、屋顶、散水等）：

选择第一个运算对象

选择其他闭合轮廓对象（pline、圆、平板、柱子、墙体造型、房间、防火分区、屋顶、散水等）：

选择其他多个运算对象

系统对选择的多个对象的区域进行指定的布尔运算，如图 21-18 就是把房间和落地凸窗的边界线做并的布尔运算，获得房间面积的实例。

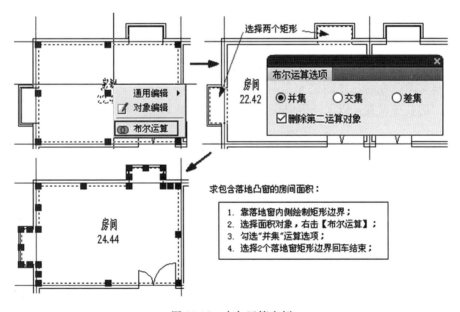

图 21-18　布尔运算实例

21.3　观察工具

1. 视口放大

在 AutoCAD 中的视口有模型视口与布局视口两种，这里所说的视口是专指模型空间通过拖动边界，可以增减的模型视口，如图 21-19 左边所示。本命令在当前视口执行，使该视口充满整个 AutoCAD 图形显示区，如图 21-19 右边所示。

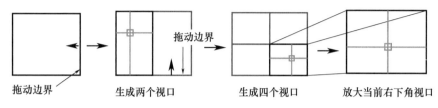

图 21-19　视口放大示意图

菜单命令：工具→观察工具→视口放大（SKFD）。

点击菜单命令后，立刻放大当前视口，没有命令行提示。

2. 视口恢复

本命令在单视口下执行，恢复原设定的多视口状态，如果本图没有创建过视口，命令行会提示"找不到视口配置"。

菜单命令：工具→观察工具→视口恢复（SKHF）。

点击菜单命令后，立刻恢复原有多视口配置，没有命令行提示

3. 视图满屏

本命令临时将 AutoCAD 所有界面工具关闭，提供一个最大的显示视口，用于图形演示。

菜单命令：工具→观察工具→视图满屏（STMP）。

点击菜单命令后，立刻放大当前视口，没有命令行提示，在满屏状态可以执行右键菜单中的各项设置，以 Esc 键退出满屏状态，如图 21-20 所示。

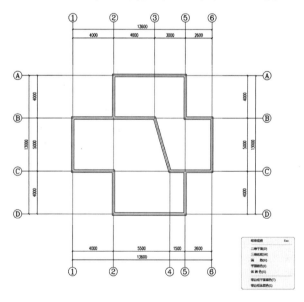

图 21-20　视图满屏实例

4. 视图存盘

本命令把视图满屏命令的当前显示抓取保存为 BMP 或 JPG 格式图像文件。

菜单命令：工具→观察工具→视图存盘（STCP）。

点击菜单命令后，立刻显示对话框如图 21-21 所示，其中是当前视口的图形。

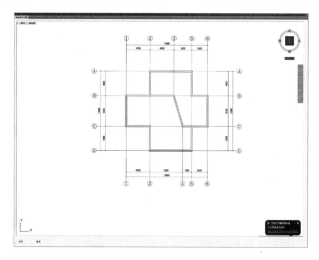

图 21-21　视图存盘对话框

单击其中"保存 . . . "按钮，把当前的视图保存为 BMP 或 JPG 格式的图像文件。

5. 定位观察

本命令与【设置立面】类似，由两个点定义一个立面的视图。所不同的是每次执行本命令会新建一个相机，相机观察方向是平行投影，位置为立面视口的坐标原点。更改相机位置时，视图和坐标系可以联动，并且相机后面的物体自动从视图上裁剪掉，以便排除干扰。

菜单命令：工具→观察工具→定位观察（DWGC）。

事先有一个平面图，通过拖动边界创建了两个视口，平面图在左边的视口显示，如图 21-22 左边所示。

点击菜单命令后，命令行提示：

左位置或［参考点（R）］＜退出＞：在平面图上取点表示将来立面图的左位置

右位置＜退出＞：在平面图上取点表示将来立面图的右位置

点取观察视口＜当前视口＞：在右边的视口取一点

至此本命令结束，立面图显示在右边视口，如图 21-22 右边所示。

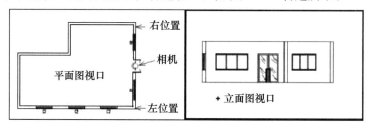

图 21-22　定位观察实例

6. 创建相机

相机透视命令适用于 AutoCAD 2000 至 2006 平台，建立相机对象，用相机拍照的方法建立透视图，设定三维物体的透视参数存于相机对象中，修改相机对象即可以动态改变透视效果，在 2007 以上平台由 Camera（创建相机）命令取代。

在 2007 以上平台，命令栏输入 Camera，或者点击上部命令栏：可视化→相机→创建相机，命令栏提示：

指定相机位置：点取位置

输入选项［？/名称（N）/位置（LO）/高度（H）/坐标（T）/镜头（LE）/裁剪（C）/视图（V）/退出（X）]＜退出＞：回车确定，完成命令，或者点选命令编辑相机

点选相机，显示相机预览如图 21-23 所示，在平面视口以夹点移动相机，在右侧视口可以同时动态更新当前透视画面，获得动态漫游的效果。

可以通过多种方式更改相机设置：

单击并拖动夹点以调整焦距或视野的大小，或对其重新定位；或者使用动态输入工具提示输入 X、Y、Z 坐标值；或者用 Ctrl＋1 键调出特性面板，点击相机，在特性面板中修改相机特性。

图 21-23　相机预览图

7. 漫游和飞行

本命令适用于 AutoCAD 2000 至 2006 平台，提供了实时的虚拟漫游，首先通过相机设置透视图，在着色状态下，即可直接用键盘实现虚拟漫游，而不需要启用任何命令。这样建模和漫游观察就无缝地结合在一起，可以把三维建模想象为在虚拟的世界里摆放物体，然后驾驶飞机对它们进行观察，可以通过启用材质和纹理（"材质与渲染"），获得更加真实的效果；本命令在 AutoCAD 2007 以上平台由 3DWalk（漫游）和 3DFly（飞行）命令取代。

在 2007 以上平台，默认情况下，"动画"面板不显示。在功能区上的任意位置单击鼠标右键（当"可视化"选项卡处于活动状态时），然后依次选择"显示面板""动画"，弹出动画面板。

（1）漫游：依次单击：可视化→动画→漫游和飞行下拉菜单→漫游（3DWALK）。

点击漫游图标，弹出对话框如图 21-24 所示，点击修改，按住鼠标左键拖动界面，开始漫游。用户可以使用一套标准的键和鼠标交互在图形中漫游和飞行。

在当前视口中激活漫游模式。使用"定位器"窗口在图形中追踪位置。用户可以：

① 控制漫游的方向：在键盘上，使用四个箭头键或 W（向前）、A（向左）、S（向后）和 D（向右）键。②控制查看的方向：请沿要查看的方向拖动鼠标。在三维漫游和三维飞行之间进行切换：按 F 键。

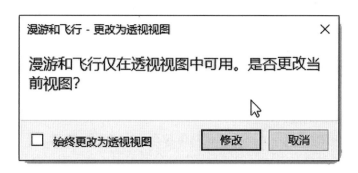

图 21-24　更改视图提示

（2）飞行：依次单击：可视化→动画→漫游和飞行下拉菜单→飞行（3DFLY）。

在当前视口中激活飞行模式。可以离开 XY 平面，就像在模型中飞越或环绕模型飞行一样。在键盘上，使用箭头键或以下字母来确定飞行方向：W（前）、A（左）、S（后）、D（右）和 F（在漫游和飞行之间切换）。

默认情况下，"定位器"窗口将打开并以俯视图形式显示用户在图形中的位置。

（3）漫游和飞行设置：依次单击：可视化→动画→漫游和飞行下拉菜单→漫游和飞行设置。弹出对话框如图 21-25 所示，可以设定默认步长（即每秒步数）和其他显示设置。

8. 创建预览动画

创建预览动画，可以动态演示漫游和飞行，包括在图形中漫游和飞行。在创建运动路径动画之前请先创建预览以调整动画。用户可以创建、录制、回放和保存该动画。

创建预览动画：在图形中，为相机或目标创建路径对象。路径可以是直线、圆弧、椭圆弧、圆、多段线、三维多段线或样条曲线。（创建的路径在动画中不可见）

如果"可视化"选项卡上未显示"动画"面板，在"可视化"选项卡上单击鼠标右键，然后依次单击"面板""动画"。

依次单击：可视化→动画→动画运动路径，弹出运动路径动画界面如图 21-26所示。

图 21-25　漫游和飞行设置对话框

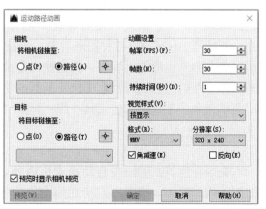

图 21-26　运动路径动画界面

在"运动路径动画"对话框的"相机"部分，单击"点"或"路径"。

执行以下操作之一：

① 要指定新的相机点，请单击"拾取点"按钮，并在图形中指定点。输入该点名称。单击"确定"；

② 要指定新的相机路径，请单击"选择路径"按钮，并在图形中指定路径。输入该路径名称。单击"确定"；

③ 要指定现有的相机点或路径，请从下拉列表中进行选择。

在"运动路径动画"对话框的"目标"部分，单击"点"或"路径"。

执行以下操作之一：

① 要指定新的目标点，请单击"拾取点"按钮，并在图形中指定目标点。输入该点名称。单击"确定"；

② 要指定新的目标路径，请单击"选择路径"按钮，并在图形中指定路径。输入该路径名称。单击"确定"；

③ 要指定现有的目标点或路径，请从下拉列表中进行选择。

在"动画设置"部分，调整动画设置以根据需要创建动画；

调整点、路径和设置完成后，单击"预览"查看动画，或者单击"确定"保存动画。

21.4 其他工具

1. 测量边界

本命令测量选定对象的外边界，点击菜单选择目标后，显示所选择目标（包括图上的注释对象和标注对象在内）的最大边界的 X 值，Y 值和 Z 值，并以虚框表示对象最大边界。

菜单命令：工具→其他工具→测量边界（CLBJ）。

2. 统一标高

本命令用于整理二维图形，包括天正平面、立面、剖面图形，使绘图中避免出现因错误的取点捕捉，造成各图形对象 Z 坐标不一致的问题。在 TArch8.5 中扩展了本命令，能处理 AutoCAD 各种图形对象，包括点、线、弧与多段线，在对非 WCS 下的图形对象本命令也能加以处理，将这些对象按世界坐标系 WCS 的 XOY 平面进行投影，Z 坐标统一为 0，三维多段线 3DPOLY 暂时不加以处理。

菜单命令：工具→其他工具→统一标高（TYBG）。

3. 搜索轮廓

本命令在建筑二维图中自动搜索出内外轮廓，在上面加一圈闭合的粗实线，如果在二维图内部取点，搜索出点所在闭合区内轮廓，如果在二维图外部取点，搜索出整个二维图外轮廓，用于自动绘制立面加粗线，如图 21-27 所示。

菜单命令：工具→其他工具→搜索轮廓（SSLK）。

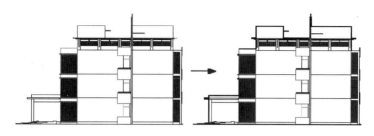

图 21-27　搜索轮廓实例

点击菜单命令后，命令行提示：

选择二维对象：选择 ACAD 的基本图形对象如天正生成的立面图

此时用户移动十字光标在二维图中搜索闭合区域，同时反白预览所搜索到的范围。

点取要生成的轮廓（提示：点取外部生成外轮廓；PLINEWID 系统变量设置 pline 宽度）＜退出＞：

点取建筑物边界外生成立面轮廓线

成功生成轮廓，接着点取生成其他轮廓。

点取要生成的轮廓（提示：点取外部生成外轮廓；PLINEWID 设置 pline 宽度）＜退出＞：

4. 图形裁剪

本命令以选定的矩形窗口、封闭曲线或图块边界作参考，对平面图内的天正图块和 AutoCAD 二维图元进行剪裁删除。主要用于立面图中的构件的遮挡关系处理。

菜单命令：工具→其他工具→图形裁剪（TXCJ）。

5. 图形切割

本命令以选定的矩形窗口、封闭曲线或图块边界在平面图内切割并提取带有轴号和填充的局部区域用于详图；命令使用了新定义的切割线对象，能在天正对象中间切割，遮挡范围随意调整，可把切割线设置为折断线或隐藏。

菜单命令：工具→其他工具→图形切割（TXQG）。

6. 矩形

本命令的矩形是天正定义的三维通用对象，具有丰富的对角线样式，可以拖动其夹点改变平面尺寸，可以代表各种设备、家具使用。命令行提示：

输入第一个角点或［插入矩形（I）］＜退出＞：点击第一个点

输入插入点或［拖制矩形（D）/对其（F）/改基点（T）］＜退出＞：拖制矩形，完成命令

第 22 章　文件与布图

22.1　图纸布局的概念

1. 多比例布图的概念

在软件中建筑对象在模型空间设计时都是按 1：1 的实际尺寸创建的，布图后在图纸空间中这些构件对象相应缩小了出图比例的倍数（1：3 就是 ZOOM 0.333XP），换言之，建筑构件无论当前比例多少都是按 1：1 创建，当前比例和改变比例并不改变构件对象的大小。而对于图中的文字、工程符号和尺寸标注，以及断面填充和带有宽度的线段等注释对象，则情况有所不同，它们在创建时的尺寸大小相当于输出图纸中的大小乘以当前比例，可见它们与比例参数密切相关，因此在执行【当前比例】和【改变比例】命令时实际上改变的就是这些注释对象。

所谓布图就是把多个选定的模型空间的图形分别按各自画图使用的"当前比例"为倍数，缩小放置到图纸空间中的视口，调整成合理的版面，其中比例计算还比较麻烦，不过用户不必操心，天正已经设计了【定义视口】命令，而且插入后还可以执行【改变比例】修改视口图形，系统能把注释对象自动调整到符合规范。

简而言之，布图后系统自动把图形中的构件和注释等所有选定的对象，"缩小"一个出图比例的倍数，放置到给定的一张图纸上。如图 22-1 所示，对图上的每个视口内的不同比例图形重复【定义视口】操作，最后拖动视口调整好出图的最终版面，这就是"多比例布图"。

以下是多比例布图的方法：

（1）使用【当前比例】命令设定图形的比例，例如先画 1：5 的图形部分；

（2）按设计要求绘图，对图形进行编辑修改，直到符合出图要求；

（3）在 DWG 不同区域重复执行（1）、（2）的步骤，改为按 1：3 的比例绘制其他部分；

（4）单击图形下面的"布局"标签，进入图纸空间；

（5）以 AutoCAD【文件】→【页面设置】命令配置好适用的绘图机，在"布局"设置栏中设定打印比例为 1：1，单击"确定"按钮保存参数，删除自动创建的视口；

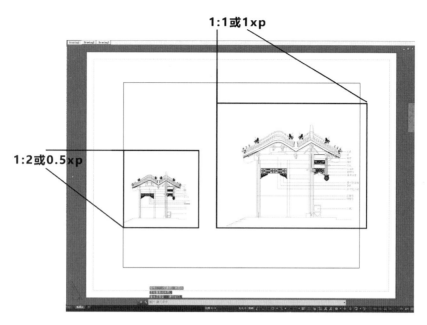

图 22-1　多比例布图原理示意图

（6）单击天正菜单【文件布图】→【定义视口】，设置图纸空间中的视口，重复执行本操作，定义 1 : 5、1 : 3 等多个视口；

（7）在图纸空间单击【文件布图】→【插入图框】，设置图框比例参数 1 : 1，单击"确定"按钮插入图框，最后打印出图。

图 22-2 为多比例布图的一个实例，各视口边框位于图层 pub_windw，是不可打印图层。

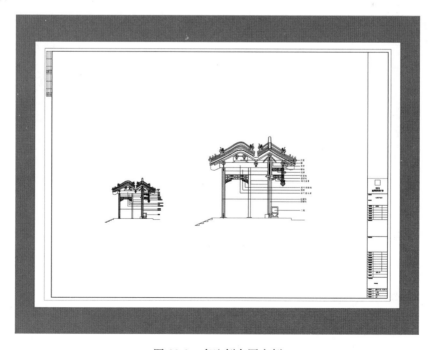

图 22-2　多比例布图实例

2. 单比例布图的概念

在软件中建筑对象在模型空间设计时都是按 1：1 的实际尺寸创建的，当全图只使用一个比例时，不必使用复杂的图纸空间布图，直接在模型空间就可以插入图框出图了。

出图比例就是用户画图前设置的"当前比例"，如果出图比例与画图前的"当前比例"不符，就要用【改变比例】修改图形，要选择图形的注释对象（包括文字、标注、符号等）进行更新。

以下是单比例布图的方法：

（1）使用【当前比例】命令设定图形的比例，以 1：200 为例；

（2）按设计要求绘图，对图形进行编辑修改，直到符合出图要求；

（3）单击【文件布图】→【插入图框】命令，按图形比例（如 1：200）设置图框比例参数，单击"确定"按钮插入图框；

（4）以 AutoCAD【文件】→【页面设置】命令配置好适用的绘图机，在对话框中的"布局"设置栏中按图形比例大小设定打印比例（如 1：200）；单击"确定"按钮保存参数，或者打印出图。

单比例布图的实例如图 22-3 所示。

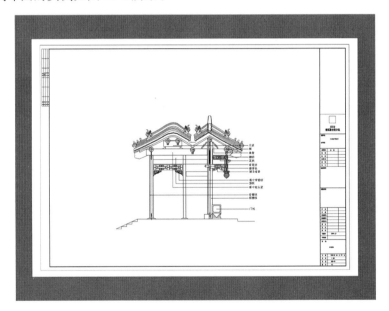

图 22-3　单比例布图实例

22.2　图纸布局命令

22.2.1　插入图框

本命令可在当前模型空间或图纸空间插入图框，提供了通长标题栏功能以及图框直接插入功能，在预览图像框提供鼠标滚轮缩放与平移功能，插入图框前按当前参数拖动图框，可用于测试图幅是否合适。图框和标题栏均统一由图框库管理，能使用的标题栏和图框样式不受限制，新的带属性标题栏支持图纸目录生成。

注意：从 TArch 6.5 版本开始，天正软件系列采用了全新的图框用户定制方法，不再使用以前 Label1、Label2 两个 DWG 文件作为标题栏、会签栏的方法。

菜单命令：文件布图→插入图框（CRTK）。

点取菜单命令后，显示对话框如图 22-4 所示。

对话框控件的功能说明如下：

【标准图幅】：共有 A0～A4 五种标准图幅，单击某一图幅的按钮，就选定了相应的图幅。

【图长/图宽】：通过键入数字，直接设定图纸的长宽尺寸或显示标准图幅的图长与图宽。

【横式/立式】：选定图纸格式为立式或横式。

【加长】：选定加长型的标准图幅，单击右边的箭头，出现国家标准加长图幅供选择。

【自定义】：如果使用过在图长和图宽栏中输入的非标准图框尺寸，命令会把此尺寸作为自定义尺寸保存在此下拉列表中，单击右边的箭头可以从中选择已保存的 20 个自定义尺寸。

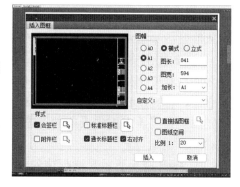

图 22-4　插入预设标准图框

【比例】：设定图框的出图比例，此数字应与"打印"对话框的"出图比例"一致。此比例也可从列表中选取，如果列表没有，也可直接输入。勾选"图纸空间"后，此控件暗显，比例自动设为 1∶1。

【图纸空间】：勾选此项，当前视图切换为图纸空间（布局），"比例"自动设置为 1∶1。

【会签栏】：勾选此项，允许在图框左上角加入会签栏，单击右边的按钮从图框库中可选取预先入库的会签栏。

【标准标题栏】：勾选此项，允许在图框右下角加入国家标准样式的标题栏，单击右边的按钮从图框库中可选取预先入库的标题栏。

【通长标题栏】：勾选此项，允许在图框右方或者下方加入用户自定义样式的标题栏，单击右边的按钮从图框库中可选取预先入库的标题栏，命令自动从用户所选中的标题栏尺寸判断插入的是竖向或是横向的标题栏，采取合理的插入方式并添加通栏线。

【右对齐】：图框在下方插入横向通长标题栏时，勾选"右对齐"时可使得标题栏右对齐，左边插入附件。

【附件栏】：勾选"通长标题栏"后，"附件栏"可选，勾选"附件栏"后，允许图框一端加入附件栏，单击右边的按钮从图框库中可选取预先入库的附件栏，可以是设计单位徽标或者是会签栏。

【直接插图框】：勾选此项，允许在当前图形中直接插入带有标题栏与会签栏的完整图框，而不必选择图幅尺寸和图纸格式，单击右边的按钮从图框库中可选取预先入库的完整图框。

1. 图框的插入方法

（1）从图库中选取预设的标题栏和会签栏，实时组成图框插入，使用方法如下：

① 可在如图 22-4 所示对话框中图幅栏中先选定所需的图幅格式是横式还是立式，然后选择图幅尺寸是 A0～A4 中的某个尺寸，需加长时从加长中选取相应的加长型图幅，如果是非标准尺寸，在图长和图宽栏内键入。

② 图纸空间下插入时勾选该项，模型空间下插入则选择出图比例，再确定是否需要标题栏、会签栏，是标准标题栏还是使用通长标题栏。

③ 如果选择了通长标题栏，单击选择按钮后，进入图框库选择按水平图签还是竖置图签格式布置。

④ 如果还有附件栏要求插入，单击选择按钮后，进入图框库选择合适的附件，是插入院徽还是插入其他附件。

⑤ 确定所有选项后，单击插入，屏幕上出现一个可拖动的蓝色图框，移动光标拖动图框，看尺寸和位置是否合适，在合适位置取点插入图框，如果图幅尺寸或者方向不合适，右键按 Enter 键返回对话框，重新选择参数。

（2）直接插入事先入库的完整图框，使用方法如下：

① 在图 22-5 所示对话框中勾选直接插图框，然后单击勾选框右侧按钮，进入图框库选择完整图框，其中每个标准图幅和加长图幅都要独立入库，每个图框都是带有标题栏和会签栏、院标等附件的完整图框。

② 图纸空间下插入时勾选该项，模型空间下插入则选择比例。

③ 确定所有选项后，单击"插入"按钮，其他步骤与前面叙述相同。

图 22-5　直接插入事先入库图框

单击插入按钮后，如当前为模型空间，基点为图框中点，拖动图框时命令行提示：

请点取插入位置＜返回＞：

点击图框位置即可插入图框，如图 22-6 所示，右键或按 Enter 键返回对话框重新更改参数。

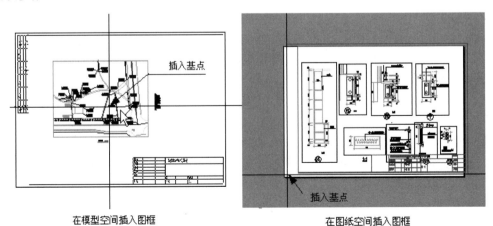

在模型空间插入图框　　　　　　在图纸空间插入图框

图 22-6　图框在不同空间插入

2. 在图纸空间插入图框的特点

在图纸空间中插入图框与模型空间的区别主要是，在模型空间中图框插入基点居中拖动套入已经绘制的图形，而一旦在对话框中勾选"图纸空间"，绘图区立刻切换到图纸空间布局1，图框的插入基点则自动定为左下角，默认插入点为（0，0），提示为：

请点取插入位置［原点（Z）］＜返回＞Z：点取图框插入点即可在其他位置插入图框键入 Z 默认插入点为（0，0），按 Enter 键返回重新更改参数。

3. 预览图像框的使用

预览图像框提供鼠标滚轮和中键的支持，可以放大和平移在其中显示的图框，可以清楚地看到所插入的标题栏详细内容。

22.2.2 图纸目录

图纸目录自动生成功能按照国家标准图集 09J801《民用建筑工程建筑施工图设计深度图样》的要求，参考其中图纸目录实例和一些甲级设计院的图框编制。

本命令的执行对图框有下列要求：

（1）图框的图层名与当前图层标准中的名称一致（默认是 PUB_TITLE）。

（2）图框必须包括属性块（图框图块或标题栏图块）。

（3）属性块必须有以图号和图名为属性标记的属性，图名也可用图纸名称代替，其中图号和图名字符串中不允许有空格，例如不接受"图 名"这样的写法。

本命令要求配合具有标准属性名称的特定标题栏或者图框使用，图框库中的图框横栏提供了符合要求的实例，用户应参照该实例进行图框的用户定制，入库后形成该单位的标准图框库或者标准标题栏，并且在各图上双击标题栏即可将默认内容修改为实际工程内容，如图 22-7 所示。图纸目录的样式也可以由用户参照样板重新修改后入库，方法详见表格的用户定制有关内容。

标题栏修改完成后，即可打开将要插入图纸目录表的图形文件，创建图纸目录的准备工作完成，可从"文件布图"菜单执行本命令了，从【工程管理】界面的"图纸"栏有图标也可启动本命令。

菜单命令：文件布图 → 图纸目录（TZML）。

点取菜单命令后，命令开始在当前工程的图纸集中搜索图框（如果没有添加进图纸

图 22-7　图框标题栏的文字属性

集则不会被搜索到），范围包括图纸空间和模型空间在内，其中立剖面图文件中有两个图纸空间布局，各包括一张图纸，图纸数是 2，前面的 0 表示模型空间中没有找到图纸，后面的数字是图纸空间布局中的图框也就是图纸数，本命令生成的目录自动按图框中用户自己填写的图号进行排序。

用户接着可单击"选择文件"按钮，把其他参加生成图纸目录的文件选择进来，

如图 22-8 所示为已经选择 7 个 DWG 文件，按插入图框的数量统计有 8 张图纸的情况；单击"生成目录"按钮，进入图纸插入目录表格。

图 22-8　生成的图纸目录

图纸名称列的文字如果有分号"；"表示该图纸有图名和扩展图名，在输出表格时起到换行的作用。

图 22-8 中对话框控件的功能说明如下：

【模型空间】：默认勾选表示在已经选择的图形文件中包括模型空间里插入的图框，不勾选则表示只保留图纸空间图框。

【图纸空间】：默认勾选表示在已经选择的图形文件中包括图纸空间里插入的图框，不勾选则表示只保留模型空间图框。

【从构件库选择表格】：从【构件库】命令打开表格库，如图 22-9 所示，用户在其中选择并双击预先入库的用户图纸目录表格样板，所选的表格显示在左边图像框。

【选择文件】：进入标准文件对话框，选择要添加入图纸目录列表的图形文件，按 Shift 键可以一次选多个文件。

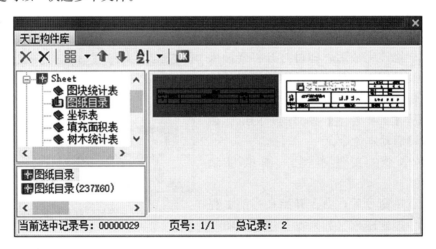

图 22-9　图纸目录表格库

【排除文件】：选择要从图纸目录列表中打算排除的文件，按 Shift 键可以一次选择多个文件，单击按钮把这些文件从列表中去除。

【生成目录】：完成图纸目录命令，结束对话框，由用户在图上插入图纸目录。

22.2.3　定义视口

本命令将模型空间的指定区域的图形以给定的比例布置到图纸空间，创建多比例布图的视口。

菜单命令：文件布图→定义视口（DYSK）。

点击菜单命令后，如果当前空间为图纸空间，会切换到模型空间，同时命令行提示：

请给出图形视口的第一点＜退出＞：点取视口的第一点

（1）如果采取先绘图后布图。在模型空间中围绕布局图形外包矩形外取一点，命令行接着显示：

第二点＜退出＞：

点取外包矩形对角点作为第二点把图形套入，命令行提示：

该视口的比例1：＜100＞：键入视口的比例，系统切换到图纸空间

请点取该视口要放的位置＜退出＞：点取视口的位置，将其布置到图纸空间中

（2）如果采取先布图后绘图，在模型空间中框定一空白区域选定视口后，将其布置到图纸空间中。此比例要与即将绘制的图形的比例一致。

可一次建立比例不同的多个视口，用户可以分别进入到每个视口中，使用天正的命令进行绘图和编辑工作。

定义视口工程实例：图 22-10 是一个装修详图的实例，在模型空间绘制了 1：3 和 1：5 的不同比例图形，图为通过【定义视口】命令插入到图纸空间中的效果。

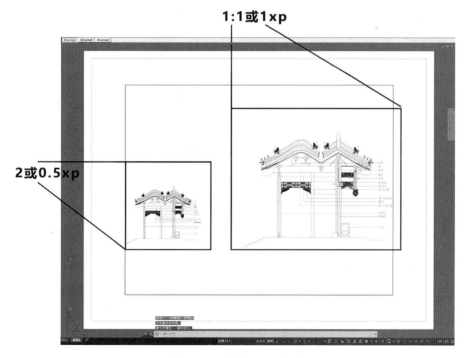

图 22-10　定义视口示意图

22.2.4　视口放大

本命令把当前工作区从图纸空间切换到模型空间，并提示选择视口按中心位置放大到全屏，如果原来某一视口已被激活，则不出现提示，直接放大该视口到全屏。

菜单命令：文件布图→视口放大（SKFD）。

22.2.5　改变比例

本命令改变模型空间中指定范围内图形的出图比例包括视口本身的比例，如果修改成功，会自动作为新的当前比例。本命令可以在模型空间使用，也可以在图纸空间使用，执行后建筑对象大小不会变化，但包括工程符号的大小、尺寸和文字的字高等注释相关对象的大小会发生变化。

本命令除了在菜单执行外，还可单击状态栏左下角的"比例"按钮（AutoCAD 2002 平台下无法提供）执行，此时请先选择要改变比例的对象，再单击该按钮，设置要改变的比例，如图 22-11 所示。

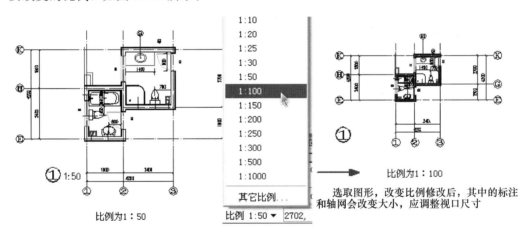

图 22-11　改变比例的实例

如果在模型空间使用本命令，可更改某一部分图形的出图比例；如果图形已经布置到图纸空间，但需要改变布图比例，可在图纸空间执行【改变比例】命令，由于视口比例发生了变化，最后的布局视口大小是不同的。

菜单命令：文件布图→改变比例（GBBL）。

22.2.6　布局旋转

本命令把要旋转布置的图形进行特殊旋转，以方便布置竖向的图框。

菜单命令：文件布图→布局旋转（BJXZ）。

22.2.7　图形切割

本命令以选定的矩形窗口、封闭曲线或图块边界在平面图内切割并提取带有轴号和填充的局部区域用于详图。本命令使用了新定义的切割线对象，能在天正对象中间切割，遮挡范围随意调整，可把切割线设置为折断线或隐藏。

菜单命令：文件布图→图形切割（TXQG）。

22.3　天正图案工具

1. 木纹填充

对给定的区域进行木纹图案填充，可设置木纹的大小和填充方向，适用于装修设计中绘制木制品的立面和剖面。

菜单命令：图库图案→木纹填充（MWTC）。

单击菜单命令后，命令行提示：

输入矩形边界的第一个角点＜选择边界＞：

如果填充区域是闭合多段线，可按 Enter 键选择边界，否则给出矩形边界的第一对角点；

输入矩形边界的第二个角点＜退出＞：给出矩形边界的第二个对角点

选择木纹［横纹（H）/竖纹（S）/断纹（D）/自定义（A）］＜退出＞：S　键入 S 选择竖向木纹或键入其他木纹选项

这时可以看到预览的木纹大小，如果尺寸或角度不合适键入选项修改；

点取位置或［改变基点（B）/旋转（R）/缩放（S）］＜退出＞：S　键入 S 进行放大

输入缩放比例＜退出＞：2　键入缩放倍数放大木纹 2 倍

点取位置或［改变基点（B）/旋转（R）/缩放（S）］＜退出＞：

拖动木纹图案使图案在填充区域内取点定位（图 22-12），按 Enter 键结束命令。

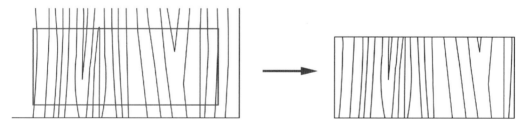

图 22-12　木纹填充实例

2. 图案加洞

本命令编辑已有的图案填充，在已有填充图案上开洞口。执行本命令前，图上应有图案填充，可以在命令中画出开洞边界线，也可以用已有的多段线或图块作为边界。

菜单命令：图库图案→图案加洞（TAJD）

单击菜单命令后，命令行提示：

请选择图案填充＜退出＞：选择要开洞的图案填充对象

矩形的第一个角点或［圆形裁剪（C）/多边形裁剪（P）/多段线定边界（L）/图块定边界（B）］＜退出＞：L

使用两点定义一个矩形裁剪边界或者键入关键字使用命令选项，如果采用已经画出的闭合多段线作边界，键入 L。

请选择封闭的多段线作为裁剪边界＜退出＞：选择已经定义的多段线

程序自动按照多段线的边界对图案进行裁剪开洞，洞口边界保留，如图 22-13 所示。其余的选项与本例类似，以此类推。

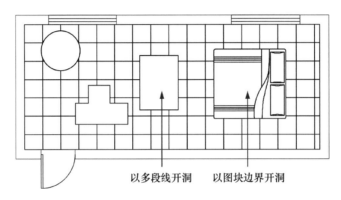

图 22-13　图案加洞实例

3. 图案减洞

本命令编辑已有的图案填充，在图案上删除被天正【图案加洞】命令裁剪的洞口，恢复填充图案的完整性。

菜单命令：图库图案→图案减洞（TAJD）。

单击菜单命令后，命令行提示：

请选择图案填充＜退出＞：选择要减洞的图案填充对象

选取边界区域内的点＜退出＞：在洞口内点取一点

程序立刻删除洞口，恢复原来的连续图案，但每次只能删除一个洞口。

4. 图案管理

本命令包括以前版本的直排图案、斜排图案、删除图案等多项图案制作功能，用户可以利用 AutoCAD 绘图命令制作图案，本命令将其作为图案单元装入天正建筑软件提供的 AutoCAD 图案库，大大简化了填充图案的用户定制难度，图案库保存在安装文件夹下的 sys 文件夹，文件名是 acad. pat 以及 acadiso. pat，【图案管理】命令只对前者进行编辑。

菜单命令：图块图案→图案管理（TAGL）。

单击菜单命令后，显示图案管理对话框如图 22-14 所示，下面从左到右列出控件的参数。

图案名称表　　　　　图案库工具栏　　　　　图案预览区

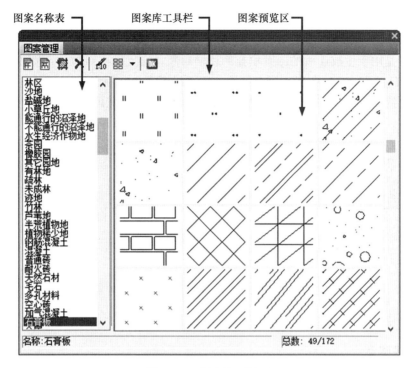

图 22-14　图案管理界面

对话框控件的功能说明如下：

【直排图案】：调用以前直排图案的造图案命令，后面有详细介绍。

【斜排图案】：调用以前斜排图案的造图案命令，后面有详细介绍。

【重制图案】：单击图案库中要重制的图案（如空心砖），从工具栏执行【重制】命令用直排或者斜排图案命令重建该图案，如图 22-15 所示。

【删除图案】：单击图案库中要删除的图案（如空心砖），从工具栏执行【删除】命令，如图 22-16 所示。

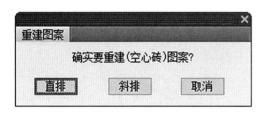

图 22-15　重建图案

图 22-16　删除图案

【修改图案比例】：单击图案库中要修改比例的图案（如木纹），在如图 22-17 对话框中设置新的图案比例系数，单击确定存盘。

【改变页面布局】：设置预览区内的图案幻灯片的显示行列数，以利于用户观察。

【OK】：关闭对话框。

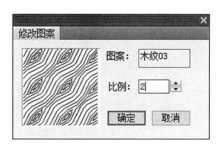

图 22-17　修改图案

5. 线图案

线图案是用于生成连续的图案填充的新增对象，它支持夹点拉伸与宽度参数修改，与 AutoCAD 的 Hatch（图案）填充不同，天正线图案允许用户先定义一条开口的线图案填充轨迹线，图案以该线为基准沿线生成，可调整图案宽度、设置对齐方式、方向与填充比例，也可以被 AutoCAD 命令裁剪、延伸、打断，闭合的线图案还可以参与布尔运算。

线图案的填充实例如图 22-18 所示。

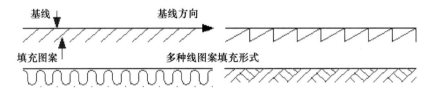

图 22-18　线图案填充实例

菜单命令：图块图案→线图案（XTA）。

6. 直排图案

在执行造图案命令前，要先在屏幕上绘制准备入库的图形。造图案时所在的图层及图形所处坐标位置和大小不限，但构成图形的图元只限 Point（点）、Line（直线）、Arc（弧）和 CIRCLE（圆）四种。如用 Polygon（多边形）命令画的多边形和 Rectang（矩形）命令绘制的矩形，须用 Explode（分解）命令分解为 Line（线）后再制作图案。

7. 斜排图案

用户可以利用 AutoCAD 绘图命令制作一个斜排图案，本命令将其作为图案单元，装入天正建筑软件提供的 AutoCAD 图案库。

SketchUp 部分

第 23 章　SketchUp 界面与基本操作

第 24 章　SketchUp 基本功能

第 25 章　SketchUp 高级功能

第 26 章　素材库与扩展程序

第 27 章　光辉城市 Mars2020 for Sketchup 渲染

第23章

SketchUp 界面与基本操作

23.1 SketchUp 2024 界面

SketchUp 是一套直接面向设计方案创作过程的设计工具，其不仅能够充分表达设计师的思想，而且能完全满足与客户即时交流的需要，它使得设计师可以直接在电脑上进行十分直观的构思，是三维建筑设计方案创作的优秀工具，极受欢迎且易于使用，官方网站将它比喻为电子设计中的"铅笔"。

SketchUp 是由位于科罗拉多州博尔德市的初创公司@Last Software 开发的，该公司由 Brad Schell 和 Joe Esch 于 1999 年共同创立。SketchUp 于 2000 年 8 月作为 3D 内容创建工具推出，最初的设想是为设计专业人士提供软件程序。Google 于 2006 年 3 月 14 日收购了@Last Software，2007 年 1 月 9 日，Google 宣布推出 Google SketchUp 6。2008 年 11 月 17 日，SketchUp 7 发布，集成了 SketchUp 的组件浏览器与 Google 3D Warehouse、LayOut 2 以及响应缩放的动态组件。2010 年 9 月 1 日，SketchUp 8 发布，提供了与 Google Maps 和 Building Maker 集成的模型地理定位功能。Trimble Navigation（现为 Trimble Inc.）于 2012 年 6 月 1 日从 Google 手中收购了 SketchUp。2013 年，SketchUp 2013 发布。

目前 SketchUp 已经广泛应用在建筑学、城乡规划、风景园林学等设计行业，在本科院校中相关专业同学用其推敲方案、建立模型、渲染出图，进而完成设计方案，该软件已成为大家的必须学会的绘图工具之一。本教材是以 SketchUp 2024 版本展开讲解的，并附带了相关配套文件，可至出版社官网下载。

23.1.1 认识欢迎界面

单击桌面上的 图标，即可打开 SketchUp 2024 软件的欢迎界面，如图 23-1 所示，该欢迎界面非常简洁，通过界面可以了解版本名称、许可等信息，根据所学专业可以选择相应的设计模板，方便绘图使用。点击模板按钮可以开始使用 SketchUp 2024 软件。

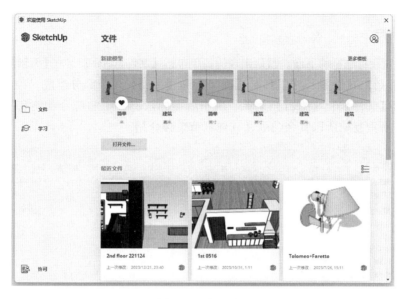

图 23-1　欢迎界面

23.1.2　认识工作界面

工作界面如图 23-2 所示，共有六大部分组成，包括：标题栏、菜单栏、工具栏、绘图区、状态提示栏、数值输入框。

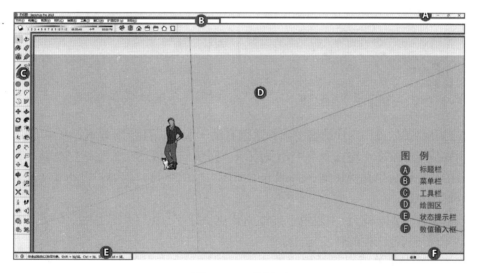

图 23-2　工作界面

1. 认识标题栏

SketchUp 界面顶部的标题栏包含了标准的窗口控件（关闭、最小化和最大化）和当前打开的文件名，当启动 SketchUp 并且标题栏中当前打开的文件名为"无标题"时，系统将显示空白的绘图区，表示尚未保存自己的作业。

2. 菜单栏

菜单出现在标题栏的下面。默认出现的菜单包括【文件】(图 23-3)、【编辑】(图 23-4)、【视图】、【相机】、【绘图】、【工具】、【窗口】和【帮助】八个部分组成。菜单栏中我们将重点介绍【文件】和【编辑】菜单，由于后面的六部分中的部分功能和工具栏中的某些功能有所重复，所以其余命令在其他章节单独介绍。

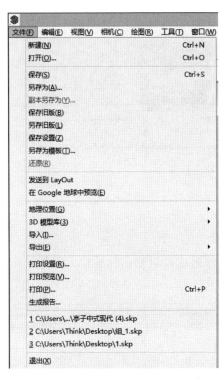

图 23-3 文件菜单

图 23-4 编辑菜单

在各类绘图软件中，快捷键的熟练掌握有助于我们提高绘图效率，其中 SketchUp 的常用快捷键非常多，均在章节中用★表示，同学们可以逐个加强记忆。菜单栏中八大部分的快捷键分别是 Alt 键＋每部分后面所对应的字母，例如：启动【文件】菜单的快捷键是 Alt＋F。

（1）文件（Alt＋F）：主要用于文件的新建、打开、保存、另存为、导入、导出等命令，实现与其他文件的转换与合作。

①"新建"菜单项用于关闭当前文档并创建一个空白的绘图区以开始制作新的 SketchUp 模型。如果在选择"新建"菜单项之前没有保存对当前模型的更改，则系统会提示保存更改。如果在【窗口】系统设置下的模板面板中选择了一个模板文件，SketchUp 将使用该模板文件中的设置来定义模型的初始状态。

★"新建"快捷键：Ctrl＋N

②使用"打开"菜单项可启动"打开"对话框，用于打开之前保存的 SketchUp 文件。如果已打开未保存的模型，则系统会提示保存更改，因为一次只能打开一个文件。

★ "打开"快捷键：Ctrl＋O

③ "保存"菜单项可将当前活动的 SketchUp 模型保存到文件系统中。在关闭未保存的文档，或者尝试在未保存打开的文档时退出 SketchUp，SketchUp 会提示在继续操作之前需保存。无论哪一种绘图软件，在绘图过程中都应该养成随时保存的习惯。

★ "保存"快捷键：Ctrl＋S

> 备注：如果在"使用偏好"对话框的"常规"面板中启用了"创建备份"，则现有文件将转换为备份文件（.skb），并且新的绘图将保存在当前现有文件（.skp）的位置。"创建备份"选项可在意外删除.skp 文件时帮助用户保留数据。在默认情况下，备份文件将保存在"我的文档"中，路径为：C：\ Users \ Think \ Documents。

④ "另存为"菜单项可打开"另存为"对话框，它的默认位置是当前文档的文件夹。可使用此对话框将当前绘图另存为新文档。可为此文件指定新名称、新位置和旧版本的 SketchUp。新文件将成为绘图窗口中的当前文件。

⑤ "副本另存为"菜单项，可保存基于当前模型的新文件。此菜单项不会覆盖或关闭当前文件，并且在保存工作的递增副本或初步方案时非常有用。

⑥ "另存为模板"菜单项可将当前的 SketchUp 文件另存为模板。此菜单项会启动一个对话框，可以在其中命名模板，并将该模板设置为默认模板（会在每次启动 SketchUp 时载入该模板）。

⑦ "还原"菜单项可将当前文档还原至其上次保存的状态。

⑧ "3D 模型库"可下载模型。分享模型，使用"分享模型"菜单项可将绘制的 SketchUp 模型文件发布到 3D 模型库中。3D 模型库是一个库，可与其他 Google Earth 或 SketchUp 用户共享模型。

⑨ "导入"菜单可将其他文件信息导入到 SketchUp 绘图中。在进行建模的初始阶段，经常从这里导入标准的 CAD 软件的 DWG 格式文件作为参照进行模型制作。

⑩ "导出"子菜单可访问 SketchUp 的导出功能，该功能可以将绘制的 SketchUp 模型导出为 3D 模型、二维图形、剖面或者动画。

⑪ "打印设置"菜单项可访问打印设置对话框。此对话框用于选择和配置打印机和场景属性以进行打印。

⑫ "打印预览"菜单项可预览模型将显示在纸上的效果。

⑬ "打印"菜单项可打开标准的"打印"对话框。此对话框可用于将 SketchUp 绘图区中的当前模型输出到当前选定的打印机进行打印。

★ "打印"快捷键：Ctrl＋P

⑭ "退出"菜单项可关闭当前文件和 SketchUp 应用程序窗口。如果在上次更改文件后一直未保存文件，SketchUp 会通知保存文件。

（2）编辑（Alt＋E）：菜单包含的菜单项可用于编辑 SketchUp 几何图形。这些菜单项包括用于创建、编辑组和组件、可视性操作与标准剪切、复制、粘贴命令的菜单项。

① "撤销"菜单项可撤销最后执行的绘图或编辑命令。SketchUp 允许撤销执行的所有操作，一次撤销一项，直到恢复到保存文件时的状态。可连续执行的撤销命令不超过 100 步。

★ "撤销"快捷键：Ctrl＋Z

② "重做"菜单项可返回最后一次撤销之前的状态。

★ "重做"快捷键：Shift＋Ctrl＋Z

③ "剪切"菜单项可从当前模型中移除选定的元素并将其放到剪贴板中。然后可通过使用"粘贴"菜单项将剪贴板中的内容插回任何打开的 SketchUp 文档中。

★ "剪切"快捷键：Ctrl＋X

④ "复制"菜单项可将选定的项复制到剪贴板，而不从模型中删除这些项。然后可通过使用"粘贴"菜单项将剪贴板中的内容插回任何打开的 SketchUp 文档中。

★ "复制"快捷键：Ctrl＋C

⑤ "粘贴"菜单项可将剪贴板中的内容粘贴到当前的 SketchUp 文档中。粘贴的几何图形将被附加并放置在光标点处，允许在粘贴时定位新的几何图形。

★ "粘贴"快捷键：Ctrl＋V

⑥ "删除"菜单项可从模型中移除当前选定的图元。其实执行删除命令时用键盘上的 Delate 键效率更高。

⑦ "全选"菜单项可选择模型中所有可选择的图元。使用"全选"菜单项不能选择隐藏图元、隐藏图层上的任何项或使用截平面剪切掉的几何图形。关于如何选择图元在后面的章节中会单独介绍。

★ "全选"快捷键：Ctrl＋A

⑧ "全部不选"菜单项可清除选择集，进而取消选择模型中当前选定的任何项。

★ "全部不选"快捷键：Shift＋Ctrl＋A

⑨ "隐藏"菜单项可隐藏任何选定的对象。隐藏几何图形可帮助简化当前的视图，或者允许在较小的区域内查看和工作。

★ "隐藏"快捷键：Ctrl＋E

⑩ "取消隐藏"子菜单包含对被隐藏实体取消隐藏的选项。

"选定项"菜单项可取消隐藏任何选定的隐藏对象。确保"视图"菜单下的"显示隐藏几何图形"功能处于启用状态，以便查看和选择隐藏的几何图形。

"最后"菜单项可取消隐藏最后使用"隐藏"命令隐藏的图元。

"全部"菜单项取消隐藏当前文档中所有隐藏的图元。

⑪ "锁定"菜单项用于锁定不希望移动或编辑的任何组件或组。

⑫ "取消锁定"子菜单包含用于解除锁定组件和组的选项。使用"选定项"菜单项可解除锁定选择集中的所有组件和组。使用"全部"菜单项可解除锁定绘图区中的所有组件和组。

⑬ 关于组、组件及模型交错的使用将在后面章节中单独介绍。

⑭ "隐藏其他"可以将除选定图元外的其他物体隐藏。

⑮ "隐藏边线"可以隐藏所选图形的边线。

⑯ "隐藏面域"可以隐藏所选图形的面域。

⑰ "全部显示"可以将所有隐藏图元全部显示出来。

3. 工具栏

"工具栏"子菜单包含所有工具栏。进行【视图】→【工具栏】菜单命令，通过工具栏名称的勾选或取消（图 23-5），即可自定义 SketchUp 工具按钮的显示。其中"大工具集"控制软件左侧大工具栏（图 23-6）的显示与隐藏。

图 23-5　工具栏选项卡　　　　　　　图 23-6　大工具集

4. 绘图区

绘图区是模型的制作和展示区域，绘图区的样式可以根据个人喜好做相应更改。进行【窗口】→【新建面板】→添加【样式】，再依次点击【窗口】→【面板】→【显示面板】弹出风格设置面板，进入【编辑】选项卡（图 23-7），取消【天空】复选框的勾选，单击【背景】色块，在打开的【选择颜色】对话框中自由选择背景颜色。在勾选状态下也可以单独设置天空和地面颜色。

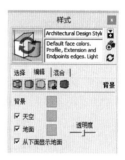

图 23-7　样式选项卡

5. 状态提示栏

状态栏位于绘图窗口的下面，左端是命令提示和 SketchUp 的状态信息。这些信息会随着绘制的东西而改变，但是总体来说是对命令的描述，包括修改键和它们是怎么修改的。

6. 数值输入框

状态栏的右边是数值控制栏。数值控制栏显示绘图中的尺寸信息，也接受输入的数值。

23.2　SketchUp 基本操作

23.2.1　视图的操作

1. 标准视图

运行【相机】→【标准视图】菜单命令（图 23-8），可以设置模型的各种视图，"标准视图"子菜单提供对以下标准视图（图 23-9）的显示方式：顶视图、底视图、前视图、后视图、左视图、右视图和等轴视图。

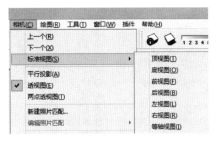

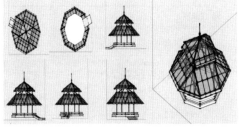

图 23-8　标准视图命令示意图　　　图 23-9　各种标准视图的显示方式

2. 平行投影

SketchUp 默认设置为"透视显示",因此得到的平面与立面视图并非绝对的投影效果,执行【相机】→【标准视图】菜单命令(图 23-10),可以得到绝对的投影视图,顶视图的透视显示和平行显示对比效果(图 23-11)。

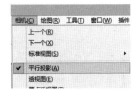

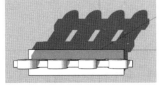

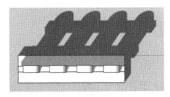

图 23-10　平行投影　　　　图 23-11　顶视图的透视显示和平行显示图

3. 旋转视图

(1)执行【相机】→【环绕观察】命令(图 23-12)或单击镜头工具栏 ⊕ 按钮,均可启动旋转命令,按住鼠标左键进行拖动即可进行视图旋转。

(2)按住鼠标滚轮也可进行视图旋转[此操作不需要执行(1)所执行的命令]。

★"旋转视图"快捷键:O

4. 平移视图

执行【镜头】→【平移】命令(图 23-13)或单击镜头工具栏 ✋ 按钮,按住鼠标左键就可进行平移视图。

★"平移"快捷键:H

图 23-12　旋转视图命令　　　图 23-13　平移视图命令

23.2.2 对象的选择

1.单击选择	2.框选与叉选	3.扩展选择
(1) 单击选择【按钮】上的 ；或者按键盘上的【空格键】。 (2) 按下Ctrl加选；按下Ctrl+Shift减选；按下Shift自动加减选。	按住鼠标左键，从左至右是框选（只有完整被范围框包围的物体被选择），从右至左是交叉选（只要与该范围框有接触就被选择）。	(1) 单击（仅选择与鼠标接触的面）； (2) 双击（将选择与鼠标接触的面与相关边线）； (3) 三击（将选择与鼠标接触的面所在组件内的所有面）。

23.2.3 切换显示风格

（1）执行【视图】→【表面类型】命令（图 23-14）或单击样式工具栏按钮 可以快速切换不同的显示模式，以满足不同的观察要求，从左至右分别为【X光透视模式】、【线框显示】、【消隐】、【着色显示】、【贴图】、【单色显示】6 种显示模式。

（2）各显示模式解析。

① X光透视模式：在进行室内或建筑等设计时，有时需要直接观察室内构件以及配饰等效果，此时单击【X光透视模式】不用进行任何模型的隐藏，即可对内部效果一览无余（图 23-15）。

② 线框显示：是 SketchUp 中最节省系统资源的显示模式，在该种显示模式下，场景中所有对象均以实线条显示，材质、贴图等效果也将暂时失效。在进行视图的缩放、平移等操作时，大型场景最好能切换到该模式，可以有效避免卡屏、迟滞等现象（图 23-16）。

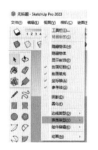

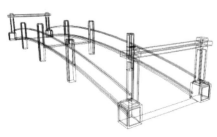

图 23-14 显示模式命令　　　图 23-15 X光透视模式　　　图 23-16 线框显示模式

③ 消隐：仅显示场景中可见的模型面，此时大部分的材质与贴图会暂时失效，仅在视图中体现实体与透明的材质区别，因此是一种比较节省资源的显示方式（图 23-17）。

④ 着色显示：该模式在可见模型面的基础上，根据场景已经赋予的材质，自动在模型面上生成与材质相近的色彩。在该模式下，实体与透明的材质区别也有所体现，因此显示的模型空间感比较强烈（图 23-18）。

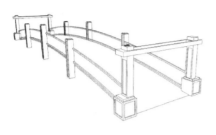
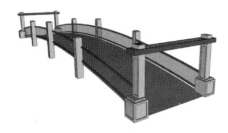

图 23-17　消隐模式　　　　　　　　图 23-18　着色显示模式

⑤ 贴图：是 SketchUp 中最全面的显示模式，该模式下材质的颜色、纹理及透明效果都将得到完整的体现（图 23-19）。

⑥ 单色显示：是一种在建模过程中经常使用到的显示模式，该模式用纯色显示场景中的可见模型面，以黑色实线显示模型的轮廓线，在较少占用系统资源的前提下，有十分强的空间立体感（图 23-20）。

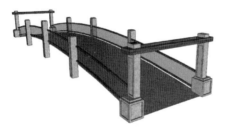
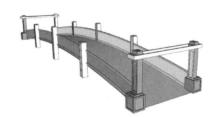

图 23-19　贴图模式　　　　　　　　图 23-20　单色显示模式

23.2.4　切换边线样式

（1）执行【视图】→【边线类型】命令进行样式控制（图 23-21），选择其下的命令，可以快速设置【轮廓】、【深粗线】、以及【扩展】的效果。

① 轮廓线：默认为勾选，取消勾选后，场景中模型边线将淡化或消失。

② 深粗线：勾选后边线将以比较粗的深色线条进行显示。由于该效果会影响模型细节的观察，因此通常不予勾选。

③ 扩展：勾选后，两条相交的直线通常会稍微延伸出头。

（2）执行【窗口】→【样式】→【编辑】→【边线设置】命令进行控制操作（图 23-22），此处可以对边线的宽度、长度、颜色等进行控制。

① 端点：勾选【端点】复选框后，边线与边线的交接处将以较粗的线条显示，通过其后的参数可以设置线条的宽度。

② 抖动：勾选【抖动】复选框后，可以模拟手绘中真实的线段细节（图 23-23）。

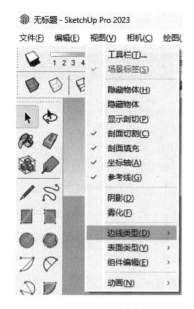

图 23-21 边线样式

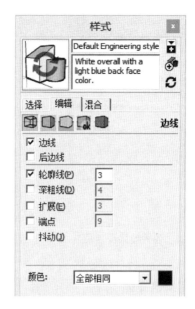

图 23-22 边线设置

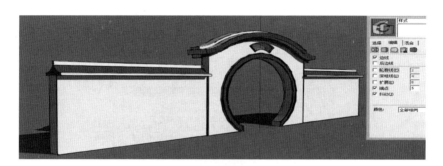

图 23-23 抖动效果

③ 调整边线显示颜色。

全部相同：默认黑色，可自定义。

按材质：根据材质颜色进行显示。

按轴：系统分别将 X、Y、Z 轴按照红、绿、蓝显示。

> 备注：通过【样式】对话框中的【选择】下拉按钮，还可以选择诸如【手绘边线】、【颜色集】等其他效果（图 23-24）。

23.2.5 设置绘图环境

1. 设置场景单位

执行【窗口】→【模型信息】命令进入【单位】选项可执行场景单位设置命令。【格式】十进制，单位为毫米（图 23-25）。

图 23-24　各种效果设置位置

图 23-25　设置场景单位

2. 自定义快捷键

执行【窗口】→【系统设置】命令进入【快捷方式】选项可执行快捷键添加与删除命令，也可以对快捷键进行导入和导出（图 23-26）。

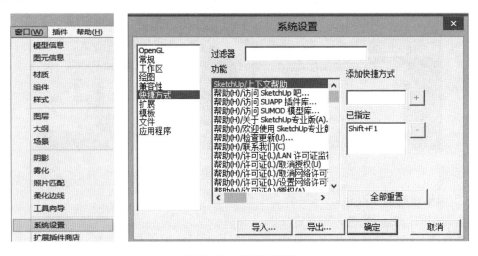

图 23-26　设置快捷键

3. 设置文件自动备份

执行【窗口】→【系统设置】命令进入【常规】选项 可执行自动备份命令。当【创建备份】勾选时，场景模型数据另存在一个新文件上；当【创建备份】未被勾选时，将根据设定的自动保存时间，场景模型数据覆盖当前文件（图 23-27）。

4. 保存设定模板

在设置好场景参数后，执行【文件】→【另存为模板】命令即可保存自动备份命令（图 23-28）。

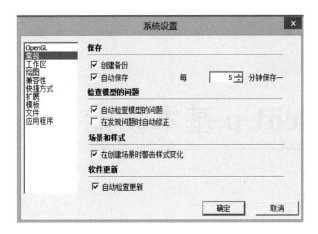

图 23-27 设置文件自动备份   图 23-28 保存设定模板

5. 打开设定模板

欢迎界面可以选择保存的模板，执行【窗口】→【系统设置】命令进入【模板】选项也可以选择保存的模板。

第 24 章

SketchUp 基本功能

24.1 绘图工具

1. 矩形工具

（1）执行【绘图】→【形状】→【矩形】命令（图 24-1），或单击绘图工具栏矩形 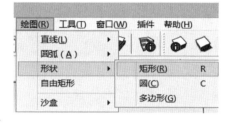 按钮可启动绘制矩形命令。

★ "矩形命令"快捷键：R

当出现绘制的矩形满足 1∶0.618 的黄金分割比率时中间出现虚线，此时单击鼠标可绘制出符合黄金分割比的矩形。

（2）在绘图区确定一个角点，在右下角数值输入框内输入数值，注意用逗号隔开，按下 Enter 键，可创建精确大小的矩形（图 24-2）。

图 24-1 矩形命令

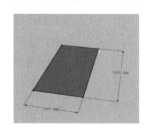

图 24-2 创建精确大小的矩形

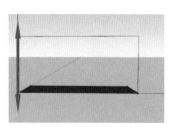

图 24-3 创建立面上的矩形

（3）控制鼠标在 Z 轴（蓝轴）方向移动，可创建立面上的矩形（图 24-3）。

（4）控制鼠标在 Z 轴（蓝轴）方向移动，按住 Shift 键锁定轴向，再向上绘制矩形，可创建空间内的矩形（图 24-4）。

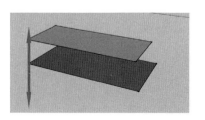

图 24-4 创建空间内的矩形

2. 直线工具

（1）执行【绘图】→【直线】→【形状】命令（图 24-5），或单击绘图工具栏直线 ✏️ 按钮可启动绘制直线命令。

★ "直线命令" 快捷键：L

（2）在绘图区确定一个起点，在右下角数值输入框内输入数值，按下 Enter 键，可创建精确长度的直线（图 24-6）。

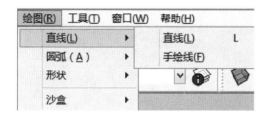

图 24-5　直线命令　　　　　　　　　图 24-6　创建精确长度的直线

（3）沿着红轴（X）、绿轴（Y）、蓝轴（Z）方向分别绘制直线，可创建空间中的直线（图 24-7）。

（4）当鼠标位于直线的端点（绿色）、中点（蓝色）时会出现捕捉点（图 24-8）。

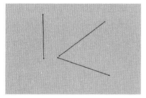

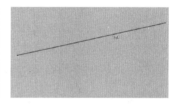

图 24-7　创建空间中的直线　　　　　　图 24-8　直线的断点与中点

（5）利用捕捉点可以平均分割模型中的面（图 24-9）。

3. 圆形工具

（1）执行【绘图】→【形状】→【圆形】命令（图 24-10），或单击绘图工具栏圆形 🕐 按钮可启动绘制圆形命令。

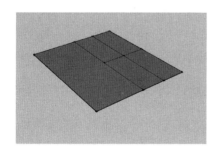

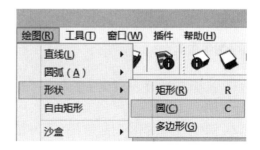

图 24-9　模型中面的分割　　　　　　　图 24-10　绘制圆形命令

★"圆形命令"快捷键：C

（2）在绘图区确定一个起点，在右下角数值输入框内输入半径数值，按下 Enter 键，可创建精确大小的圆形（图 24-11）。

（3）在右下角数值输入框内输入 S，按下 Enter 键，可创建多边形图形（图 24-12）。

4. 手绘线工具

执行【绘图】→【形状】→【手绘线】命令（图 24-13），或单击绘图工具栏手绘线 ⬚ 按钮可启动手绘线绘制命令。

 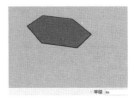 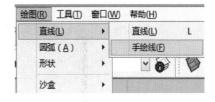

图 24-11　创建精确大小的圆形　图 24-12　创建多边形　　　　图 24-13　手绘线命令

5. 多边形工具

（1）执行【绘图】→【形状】→【多边形】命令（图 24-14），或单击绘图工具栏多边形 ⬚ 按钮可启动多边形绘制命令。

（2）在右下角数值输入框内输 S，按下 Enter 键，可创建多边形图形，输入框内输入精确数值可以创建精确多边形（图 24-15）。

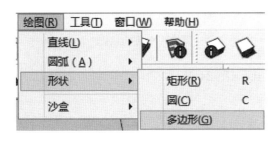 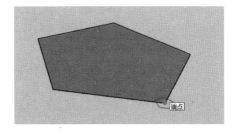

图 24-14　多边形命令　　　　　　　图 24-15　精确绘制多边形

备注：多边形工具和圆形工具可以互换。

---

6. 圆弧工具

（1）执行【绘图】→【圆弧】命令；或单击绘图工具栏 ⬚ 圆弧按钮可启动绘制圆弧命令（图 24-16）。

（2）圆弧命令根据绘图起始点的不同有三种绘图方式：

① 两点圆弧：圆弧的生成顺序依次为圆弧的起点、终点和凸起部分。

② 饼图：从中心和两点绘制关闭圆弧。

③ 圆弧：从中心和两点绘制圆弧。

④在绘图区确定一个起点，在右下角数值输入框内输入长度、凸出值、边数，按下 Enter 键，可创建精确大小的圆弧（图 24-17）。或者输入长度后，输入 R 以半径确定圆弧弧度。

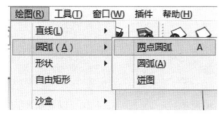

图 24-16　圆弧命令　　　　　图 24-17　创建精确大小的圆弧

24.2　编辑工具

1. 移动

（1）执行【工具】→【移动】命令（图 24-18），或单击修改工具栏 移动按钮可启动移动命令。

★"移动命令"快捷键：M

（2）对象的复制：执行【移动】命令，选择物体，按住 Ctrl 键，拖动鼠标即可进行复制。在右下角输入数值，按下 Enter 键可实现精确复制。复制有两种方式，如图 24-19 所示。

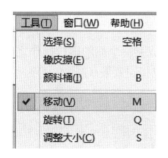

图 24-18　移动命令　　　　　图 24-19　复制的两种方式

2. 推拉

执行【工具】→【推拉】命令（图 24-20）；或单击修改工具栏 推拉按钮可启动推拉命令。

★"推拉命令"快捷键：P

（1）右下角输入数值可实现精确推拉（图 24-21）。

（2）按住 Ctrl 键进行推拉，则会以复制的形式进行拉伸（图 24-22）。这种绘图方式经常用于建筑设计和规划设计当中，可用来显示楼层数，进而推敲各建筑组合之间的空间关系。

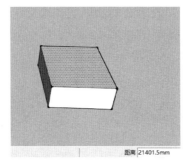

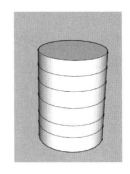

图 24-20　推拉命令　　　　图 24-21　精确推拉　　　　图 24-22　以复制形式实现的推拉

（3）对于异形的物体，选择一个面直接推拉可以拉伸出垂直效果，按住 Alt 键则出现整体推拉效果（图 24-23）。

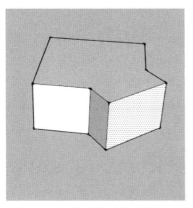

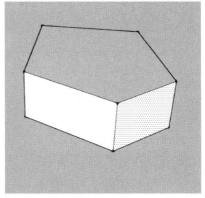

图 24-23　异形物体面的推拉

（4）如果多个面（物体）的推拉深度或者高度相同，在完成某一个面的推拉操作之后，在其他面（物体）上使用【推拉】工具直接双击左键，即可完成相同效果（图 24-24）。

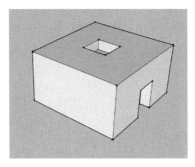

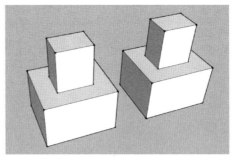

图 24-24　深度或者高度相同的推拉效果

（5）练习。利用推拉命令可以为墙体开窗洞（图 24-25）。

3. 旋转

（1）执行【工具】→【旋转】命令（图 24-26），或单击修改工具栏 ⟳ 旋转按钮可启动旋转命令。

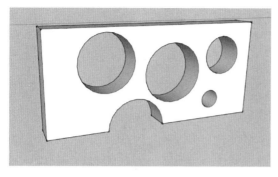

图 24-25　墙体窗洞　　　　　　　　图 24-26　旋转命令

★"旋转命令"快捷键：Q

（2）当旋转平面显示为绿色时，以 Y 轴为轴心进行旋转；当旋转平面显示为蓝色时，以 Z 轴为轴心进行旋转；当旋转平面显示为红色时，以 X 轴为轴心进行旋转；当旋转平面显示为灰色时，以其他轴为轴心进行旋转（图 24-27）。

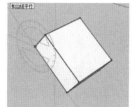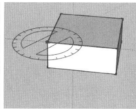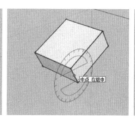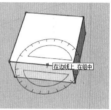

图 24-27　以不同的轴心进行旋转

（3）在右下角数值输入框内输入角度值，按下 Enter 键，可精确旋转（图 24-28）。

（4）精确旋转复制对象：精确旋转复制对象有两种方式（图 24-29）。

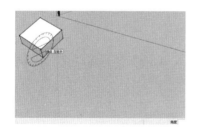

图 24-28　精确旋转　　　　　图 24-29　精确旋转复制的两种方式

（5）练习：在学会了精确旋转复制后，尝试以一点为圆心点进行旋转复制，将图 24-30 绘制出来。

4. 缩放

（1）执行【工具】→【缩放】命令（图 24-31）；或单击修改工具栏 缩放按钮可启动缩放命令。

★"缩放命令"快捷键：S

（2）等比缩放：启动缩放命令后，当对角点都为红色时，移动鼠标左键，可以实现等比缩放（图 24-32）。

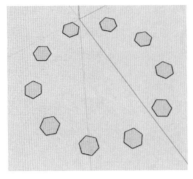

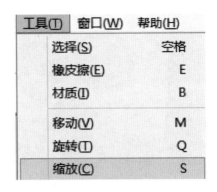

图 24-30　以一点为圆心点进行旋转复制　　　　图 24-31　缩放命令

（3）在右下角数值输入框内输入缩放值，按下 Enter 键，可精确缩放。当数值大于 1 时为放大，小于 1 时是缩小，输入负值是镜像效果。

（4）非等比缩放：沿着不同的轴线，当出现对角点为红色时，可以在所在轴线上实现非等比缩放（图 24-33）。

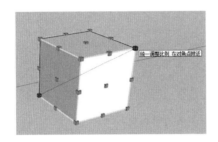

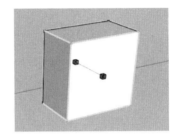

图 24-32　等比缩放　　　　　　　图 24-33　非等比缩放

5. 偏移

（1）执行【工具】→【偏移】命令（图 24-34），或单击修改工具栏 偏移按钮可启动偏移命令。

★"偏移命令"快捷键：F

（2）右下角数值输入框输入数值可实现精确偏移（图 24-35）。

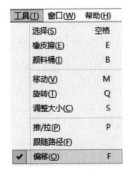

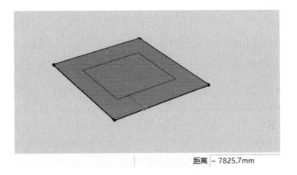

图 24-34　偏移命令　　　　　　图 24-35　精确偏移

（3）偏移复制工具对任意造型的"面"均可进行偏移复制，但对于线的复制则有所要求。偏移复制工具无法对单独的线段以及交叉线进行偏移复制，但是对多线段组成的转折线、弧线是可以进行偏移复制的（图 24-36）。

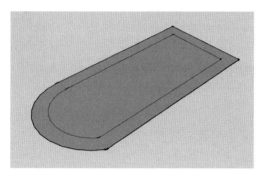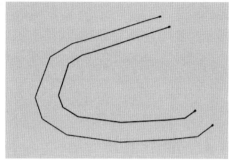

图 24-36　可偏移的对象

6. 跟随路径

（1）执行【工具】→【跟随路径】命令（图 24-37），或单击修改工具栏 跟随路径按钮可启动跟随路径命令。

（2）面与线的应用：启动跟随路径命令，利用选择图形，沿路径进行绘制可得到想要的图形（图 24-38），可用此方法绘制欧式建筑的部分造型。

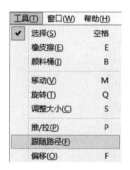

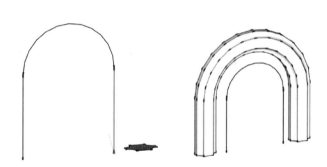

图 24-37　跟随路径　　　　　　图 24-38　参照路径绘制

上面这种为参照路径的绘图方式，有时候我们也会直接在路径上绘制（图 24-39），用此方法可以在园林中绘制路缘石、种植池、水池等。

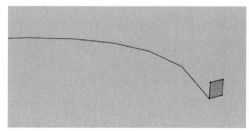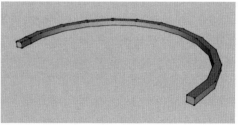

图 24-39　路径跟随

（3）实体上的应用：预先绘制一个实体，我们可以在上面做出倒角效果（图 24-40）。

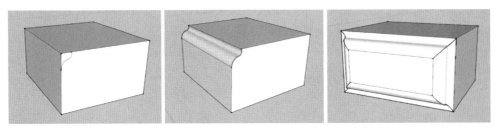

图 24-40　倒角效果

24.3　常用工具

1. 组件

（1）创建与炸开组件

① 选择场景模型（Ctrl＋A 全选），单击常用工具栏 <img> 按钮创建组件，或者单击鼠标右键选择【创建组件】命令（图 24-41）。

② 若要单独选择组件中的某部分，可以单击鼠标右键选择【分解】命令或者双击鼠标进入某部分修改（图 24-42）。

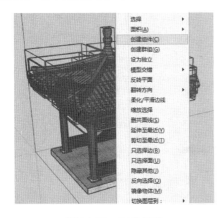

图 24-41　创建组件

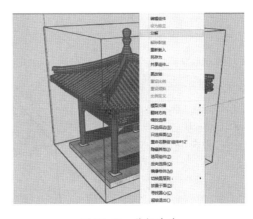

图 24-42　分解命令

（2）单面植物模型的朝向镜头效果

在创建植物模型时，勾选【创建组件】面板的【总是朝向镜头】复选框，随着相机移动，制作好的植物组件也会保持转动，从而避免出现单面效果（图 24-43），只有在视点比较低的时候才总是朝向镜头，鸟瞰图无效，依然是单面模式。

（3）组件的使用技巧

① 组件创建完成后，如果场景需要多个模型，可直接将组件进行复制。

② 如果在方案推敲过程中需要统一修改组件，可以选择任意一个组件模型，单击右键选择【编辑组件】或者双击模型的某个部件进行修改。

③ 如果单独修改某个或某几个模型可以单击右键执行【设为独立】，然后进行修改。

（4）组件的保存与调用

选择绘图区中的组件，右键执行【另存为】命令，指定保存路径可以对组件进行保存。执行菜单栏的【窗口】→【组件】命令，可以调用组件，组件可以调用电脑中存储的素材（图 24-44）。在平时的建筑、规划、风景园林设计中常用此方法，利用一些已有组件可以减少建模的工作量。

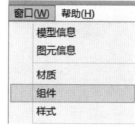

图 24-43　单面植物模型的朝向镜头效果　　　　　图 24-44　组件的调用

（5）组件库与共享

在绘图过程中，如果电脑中没有存储适合的组件，可以到组件库中进行搜索并下载使用。执行菜单栏的【窗口】→【3D Warehouse】命令，在输入框内可以搜索并下载所需模型组件（图 24-45）。

如果创建了一个模型组件，也可以把它共享到网络上。选择绘图区中的组件，右键执行【共享组件】命令，即可进行共享，前提是需要注册一个谷歌账号并登录（图 24-46）。

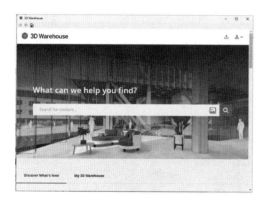

图 24-45　组件模型下载　　　　　　　　图 24-46　共享组件模型

2. 材质

（1）执行【工具】→【材质】命令（图 24-47），或单击修改工具栏 材质按钮可启动材质命令。

★ "材质工具" 快捷键：B

（2）材质工具的使用与组件的关系

启动【材质】工具点击要赋予材质的物体即可进行材质赋予。对于实体模型赋予材质时，如果实体模型未成为组件，则只能对单面进行材质的赋予；如果实体模型已成为组件，则能对整个实体模型进行材质的赋予（图 24-48）。通常情况下，创建一个实体面就需要编辑成组件，这样能对模型的编辑与修改提供很大便利，有助于提高绘图效率。若想对组件中模型的单一面进行材质赋予，则只需要双击进入组件，再选择面进行材质赋予即可（图 24-49）。

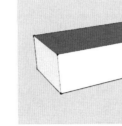

图 24-47　材质工具

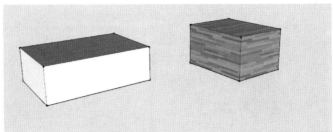

图 24-48　材质工具与组件的关系

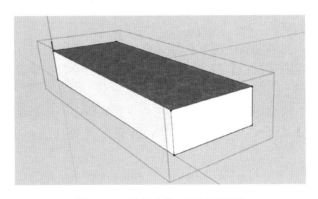

图 24-49　组件中单一面材质赋予

（3）提取场景中的材质

为了节省绘图时间，启动【材质】命令后，可以用材质面板上的【样本颜料】按钮进行材质的吸附并赋予所需实体模型（图 24-50）。

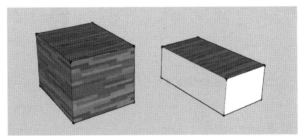

图 24-50　提取场景中的材质并赋予

（4）材质的创建

软件材质库中的材质很多时候并不能满足各类设计的需要，此时可以选择已有材质，进入【编辑】选项卡进行修改使用，也可以点击【创建材质】按钮 ，制作新的材质。

材质的创建步骤：

（5）控制贴图缩放和角度

实际建模过程中，所附材质需要调整才能使用。打开文件"24-51 控制贴图效果 .skp"文件，执行【材质】命令，点击 ⊕ 【创建材质】按钮，点开配套文件素材中第 24 章"封面.jpg"文件，制作封面材质，为场景文件添加封面材质，鼠标右键点击【纹理】→【位置】选项即可对封面进行调整（图 24-51）。

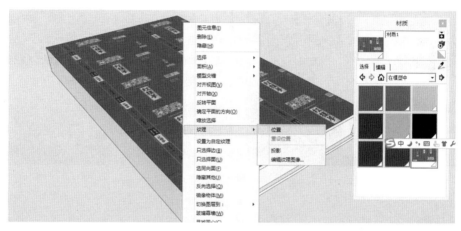

图 24-51 执行纹理/位置命令

此时绘图区出现四色别针，按住鼠标左键拖动鼠标即可进行调整（图 24-52）。红色为【移动工具】，绿色为【等比缩放/旋转工具】，黄色为【贴图扭曲】工具，蓝色为【非等比缩放】工具。配合四个指针可对封面进行合理调整，操作完毕右键点击【完成】，若重新调整可右键点击【重设】。

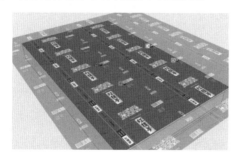 

图 24-52 调整封面

（6）处理转角贴图

单击启用【样本颜料】按钮，然后按住 Alt 键在已经制作好的封面上吸取材质，松开 Alt 键，待光标变成【材质】图标后赋予材质，可取得理想效果（图 24-53）。

图 24-53　转角贴图处理

（7）镜像与旋转

鼠标右键点击【纹理】→【位置】选项，再次右键即可对材质进行镜像与旋转（图 24-54）。

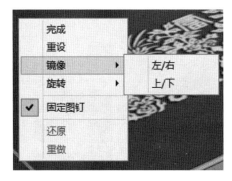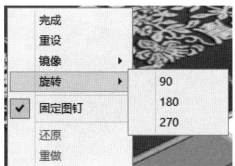

图 24-54　纹理镜像与旋转

3. 删除工具

（1）单击修改工具栏 擦除按钮可启动删除命令。

★ "删除工具"快捷键：Delete

（2）【删除工具】命令执行后单击所选物体即可进行删除。

（3）隐藏与取消隐藏：Shift＋【删除工具】可以隐藏实体模型的所选边线，执行【编辑】→【取消隐藏】可以根据需要显示隐藏线。

24.4　建筑施工工具

1. 卷尺工具

（1）点击 【卷尺工具】命令或执行【工具】→【卷尺】命令可启动卷尺工具命令（图 24-55）。

★ "卷尺工具"快捷键：T

（2）参考线的延长与偏移

【卷尺工具】对物体进行测量完成后，单击可以生成参考线，选择某点继续在右下角输入数值可以对参考线进行延长。在建模过程中经常用卷尺工具来绘制参考线，打开文件 "24-56 门开洞 .skp" 文件，执行【卷尺】命令，若在门上开窗洞，选择门框内侧边线单击后进行移动，按图中提供尺寸在右下角输入数值即可进行参考线的偏移，然后双击进入组件选择门面区域，利用【矩形】工具参照参考线绘制中间的矩形，执行【删除工具】删除矩形面即可进行开窗洞（图 24-56）。

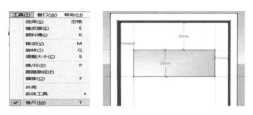
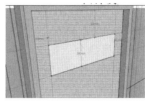
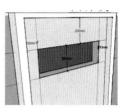

图 24-55　卷尺工具　　　　　　　　　　　　图 24-56　开门洞

（3）参考线的删除、隐藏与显示

在参考线选中状态下（选中状态参考线为蓝色）右键可以选择进行删除、隐藏，执行【编辑】→【取消隐藏】可以根据需要显示隐藏（图 24-57）。

图 24-57　参考线的删除、隐藏与显示

2. 量角器工具

（1）点击 【量角器工具】命令，或执行【工具】→【量角器】命令可启动量角器工具命令（图 24-58）。

（2）执行【量角器工具】命令，选择一端点，拖动鼠标创建角度起始线，进行移动即可测量角度，右下角数值输入框有角度显示（图 24-59）。

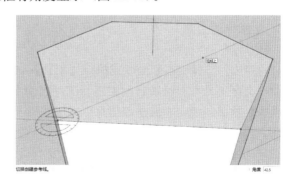

图 24-58　量角器工具命令　　　　　　　　图 24-59　量角器工具的使用

（3）参考线功能，启动【量角器】工具，在目标位置单击鼠标确定顶点位置，然后拖动鼠标创建角度起始线，在【数值输入框】输入精确数值按 Enter 键确定，即可创建以起始线为参考，创建相对角度的参考线。

图 24-60　量角器工具命令

3. 尺寸工具

（1）点击 【尺寸工具】命令或执行【工具】→【尺寸】命令可启动尺寸工具命令（图 2-60）。

（2）【尺寸工具】和前面 cad 中所学的标注操作方法相同，此处的尺寸标注工具可以在三维空间中对物体进行标注（图 24-61）。

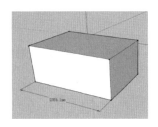 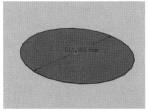 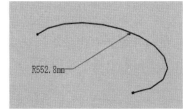

图 24-61　尺寸工具的使用

（3）设置与修改尺寸工具。执行【窗口】→【模型信息】→【尺寸】命令可以对尺寸工具进行设置和修改（图 24-62）。

  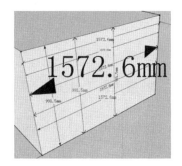

图 24-62　尺寸工具的设置与修改

4. 文本标注工具

（1）点击 【文本】命令或执行【工具】→【文本】工具（图 24-63）。

（2）文本工具可以对场景模型进行文字注释标注，在实际建模过程中可以标注尺寸、面积、材质、说明、做法等信息。

（3）选择文本标注右键可以对标注的文本、箭头、隐线进行修改与设置（图 24-64）。

（4）选中文本标注，按下 Delete 键可以对标注进行删除。

图 24-63　文本标注　　　　　　图 24-64　标注样式的修改
工具的使用

5. 坐标轴工具

（1）点击 ✳ 【轴】命令或执行【工具】→【轴】工具（图 24-65）。

（2）启动【轴】命令，选择实体模型的目标端点，单击可确定新的坐标原点位置（图 24-66）。

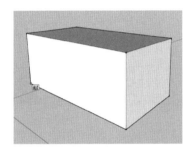
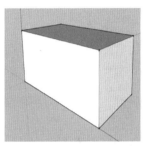

图 24-65　轴工具　　　　　图 24-66　确定新的坐标原点

6. 三维文字工具

（1）单击 🄰 【三维文字】命令或执行【工具】→【三维文字】工具可启动三维文字工具命令（图 24-67）。

（2）启动【三维文本】命令后会出现如下面板（图 24-68），操作界面类似于 Word 软件，可以对文字样式进行放置，也可进行修改与设置。

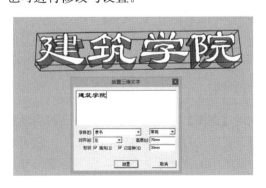

图 24-67　三维文字工具命令　　　　图 24-68　放置三维文字

24.5 相机工具

1. 定位相机工具

（1）单击  【定位相机】命令或执行【相机】→【定位相机】工具可启动定位相机命令（图 24-69）。

（2）【定位相机】在实际使用当中相当于人的观赏点位置，右下角数值输入框可以输入视点高度，通常情况下为正常人视点，即 1.7m 左右。

（3）打开文件"24-70 绕轴旋转 . skp"文件，启动【定位相机】命令后，选择合适位置鼠标单击即可确定观赏点和视高，待光标变成 👁 即成为【绕轴旋转】工具，【绕轴旋转】工具在按住鼠标左键不放时可以沿固定轴进行旋转观察（图 24-70）。

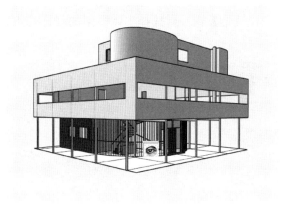

图 24-69　定位相机　　　　　图 24-70　绕轴旋转

2. 漫游工具

（1）单击 👣 【漫游工具】命令或执行【相机】→【漫游工具】命令可启动漫游工具（图 24-71）。

（2）设定漫游起始点后：

① 按住鼠标左键可以实现前进、倒退以及左右转向效果。

② 按住 Shift 键同时上下移动鼠标，则可以升高或者降低摄像机视点。

③ 按住 Ctrl 键的同时推动鼠标左键可以实现加速效果。

3. 动画工具

（1）执行【视图】→【动画】工具命令可启动动画工具。

（2）打开"24-70 绕轴旋转 . skp"文件，启动【视图】→【动画】→【添加场景】命令可以为场景中的视图添加场景，设置游览路径，配合前进、倒退以及左右转向命令可添加多组场景（图 24-72），  每执行完一段路径注意添加场景，在场

景号上右键出现动画控制界面（图 24-73），可以对场景进行播放。

图 24-71　漫游工具　　　　　图 24-72　添加场景　　　　　图 24-73　动画控制界面

（3）执行【文件】→【导出】→【动画】→【视频】命令，可以对动画进行导出（图 24-74），在模型和空间体块推敲阶段可以运用动画命令对场景进行动画导出，有助于全方位的观看场景模型。

图 24-74　动画导出视频

第 25 章

SketchUp 高级功能

25.1 群组与实体工具

1. 群组功能

（1）群组和组件

群组和组件经常容易混淆，前面也重点讲过组件，其实两者的最大区别在于：群组的模型复制后选择其中一个进行编辑操作，不会影响其他群组模型，而组件恰恰相反。

（2）创建与分解群组

打开"25-1 群组 .skp"文件，全选座椅，鼠标右键单击【创建群组】，即完成群组的创建。若需分解群组，鼠标右键单击【分解】，即完成群组的分解（图 25-1）。

★"群组"快捷键：G

（3）编辑群组

【群组】命令执行后，鼠标右键可以执行【编辑组】命令。按住 Ctrl＋X 组合键可以剪切其中某个部件，然后外侧单击退出群组，Ctrl＋V 组合键可以将某个模型移至组外，添加某个部件操作相反（图 25-2）。

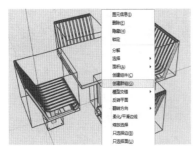

图 25-1　群组的创建与分解

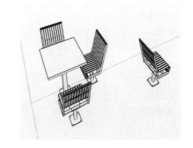

图 25-2　编辑群组

2. 实体工具

（1）执行【视图】→【工具栏】菜单命令，在弹出的【工具栏】对话框中选择

【实体工具】即可弹出 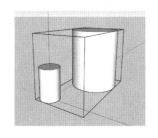 工具栏。工具栏从左到右依次为【外壳】、【相交】、【联合】、【减去】、【剪辑】、【拆分】六个模块。

（2）六个模块的作用分别如下：

① 外壳工具：可以快速将多个单独的"实体"模型合并成一个"实体"，并删除内部所有图元。打开"25-3 外壳.skp"文件，两个圆柱实体都已分别成为群组，全选两个物体执行【外壳】工具可以将其合并成一个实体（图 25-3）。

② 相交工具：可以快速获取"实体"间相交部分的模型，选择两个物体执行【相交】工具可以取得相交部分的模型（图 25-4）。

图 25-3　外壳工具

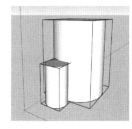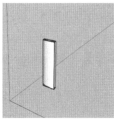

图 25-4　相交工具

③ 联合工具：可以将多个"实体"进行合并，与之前介绍的【外壳】工具无明显区别，效果可参照图 25-3。

④ 减去工具：可以快速将某个"实体"与其他"实体"相交的部分进行减除，执行【减去】工具，先点击一个物体，即可减去相交部分和第一个被选择的物体（图 25-5）。

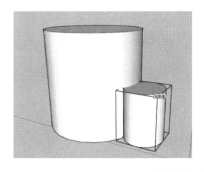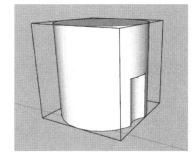

图 25-5　减去工具

⑤ 剪辑工具：根据第二个实体剪辑第一个实体并将两者同时保留在实体中（图 25-6）。

⑥ 拆分工具：功能类似于【相交】工具，但其在获得"实体"间相接触的部分的同时仅删除之前"实体"间相接触的部分（图 25-7）。

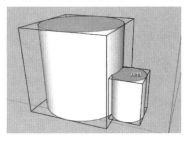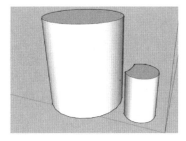

图 25-6　剪辑工具

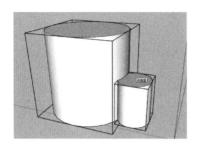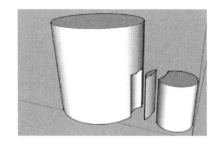

图 25-7　拆分工具

25.2　沙盒工具

【沙盒】工具是 SketchUp 内置的一个地形工具，用于制作三维地形效果。执行【视图】→【工具栏】命令，勾选【沙盒】命令，即可弹出【沙盒】工具栏 。沙盒工具在创建室外环境时经常会用到，可以创造出各种复杂的三维地形。沙盒工具栏中有以下几种创建三维地形的工具。

1. 等高线建模

利用等高线进行建模，需要事先在 CAD 中绘制好等高线，然后导入 SketchUp，将不同的等高线在垂直方向上拉起一定高度，全选等高线执行【等高线建模】工具即可，打开"25-8 等高线建模 . skp"文件尝试一下（图 25-8）。

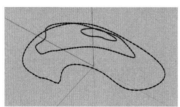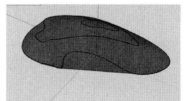

图 25-8　等高线建模

2. 网格地形建模

点击【网格地形建模】工具，在右下角数值输入框输入精确数值可以创建网格地形（图 25-9）。

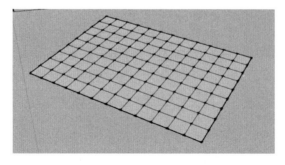

图 25-9　网格地形建模

3. 地面曲面拉伸

选择刚才图 25-9 中创建的网格地形，右键将其执行【分解】命令，点击【地面曲面拉伸】工具，在右下角数值输入框输入精确数值，可以对局部地形高差进行升高或者降低处理（图 25-10）。

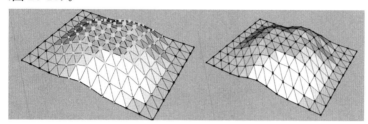

图 25-10　地面曲面拉伸

4. 地形平整工具

打开"25-11 地形平整.skp"选择地形，点击上方房屋，执行【地形平整】工具命令，选择地形，可以实现房屋底面和地形顶面贴合（图 25-11）。

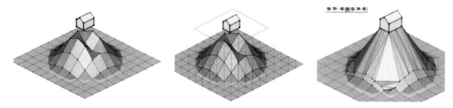

图 25-11　地形平整工具

5. 曲面投射工具

打开"25-12 曲面投射.skp"选择上方道路，执行【曲面投射】工具命令，选择地形，可以实现地形上面创建道路（图 25-12）。一般情况下，通过前面创建的地形需要执行右键【柔化】命令，让地形起伏显得圆润一点效果会更好。

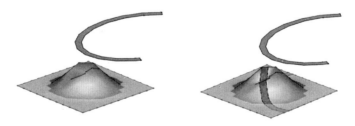

图 25-12　曲面投射工具

6. 添加细部工具

为了使边缘显得平滑，可以在使用【曲面拉伸】工具前选择将要进行拉伸的网格面，右键将其执行【分解】命令，选择面域上面要拉伸的部分，然后再单击【添加细部】工具对选择面进行细分，细分完成后再使用【曲面拉伸】工具进行拉伸，即可得到平滑的拉伸边缘（图 25-13）。

7. 对调角线工具

根据网格创建地形，启用【对调角线】工具可以根据地势走向对应改变对角边线方向，从而使地形变得平缓一些（图 25-14）。

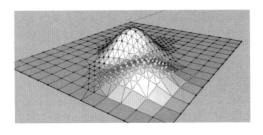
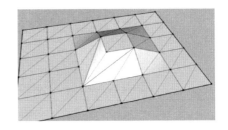

图 25-13　添加细部工具　　　　　　　　图 25-14　对调角线工具

25.3　图层与截面工具

【图层】是一个强有力的模型管理工具，可以对场景模型进行有效的归类，以方便进行【隐藏】、【取消隐藏】等操作。

为了准确表达建筑物内部结构关系与交通组织关系，通常需要绘制平面布局及立面截面图，在 SketchUp 中，利用【截面】工具可以快速获得当前场景模型的平面布局与立面截面效果。

25.3.1　图层

1. 图层的显示与隐藏

执行【视图】→【工具栏】→【图层】命令，可以调出图层工具栏。点击图片右边的图层管理器按钮可以调出图层，SketchUp 的图层和 CAD 软件的图层是一个道理，只是显示界面相对简单，操作起来也更为方便。在创建模型之初要养成分图层的习惯（图 25-15）。图层选项板的【可见】选项可以控制图层的显示与隐藏，【颜色】选项可以控制图层的颜色。

2. 新建与删除图层

点击如图 25-15 所示的【＋】号和【—】号可以对图层进行新建和删除，新建完图层可以对图层进行重命名。点击图 25-15 中右上角的箭头图标可以实现全选图层或者自动删除空白图层。

3. 改变对象所处图层

选择将要改变图层的对象，在绘图区右键执行【图元信息】命令，在图层下拉列表中可以选择改变对象所处图层（图 25-16）。

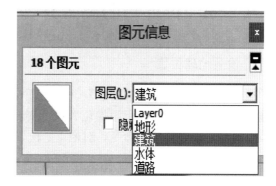

图 25-15　图层的显示与隐藏　　　　　　　图 25-16　改变对象所处图层

25.3.2　截面工具

为了准确表达建筑物内部结构关系与交通组织关系，通常需要绘制平面布局及立面截面图，在 SketchUp 中，利用【截面】工具可以快速获得当前场景模型的平面布局与立面截面效果。

（1）执行【视图】→【工具栏】→【截面】命令，可以调出截面工具栏。

（2）创建剖面

打开"25-17 截面.skp"，执行【截面】命令，通过【移动】与【旋转】工具可创作出多种剖切效果（图 25-17）。

（3）剖面的显示、隐藏与翻转

调整好【截面】位置后，单击【截面】工具栏【显示/隐藏截面】按钮，可实现显示与隐藏剖切面。双击剖面箭头图标待变为黄颜色时鼠标右键点击【翻转】可以实现剖面的翻转（图 25-18）。

（4）剖切面的激活、冻结与剖切线的删除

当场景中有多个剖切面存在时可执行剖切面的激活与冻结，灰色为冻结状态，双击剖切面可实现剖切面快速激活，框选剖切线执行【删除】命令可以对剖切线进行删除。

（5）获取截面图形

选择截面，鼠标右键从剖面创建群组命令可以得到截面图形，执行移动命令可以将图形从模型中移出来（图 25-19）。

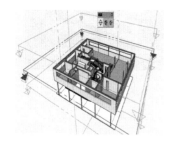

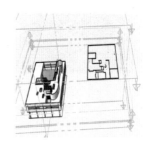

图 25-17　剖面效果　　　　　图 25-18　剖面的翻转　　　　图 25-19　获取截面图形

25.4 地理位置与阴影工具

1. 设置地理位置

执行【窗口】→【模型信息】→【地理位置】命令，可以调出地理位置选项，电脑连接网络状态下可以执行添加位置命令对模型的地理位置进行设定。如果未连接网络可以执行手动设置位置命令，对地点、位置、经度、纬度进行手动输入（图 25-20）。

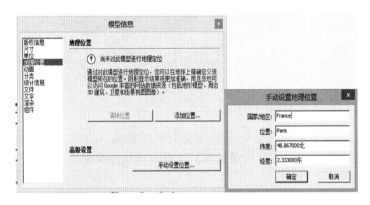

图 25-20　手动设置地理位置

2. 阴影设置

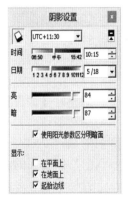

（1）执行【视图】→【工具栏】→【阴影】命令，可以调出阴影设置面板 ，点击阴影设置面板的第一个按钮，可以对阴影进行设置，如图 25-21 所示，点击阴影设置面板的第二个按钮，可以对阴影显示与否进行控制。

（2）物体的投影的显示与隐藏：

选择图 25-22 中的地面，在绘图区右键执行【图元信息】命令，勾选接受阴影可以实现阴影在地面的显示与隐藏。

图 25-21　阴影设置

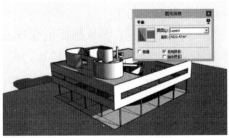

图 25-22　地面投影的显示与隐藏

第 26 章

素材库与扩展程序

26.1　3D Warehouse 资源库

3D Warehouse 是一个强大的在线平台，专门为 SketchUp 用户提供一个集成的资源库，用于上传、下载和分享 3D 模型。自从 SketchUp 推出以来，3D Warehouse 已成为全球设计师、建筑师、工程师和其他创意专业人士的重要工具。该平台不仅丰富了用户的设计资源，还促进了全球设计社区的互动和合作。

1. 模型素材检索

在 3D Warehouse 中检索模型素材是一个简便而高效的过程，能够帮助用户迅速找到所需的设计元素。以下是详细的步骤和技巧，帮助用户更好地利用 3D Warehouse 进行模型素材的检索。

用户可以通过两种方式访问 3D Warehouse：（1）打开 SketchUp 软件，点击工具栏中的 ⊕ 3D Warehouse 图标；这将直接打开 3D Warehouse 的内嵌窗口，用户可以在其中进行搜索和浏览。（2）通过网页浏览器，用户也可以直接访问 3D Warehouse 的官方网站（https：//3dwarehouse.sketchup.com）；在网页浏览器中打开网站后，用户可以使用相同的功能进行搜索和浏览。

在 3D Warehouse 的首页或搜索页面，用户会看到一个显眼的搜索栏。要搜索特定的模型素材，在搜索栏中输入关键词（图 26-1）。例如，如果用户需要一个椅子模型，可以输入"椅子"；如果需要建筑模型，可以输入"建筑"；按下回车键或点击搜索按钮，系统会根据输入的关键词显示相关的搜索结果。

为了更精确地找到所需的模型，用户可以使用右侧的过滤器 ⚏ Filters 进行筛选。以下是一些常用的过滤器选项：

（1）类别 Category：用户可以根据模型的类别进行筛选，例如家具、建筑、机械等。这有助于缩小搜索范围，更快找到符合需求的模型。

（2）文件大小 File Size：用户可以选择特定的文件大小进行筛选，例如<10MB，10MB~25MB 等。

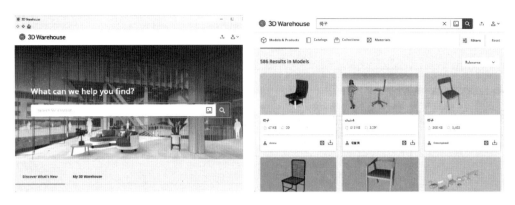

图 26-1　模型素材搜索

（3）上传日期 Date Created：用户可以选择按上传日期进行筛选，例如最近上传、过去一个月、一年内等。这对于查找最新的模型特别有用。

（4）模型作者：如果用户对某个特定作者的模型感兴趣，可以通过作者名称进行筛选。

为了提高搜索效率，用户可以输入更具体的关键词从而更精确地找到所需模型（图 26-2）。例如，输入"现代椅子"比单纯输入"椅子"能获得更相关的结果。用户可以使用多个关键词组合进行搜索，例如"现代建筑别墅"，以获得更符合需求的结果。在选择模型时，可以查看其他用户的评分和评论。这些反馈可以帮助用户判断模型的质量和适用性。3D Warehouse 中的许多模型带有标签，用户可以点击这些标签查看相关的模型。这有助于发现更多符合需求的素材。

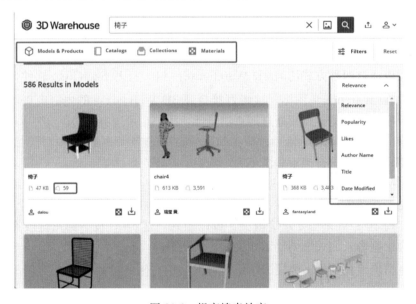

图 26-2　提高搜索效率

2. 模型下载与载入

用户要想在 3D Warehouse 中找到所需的模型，可以通过搜索关键词、浏览分类或使用过滤器来定位目标模型。找到模型后，点击模型的缩略图以查看详细信息页面。

在模型的详细信息页面，用户可以看到模型的名称、描述、标签、上传日期、文件大小、作者信息以及用户评分和评论（图 26-3）。详细信息页面还展示了模型的预览图和其他相关模型，这些信息可以帮助用户判断模型是否符合需求。

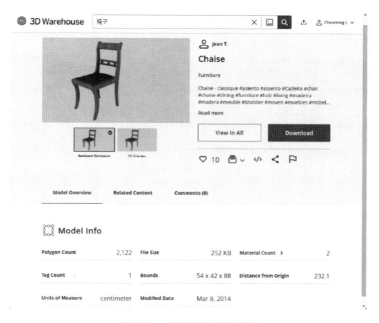

图 26-3　模型详细信息页面

在模型详细信息页面，用户可以看到一个显眼的"下载 Download" Download 按钮。点击该按钮后，系统会弹出一个对话框，用户需要选择与当前 SketchUp 版本兼容的文件格式。一般情况下，3D Warehouse 会自动推荐与用户当前使用的 SketchUp 版本兼容的格式，但用户也可以手动选择其他格式。确认文件格式后，点击"下载"按钮，系统会开始下载模型文件。下载完成后，模型会自动导入到当前的 SketchUp 场景中。

3. 模型收藏与创建集合

为了便于管理和快速访问，3D Warehouse 提供了模型收藏和创建集合的功能。模型收藏功能允许用户将喜欢的模型添加到个人收藏夹中，便于日后快速查找和使用。

在 3D Warehouse 中找到所需的模型，点击模型缩略图以查看详细信息页面。点击"收藏 Collection"按钮， Collections 点击该按钮后，模型会被添加到用户的个人集合中。

创建集合功能允许用户将多个相关模型组织在一起，形成一个集合。这对于管理大型项目或主题相关的模型特别有用。在 3D Warehouse 的个人页面，点击"添加文件夹"按钮。

系统会弹出一个对话框，用户需要输入集合的名称和描述（图 26-4）。例如，如果用户正在进行一个办公室设计项目，可以创建一个名为"办公室设计"的集合，并在描述中注明集合的用途和内容；填写完成后，点击"创建"按钮，新的集合会被添加到用户的集合列表中。

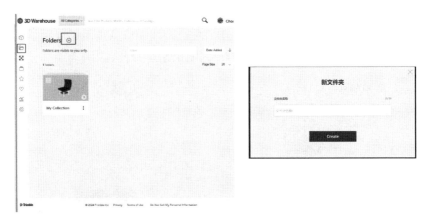

图 26-4　添加文件夹

4. 模型上传

3D Warehouse 不仅是一个获取模型的资源库，也是一个分享创意的平台。用户可以将自己创建的 3D 模型上传到 3D Warehouse，与全球的设计师、建筑师和其他创意专业人士分享。

在上传模型之前，用户需要确保模型已经在 SketchUp 中完成并保存。为了提高模型的质量和受欢迎程度，建议用户在上传前进行检查并优化模型，确保其几何结构合理，避免不必要的多边形和冗余数据。这不仅可以减少文件大小，还能提高模型的加载速度和使用体验。同时为模型添加合适的材质和纹理，使其更具真实感和视觉吸引力。确保所有材质和纹理文件都已正确应用并包含在模型文件中。最后确保模型的比例和单位设置正确，尤其是在建筑和工程类模型中，这一点尤为重要。

一旦模型准备就绪，可以按照以下步骤上传到 3D Warehouse。打开 3D Warehouse，然后选择右上角 ⬆ "上传模型"。这将打开 3D Warehouse 的上传页面。

（1）填写模型详细信息（图 26-5）：

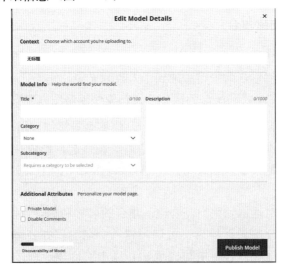

图 26-5　填写模型详细信息

① 名称 Title：输入模型的名称。名称应简洁明了，能够准确描述模型的内容。

② 描述 Description：填写模型的详细描述。描述应包括模型的用途、特点和任何特殊说明，以帮助其他用户了解和使用模型。

③ 类别 Category：选择模型所属的类别。例如，如果模型是一个家具，可以选择"家具"类别；如果是建筑构件，可以选择"建筑"类别。

（2）上传模型：填写完所有信息后，点击"上传 Publish Model"按钮。系统会开始上传模型文件，上传时间取决于文件大小和网络速度。上传完成后，模型会立即发布到 3D Warehouse，其他用户可以查看、下载和评论。

26.2 Extension Warehouse 扩展程序库介绍

Extension Warehouse 是一个专为 SketchUp 用户设计的在线平台，提供了丰富的扩展程序资源。通过这些扩展程序，可以大大增强 SketchUp 的功能，实现更复杂和专业的设计需求。无论是建筑设计、室内设计、景观设计还是工程应用，Extension Warehouse 都能为用户提供强大的工具和支持。

1. 扩展程序检索

在 Extension Warehouse 中检索扩展程序是一个简便而高效的过程，用户可以通过打开 SketchUp 软件，点击工具栏中的 Extension Warehouse 图标。这将直接打开 Extension Warehouse 的内嵌窗口，用户可以在其中进行搜索和浏览（图 26-6）。

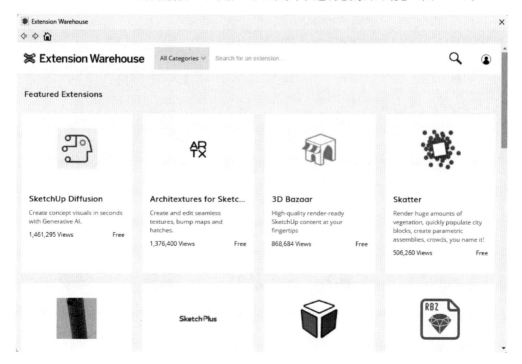

图 26-6　Extension Warehouse 内嵌窗口

在 Extension Warehouse 的首页或搜索页面，用户会看到一个显眼的搜索栏。要搜索特定的扩展程序，需要在搜索栏中输入关键词（图 26-7）。例如，如果用户需要一个渲染器扩展程序，可以输入"渲染"；如果用户需要动画工具，可以输入"动画"。按下回车键或点击搜索按钮，系统会根据输入的关键词显示相关的搜索结果。

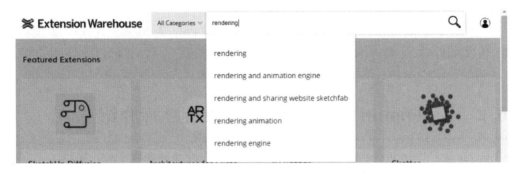

图 26-7 搜索扩展程序

搜索结果页面会显示与关键词匹配的扩展程序列表（图 26-8）。用户可以通过滚动页面，浏览这些结果。每个扩展程序都有缩略图、名称和简短描述，帮助用户快速识别所需扩展程序。为了更精确地找到所需的扩展程序，用户可以使用左侧的过滤器进行筛选。

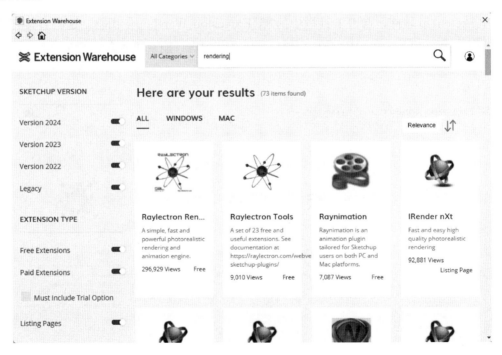

图 26-8 扩展程序搜索结果页面

2. 扩展程序下载与载入

在扩展程序的详细信息页面，用户可以看到扩展程序的名称、描述、标签、上传日期、文件大小、开发者信息以及用户评分和评论（图 26-9）。详细信息页面还展示了扩展程序的预览图和其他相关扩展程序，这些信息可以帮助用户判断扩展程序是否符合需求。

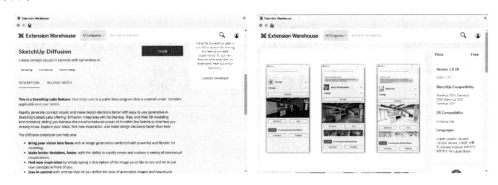

图 26-9　扩展程序详细信息页面

在扩展程序详细信息页面，点击"安装 Install"按钮。系统会自动开始下载扩展程序文件，并将其安装到 SketchUp 中。安装过程可能需要几秒钟到几分钟，具体时间取决于扩展程序的大小和网络速度。安装完成后，用户会看到安装成功的提示。

安装完成后，用户可以在 SketchUp 的扩展程序菜单中找到并使用新安装的扩展程序。在 SketchUp 的主菜单中，点击"扩展程序"选项（图 26-10）。用户会看到一个下拉菜单，列出了所有已安装的扩展程序。点击所需扩展程序的名称，即可启动并使用该扩展程序。不同的扩展程序可能会在 SketchUp 界面中添加新的工具栏、菜单项或对话框，用户可以根据需要进行操作。

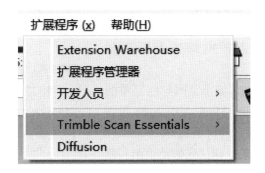

图 26-10　扩展程序菜单

第 27 章 光辉城市 Mars2020 for SketchUp 渲染

光辉城市 Mars2020 是由光辉城市开发的一款高性能实时渲染和虚拟现实（VR）软件，专为建筑、工程和施工（AEC）行业设计。该软件提供强大的实时渲染功能，使设计师能够即时查看高质量效果，并支持 VR 设备，让用户身临其境地体验设计作品。Mars2020 与主流设计软件无缝集成，支持多种文件格式的导入和导出，内置丰富的材质库和模型库，提供动态光影、实时天气模拟等交互功能，并具备云端协作能力。它适用于建筑设计、城市规划和施工管理等场景，帮助专业人士高效展示和优化设计方案，提升项目质量和客户满意度。

27.1 Mars2020 安装

安装 Mars2020 所需的电脑推荐配置如图 27-1所示：

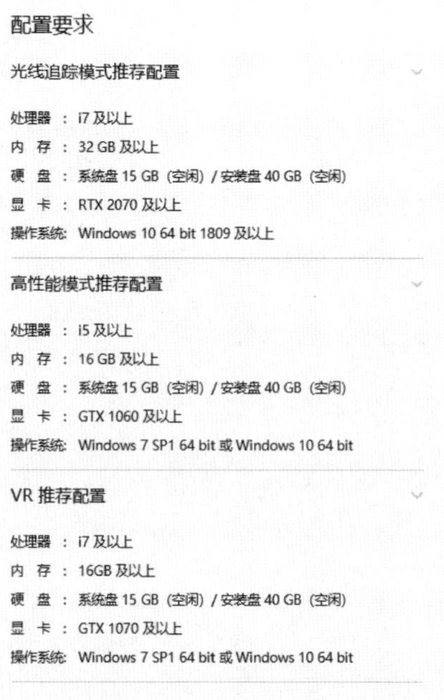

首先将鼠标移动到光辉城市官网导航菜单的下载——Mars2020，进入 Mars2020 下载页面（图 27-2），点击立即下载，即可下载 Mars2020 的安装程序。在安装 Mars 前，建议先拖动页面右侧滚动条，拉至如图示部分，下载软件所需的全部相关组件；下载完成后，找到下载的压缩文件，解压缩后找到文件目录中后缀名为 .exe 的可执行文件，双击鼠标左键进行安装。

安装好相应的组件之后，再双击运行之前下载完成的 Mars2020 安装程序。等待安装程序进度完成后，Mars2020 登录页面即自动弹出，输入用户名和密码进行登录。

点击环境检测，程序会评估电脑硬件与组件的完整情况，若不满足 Mars2020 运行要求，则检测无法通过。根据推荐配置要求，如果能够自行判断自己的电脑配置高于推荐配置，则可以直

配置要求

光线追踪模式推荐配置

处理器	i7 及以上
内 存	32 GB 及以上
硬 盘	系统盘 15 GB（空闲）/ 安装盘 40 GB（空闲）
显 卡	RTX 2070 及以上
操作系统	Windows 10 64 bit 1809 及以上

高性能模式推荐配置

处理器	i5 及以上
内 存	16 GB 及以上
硬 盘	系统盘 15 GB（空闲）/ 安装盘 40 GB（空闲）
显 卡	GTX 1060 及以上
操作系统	Windows 7 SP1 64 bit 和 Windows 10 64 bit

VR 推荐配置

处理器	i7 及以上
内 存	16GB 及以上
硬 盘	系统盘 15 GB（空闲）/ 安装盘 40 GB（空闲）
显 卡	GTX 1070 及以上
操作系统	Windows 7 SP1 64 bit 和 Windows 10 64 bit

图 27-1　Mars2020 所需电脑推荐配置

接点击下一步，继续安装（不能判断的话，建议自行搜索相关资料）；如果确实配置低于推荐配置，可以适当升级硬件设备后再检测运行。

图 27-2 光辉城市官网导航菜单

27.2 Mars2020 操作方式及快捷键

按下 W、A、S、D 键可进行前后左右方向的移动，在移动时按住 Shift 可以进行加速移动，并且可以通过快捷键 Shift＋＝/－切换移动速度，目前支持五挡速度（0.5、1、2、3、4）参数调节；滑动鼠标滚轮可拉近与拉远视角；小键盘的上、下、左、右和方向键可进行太阳角度的调节，Delete 键可删除配景；对场景中的目标点双击鼠标左键，会快速移动至该点的位置；鼠标右键可取消场景内容的跟随状态；B 键可在飞行与人行模式下进行快速切换（图 27-3）。快捷键可通过右侧工具栏的帮助菜单进行查看（图 27-4）。

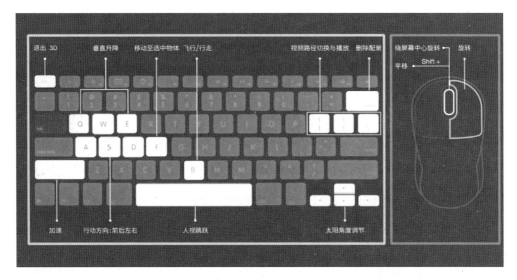

图 27-3　Mars2020 操作方式

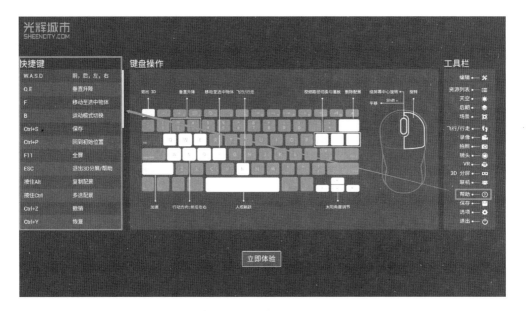

图 27-4　Mars2020 快捷键

27.3　Mars2020 漫游场景介绍

1. 第一部分功能

最上方区域为编辑器功能，主要包含导入项目模型、丰富场景等编辑功能（图 27-5）。界面从上到下依次为场景模型、地形（beta）、材质、配景和路径：

（1）场景模型：导入四种格式（.skp，.fbx，.dae，.3dm）的模型（图 27-6）。

图 27-5　编辑器

图 27-6　场景模型

（2）地形（beta）：添加平坦和 DEM 地形类型，添加后可以在地形上进行雕刻、材质更换、设置水面、地下、侧面等编辑（图 27-7）。

（3）材质：集合了常见的室外、室内、自然、其他四种大类别的材质库，还可以选择资源显示的排序方式（图 27-8）（目前有推荐、名称、更新时间三种排序方式选择）。

（4）配景：集合了常见的室外、室内、植物、自然、高级五种大类别的配景库，还可以选择资源显示的排序方式（目前有推荐、名称、更新时间三种排序方式选择）。配景功能里还含有从上到下依次为资源列表（辅助资源管理）、模型编辑（添加配景）、笔刷工具、曲线工具、替换（选中配景后一键修改替换）、测量工具以及部品信息（比如植物档案）（图 27-9）。

图 27-7　地形

图 27-8　材质

图 27-9　配景

2. 第二部分功能

该区域包含资源列表、天空系统、后期系统和场景功能，主要是调节与记录场景编辑的参数。

（1）资源列表：关闭编辑器状态下的资源列表只可以进行显示隐藏、锁定和切换分类的操作，主要用于结合录像功能制作视频过渡动画（图 27-10）；

图 27-10　资源列表

（2）天空及后期系统：天空系统主要是控制时间、日期、天气以及天空参数的面板；后期系统主要是调节场景整体效果的面板（图 27-11）。

图 27-11　天空及后期系统

（3）场景：主要保存场景中视角、视野、天空、后期参数，可按需保存资源的显示与隐藏状态，还可勾选场景过渡动画（图 27-12）。

图 27-12　场景

3. 第三部分功能

该区域功能包含飞行/人视切换、录像、拍照、镜头、VR、3D 分屏以及联机，主要是为汇报与输出成果服务的功能（图 27-13）。

图 27-13　第三部分功能区域

4. 第四部分功能

最下方区域包含帮助、保存、选项、退出，主要是辅助操作与调节具体选项的功能（图 27-14）。

图 27-14　第四部分功能区域

27.4　SketchUp 模型处理方法

1. 处理重面

重面会造成画面闪烁影响效果，重面的处理有 3 种方法（图 27-15）：

（1）删除多余的面。

（2）将面提高，使两个面之间产生距离。

（3）将面拉一个厚度。

图 27-15　处理重面

2. 注意材质区分

当我们想在 Mars 的漫游场景中去给某些面更换材质时，我们选择面的范围依据的是在 SketchUp 当中做的不同材质名称的区分，即同一材质名称的面会统一替换材质。比如当我们更换画面边上这块草地材质的时候，其他相同材质名称的草地会同步更换（图 27-16）。

图 27-16　材质区分

3. 检查原点

Mars 漫游场景打开的初始默认点为 SketchUp 当中的默认坐标原点，所以我们在 SketchUp 当中需要先检查坐标原点是否被改动，然后将模型放置到坐标原点附近（图 27-17）。

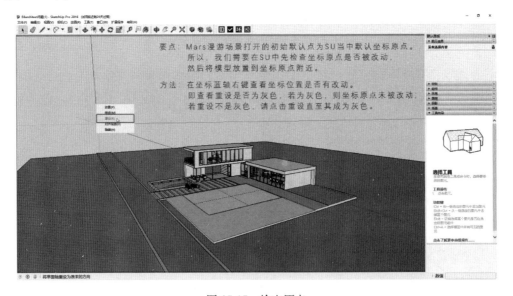

图 27-17　检查原点

（1）在坐标轴线上点击鼠标右键查看坐标位置是否有改动——即查看重设是否为灰色。灰色代表坐标原点未被改动；若不是灰色，需点击重设，直至其成为灰色为止。

（2）选中模型，并移动到原点附近。

4. 处理正反面

如若出现以下三种情况，需要处理正反面：

（1）Mars 是以正面材质为准，当正反两个面分别赋予不同的材质时，都会显示为正面材质。

（2）Mars 材质大部分是双面材质（反面也会显示材质效果），少部分是单面材质，替换后反面会消隐。

（3）Mars 的填充工具不会在反面上生效。

如图 27-18 所示，我们将 SketchUp 中模型的反面调成显眼的颜色之后，在样式的单色显示中可以很容易看出来反面。接下来建议使用滑动翻面插件进行翻面，防止材质的错乱。

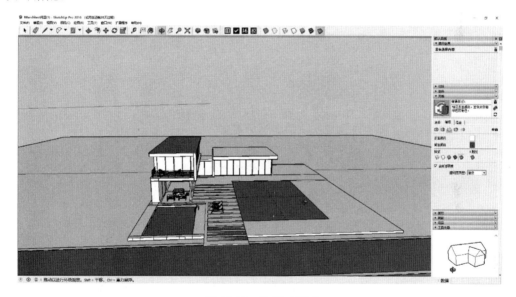

图 27-18　处理正反面

也可以通过插件来实现面的反转，百度搜索并下载安装坯子库或者是 SketchUp App。此处以坯子库为例，在顶部菜单栏打开坯子库，搜索反面转正工具，点击安装，点击使用，在空白处单击左键，划过反面部分即可实现快速翻面（图 27-19）。

5. 清理未使用项

清理不必要的内容，减小模型文件大小。快速找到 SketchUp 窗口中左下角的小人图标，即模型信息图标，打开后找到统计，选择清除未使用项，清理后各项数量明显减少很多（图 27-20）。

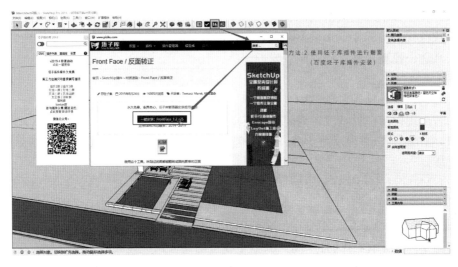

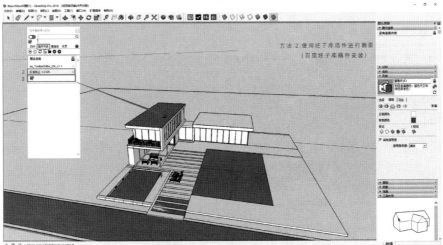

图 27-19　插件处理正反面

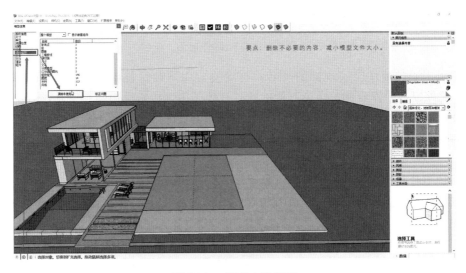

图 27-20　清理未使用项

6. 模型导入方式及模型更新

Mars2020 目前支持".skp、.fbx、.3dm 和.dae"四种模型文件格式的导入。首先在客户端点击新建项目，输入项目相关信息后点击创建（其中项目名称为必填选项）（图 27-21）；创建完成会生成空白项目，鼠标左键双击打开该项目，点击场景模型下方"＋"导入模型文件；在弹出的文件管理器选择需要导入的文件即可（目前支持.skp、.fbx、.3dm 和.dae 格式文件），也可以同时选择多个模型文件，模型会按次序导入（图 27-22）。

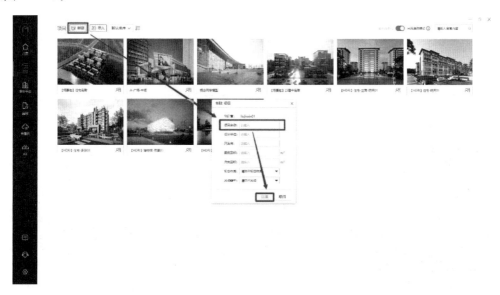

图 27-21　新建项目

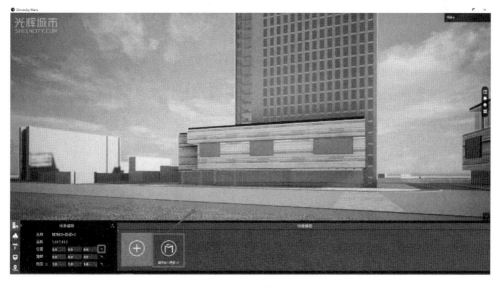

图 27-22　导入模型文件

场景模型导入后如果模型有修改，Mars 还提供了模型更新的功能。通过模型更新可以在保存现有 Mars 场景制作进度（如材质、配景、效果等参数）的基础上直接更新模型的调整修改。

首先，点击场景模型菜单，在场景模型的导入文件菜单里找到要更新的模型图标（图 27-23）；然后鼠标右键选择更新，在弹出的文件资源管理中选择修改后的模型文件即可实现模型更新（图 27-24）。（注：模型更新仅适用于同种类型格式文件之间）更新完成后，可以看到场景只更新了模型修改的地方，其他如材质、配景、效果等参数仍然保留。

图 27-23　模型更新图标

图 27-24　模型更新

27.5　Mars SketchUp 插件

Mars SketchUp 插件可以实现海量精品模型一键放置、Mars 和 SketchUp 一键同步，还可以实现 SketchUp 和 Mars 视角的一键同步更新，此外还可在 SketchUp 里使用 Mars 代理的资源库进行配景布置以及材质更换。（注：目前在 SketchUp 里布置代理配景，无法在 Mars 中选中编辑，只能在 SketchUp 里进行编辑。）首先，我们看一下如何下载安装 Mars SketchUp 插件：

（1）官网点击【下载】→【插件库】，点击立即下载（图 27-25）。

图 27-25　插件下载

（2）打开 SketchUp，在【窗口】→【扩展程序管理器】→【安装扩展程序】找到下载的插件，选择后打开（图 27-26）（注：需使用 SketchUp2017～SketchUp2020 的版本）。

Mars SketchUp 插件的使用方法：

（1）点击 Mars 图标，登录 Mars 账号（图 27-27）。

（2）登录之后，分别有 Mars 资源库和模型库，可以使用 Mars 自带资源以及下载模型（图 27-28）。

> 注：自带资源在 SketchUp 里表现为代理图形，不是资源真正的样子。

（3）同步到 Mars。需打开 Mars 项目，点击同步（绿色框均为同步按钮，插件账号需与 Mars 客户端登录账号一致）（图 27-29）。

> 注：无使用权限的账号（用户类型为普通用户/免费体验用户）无法打开 Mars 项目以及进行同步。

（4）同步视角。点击视角同步按钮，SketchUp 视角一键同步到 Mars（图 27-30）。

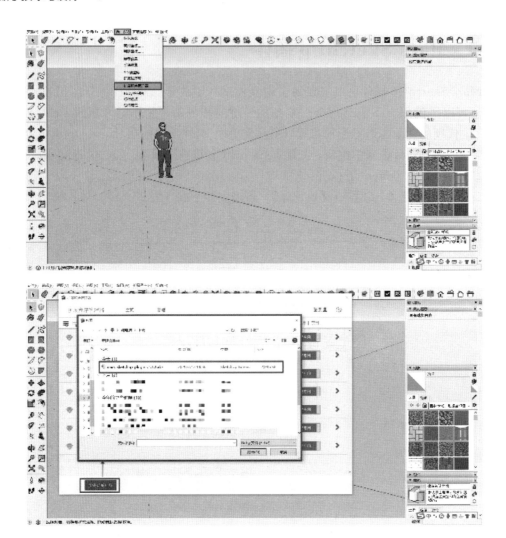

图 27-26　加载插件

图 27-27　登录插件

图 27-28　插件页面

图 27-29　插件同步到 Mars

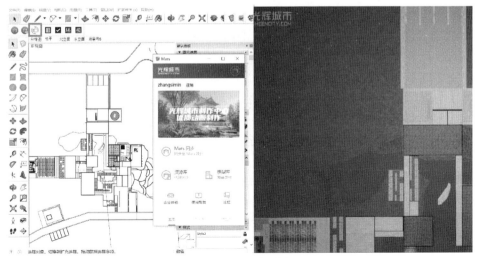

图 27-30　视角同步

27.6 Mars 2020 功能详解

1. 材质

制作漫游场景时，根据效果调节材质的参数是必不可少的，因此 Mars 中也提供了相对应的材质参数调节。

打开【编辑器】→【材质】，选中场景中需要修改的材质（被选中的材质会布满蚂蚁线一样的黑点），在默认的菜单中可以进行编辑（图 27-31）：

图 27-31　材质参数调节

（1）材质颜色：材质颜色的修改并不是修改材质本身的颜色，而是在原有颜色上叠加颜色。

（2）纹理缩放：调节材质纹理大小，合理的纹理大小能表达出合适的材质效果。

（3）纹理方向：调节材质的纹理角度。

如果需要更细致的调节，还可以点击高级编辑，目前高级编辑参数主要包括（图 27-32）：

（1）饱和度：材质的色彩鲜艳程度。

（2）灰度：灰度值越大，材质颜色越白，可能会导致材质纹理丢失。

（3）法线强度：调节材质的凹凸感。

（4）粗糙度：调节材质表面的光滑程度，同时会影响到材质反射效果的强弱。

（5）高光强度：调节材质反射的范围。

（6）金属反射：调节材质的金属反射质感。

（7）纹理平移 U&纹理平移 V：调节材质的纹理 UV 位置。

（8）纹理缩放 U&纹理缩放 V：调节材质的纹理 UV 缩放。

图 27-32 材质高级编辑

2. 资源

针对配景库中的一些资源，我们可以进行额外的高级编辑设置。

打开【编辑器】→【配景】，选中场景中需要修改的模型配景（被选中的模型配景轮廓会变高亮），在左下角菜单中可以实现配景资源的位置、旋转、缩放（点击小锁进行等比例缩放切换）编辑（图 27-33）。

图 27-33 配景库

随机开关（包括随机旋转、随机缩放参数）可以调节相应参数，实现随机放置配景资源（图 27-34）。

吸附功能，可以针对 X、Y、Z 轴向进行吸附以及反转放置。

图 27-34　随机开关

　　在模型编辑界面内含有高级菜单的配景则可以进行高级属性调节，比如植物叠加颜色复合调节，可以调节叶片颜色/饱和度和调节花瓣颜色/饱和度等，使植物色彩更加丰富。此外模型编辑中还支持布局功能，布局中分为对齐和分布，可以根据需求对相应配景调整布局位置（图 27-35）。

图 27-35　调整布局

3. 天空系统

　　在日常制作项目过程中，我们需要对天空参数进行调节来达到一个比较适宜的天空环境效果，目前有两种调节天空参数的方式（图 27-36）：

　　（1）基于 Mars 自身的天空系统环境调节；

　　（2）基于加载的实景天空（beta）进行调节。

首先我们先看一下第一种调节方式：打开【工具栏】→【天空】，在天空调节面板菜单中可以实现编辑项目场景的时间、日期（需要在【选项】→【常规】开启太阳/植物仿真）、天气；天空调节（饱和度、环境光、全局天空、天空颜色）；云层调节（云层密度、云层透明、薄云透明）；太阳调节（太阳强度、太阳色温、太阳高光、太阳亮度、太阳尺寸、太阳角度、太阳倾斜）；雾调节（雾：大气雾、雾颜色、雾强度、雾透明、雾衰减、雾距离；体积雾：开关、雾浓度、雾散射、自发光强度）；夜间调节（月亮：月亮尺寸、月亮倾斜、月亮形态、月亮亮度；繁星：繁星亮度、繁星速度）。

图 27-36 天空系统调节 1

接下来我们看一下第二种天空调节方式：通过实景天空（beta）预设的效果进行快速天空氛围的切换，默认预设了晴天、多云、日落和其他四种类型的天空效果图片，可以切换；设置完的实景天空还可以进行阳光绑定、天空旋转的调节（图 27-37）。

图 27-37 天空系统调节 2

4. 后期调节

通过后期预设模板可以辅助快速确定场景的风格效果，可以在此效果基础上根据个人偏好与具体场景进行针对性调节。后期模板提供了预设好的天空、后期模板参数，可一键应用。

打开【后期】→【后期模板】→【预设】，选择一个预设模板，点击应用或确定，天空、后期模板参数则会切换为预设模板参数（图 27-38）。点击恢复默认图标，即可还原为天空和后期参数至默认数值（日期不会恢复到默认，需在【天空】→【日期】选项卡里面调节）。

图 27-38　后期调节

5. VR 和 3D 漫游

Mars2020 高性能模式提供了 VR 和 3D 两种漫游方式。VR 漫游需要借助 SteamVR 以及 VR 设备进行。

（1）拿出 VR 设备（头盔及手柄），类似三星玄龙、HTC VIVE cosmos 这样的 VR 设备，戴上查看是否可以看到设备内置场景，确认是否可以正常使用（图 27-39）。

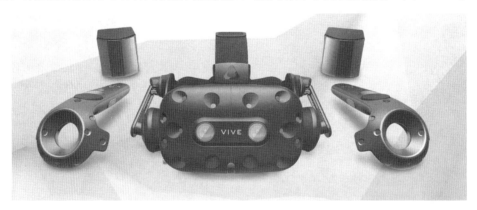

图 27-39　VR 设备

（2）连接设备，打开项目，会自动打开 SteamVR。SteamVR 识别到设备之后，点击项目中的 VR 图标即可使用 VR 功能进行漫游（图 27-40）。

图 27-40　开启 VR

Photoshop 部分

第 28 章　Photoshop 界面与基本操作

第 29 章　Photoshop 工具选项栏命令

第 30 章　Photoshop 菜单栏常用命令

第 31 章　常用浮动窗口面板解析

第 32 章　效果图绘制实例

Photoshop 界面与基本操作

28.1 认识 Photoshop 界面

1987 年秋，美国密歇根大学博士研究生托马斯·洛尔（Thomes Knoll）编写了一款叫作 Display 的程序，用来在黑白位图显示器上显示灰阶图像。他的哥哥在一家影视特效公司上班，让他帮忙编写一款处理数字图像的程序，于是，他就重新改进了 Display 的代码，使该程序具有了羽化、色彩调整和颜色校正功能，并可以读取各种文件格式，这款程序被后来改名为 Photoshop。

Photoshop 的首次发行是与 Barneyscan XP 扫描仪捆绑的，版本为 0.87。不久之后，它被 Adobe 买下了发行权，后来便成了 Adobe 公司软件家族的一员。Adobe 公司成立于 1982 年，总部位于美国加州圣何塞，是世界领先软件解决方案的供应商，其产品遍及图形设计、图像制作、数码视频、电子文档和网页制作等领域。

Adobe 公司首次推出 Photoshop 是在 1990 年，当时的 Photoshop 只能在苹果机上运行，功能上也只是有工具箱和少量的滤镜。在 Photoshop2.0 版本中，增加了"路径"功能，内存分配也从以前的 2MB 扩展到了 4MB。而现在的 Photoshop 版本，已大大加强了消失点、Bridge、智能对象、污点修复画笔、红眼等工具的功能。随着时代的发展和社会的进步，其强大和完善的功能将可以满足每一位设计师的需要。

Photoshop 是目前全世界应用最广泛的软件之一，它广泛应用于平面广告设计、商业设计、网页设计等诸多领域，在建筑学、城乡规划学、风景园林学等学科之间也得到了广泛应用。本书以 Adobe Photoshop 2020 版本为基础进行讲解，Adobe Photoshop 2020 在原有版本的基础上增强了许多新的功能，外观更加简洁、操作更加方便，广大用户可以创作出更加满意的作品，也可以最大限度地展现出自己的创意才能。本部分附带相关配套文件，可至出版社官网下载。

1. Photoshop 欢迎界面

启动 Photoshop 2020 后，计算机屏幕上会显示出软件的欢迎界面（图 28-1）。

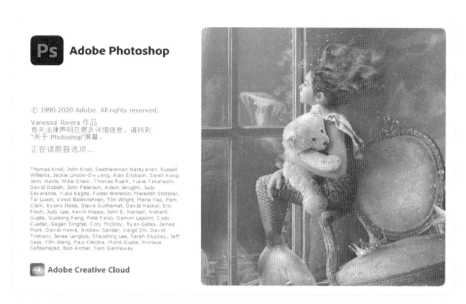

图 28-1　Photoshop 2020 欢迎界面

2. Photoshop 工作界面及布局调整

由图 28-2 可以看出，Photoshop 2020 的工作界面主要由菜单栏、工具选项栏、工具栏、绘图区、状态提示栏、浮动窗口面板栏等部分组成。具体每一部分的使用将在后面章节中进行介绍。

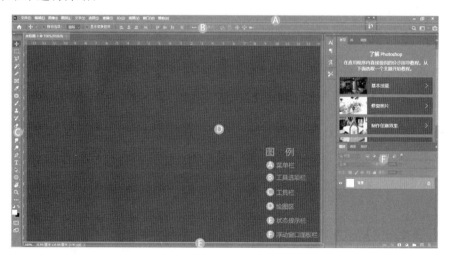

图 28-2　Photoshop 2020 工作界面

在建筑学、城乡规划学、风景园林学这三个专业的实际运用过程中，为了便于操作，可以根据个人喜好对页面的布局进行调整，比如浮动窗口面板栏的部分浮动面板，可以进行开启或者关闭。根据绘图需要可以将常用的几个面板打开，常用的面板比如：图层、通道、路径、历史记录，这几个功能面板前后顺序也可进行调换，只需按住鼠标左键移动面板并放在需要的区域即可。经过调整后的界面更为简洁，操作起来也更为方便。

28.2　Photosho 相关参数设置

除了界面显示的调整，在软件启用之初，还需要进行相关参数的设置，这时需要打开【首选项】面板进行相关参数设置。

★ "首选项"快捷键：Ctrl＋K

1. 界面颜色方案调整

打开【首选项】→【界面】选项卡可以调整颜色方案，根据需要进行外观调整（图 28-3）。

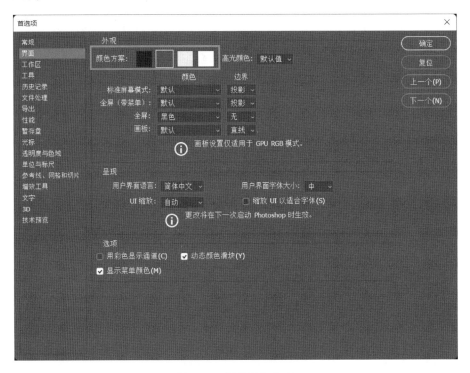

图 28-3　调整颜色方案

2. 文件处理设置

打开【首选项】→【文件处理】选项卡调整存储时间，自动存储时间一般设置为15 分钟即可，时间过短会影响软件使用的流畅度，时间设置过长又恰逢软件自身出现错误时不利于场景文件的保存。Photoshop 2020 版本开始加入了自动备份文档的功能，就是为了避免断电或者软件错误、电脑卡住致使 Photoshop 异常关闭造成不必要的损失，默认的存储路径为图 28-4 中的提示路径。

3. 性能设置

打开【首选项】→【性能】选项卡调整软件性能，内存使用情况一般设置为 60%左右，可以保证软件运行时还能进行其他软件的操作。

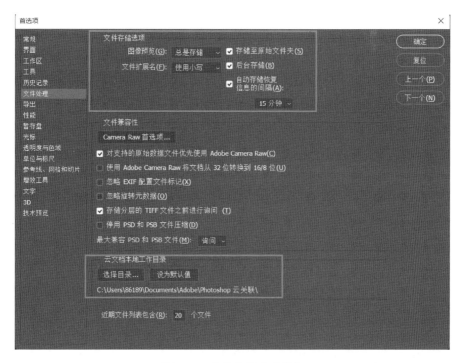

图 28-4　文件存储选项操作

　　暂存盘分配，一般将暂存盘符全部勾选，若不勾选会发生图形文件处理完成无法保存的情况。

　　历史记录状态一般设置为 30 次左右。现阶段的电脑配置都比较高，高速缓存级别一般设置为 6 即可（图 28-5）。

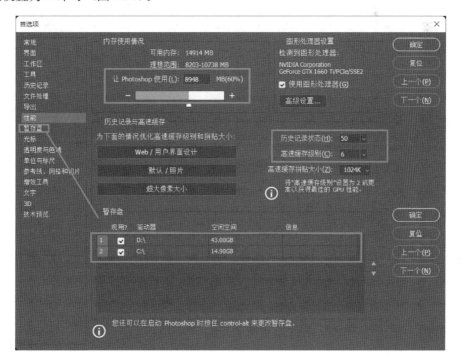

图 28-5　文件存储选项操作

28.3 文件菜单操作

菜单栏里面第一个选项为【文件】，主要用于文件的新建、打开、保存、存储为、另存为等命令，以实现与其他文件的转换与合作。

★ "文件"快捷键：Alt＋F

1. 新建文件

【新建】菜单项的主要操作是为了新建一个文件，执行【文件】→【新建】命令后，弹出如图 28-6 所示的【新建】对话框。在此对话框中可以根据图幅规格，设置新文件的"宽度""高度""颜色模式"及"背景内容"等参数，单击"确定"按钮，即可获取一个新的图像文件。

★ "新建"快捷键：Ctrl＋N

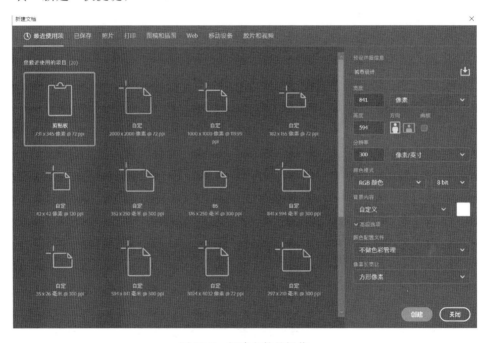

图 28-6 新建文件的操作

在印刷时往往使用线屏（lpi）而不是分辨率来定义印刷的精度，线屏在数量上是分辨率的 2 倍，了解这一点有助于在知道图像的最终用途后，确定图像在扫描或制作时的分辨率数值。

实际生活中一些印刷品如报纸印刷所用线屏为 85lpi，因此报纸用的图像分辨率范围就应该是 125～170dpi。杂志、宣传品通常以 133lpi 或 150lpi 线屏进行印刷，因此杂志、宣传品分辨率为 300dpi。我们平时绘制的方案汇报图册分辨率一般保持在 300dpi 左右即可。大多数印刷精美的书籍印刷时用 175lpi～200lpi 线屏印刷，因此高品质书籍分辨率范围为 350～400dpi。对于远看的大幅面图像（如海报），由于观看的距离非常远，因此可以采用较低的分辨率，如 72～100dpi。

2. 打开文件

要在 Photoshop 中打开图像文件时，可以执行【文件】→【打开】命令或者双击 Photoshop 操作界面的空白处也可执行打开文件命令。

★打开文件快捷键：Ctrl＋O

3. 存储文件

若想要保存当前操作的文件，则执行【文件】→【存储】命令。Photoshop 文件的存储格式为 PSD 格式，PSD 格式可对图像的图层和图像修改信息进行保存，方便下次修改和使用。平时要养成随时存图的习惯，以免造成不必要的损失。

★"存储"快捷键：Ctrl＋S

Photoshop 2020 能够支持多种格式的图像文件，能打开不同格式的图像进行编辑并保存，也可以根据需要另存为其他格式的图像。许多软件格式的图像文件均可导入 Photoshop 中进行处理，同时，Photoshop 也能够导出多种图像格式。下面主要介绍一些 Photoshop 支持的文件格式。

PSD 格式：PSD 格式是 Adobe Photoshop 软件自身的格式，这种格式可以存储 Photoshop 所有的图层、通道、参考线、注释和颜色模式等信息。保存图像时，若图像中包含层，则一般用 PSD 格式保存。由于 PSD 格式保存的信息比较多，因此其文件比较大，由于是 Photoshop 支持的自身的文件格式，所以能够更快地打开和存储这种格式的文件，而且该格式是唯一支持全部颜色模式的图像格式。

BMP 格式：BMP 文件格式是一种 Windows 或 OS/2 标准的位图式图像文件格式，它支持 RGB、索引颜色、灰度和位图颜色模式，但不支持 Alpha 通道，BMP 格式不支持 CMYK 模式的图像。

TIFF 格式：TIFF 格式便于在应用程序之间和计算机平台之间进行图像数据交换。因此，TIFF 格式是应用非常广泛的一种图像格式，可以在许多图像软件和平台之间转换。

PCX 格式：PCX 图像格式最早是 ZSOFT 公司图形软件所支持的图像格式。PCX 格式还可以支持 RGB、索引颜色、灰度和位图的颜色模式，但不支持 Alpha 通道。

JPEG 格式：JPEG 格式的图像通常用于图像预览。JPEG 格式的最大特点是文件比较小，经过高倍率的压缩，是目前所有格式中压缩率最高的格式之一。但是，JPEG 格式在压缩保存的过程中会失真，丢掉一些肉眼不易察觉的数据，因而保存后的图像与原图有所差别，没有原图像的质量好。JPEG 格式支持 CMYK、RGB 和灰度的颜色模式，但不支持 Alpha 通道。当将一个图像另存为 JPEG 的图像格式时，会打开 JPEG 选项对话框，从中可以选择图像的品质和压缩比例，通常情况下选择"最大"选项来压缩图像，图像的质量差别不大，但文件大小会减少很多。

EPS 格式：EPS 格式为压缩的 PostScript 格式，是为 PostScript 打印机上输出图像开发的格式。其最大优点在于作为文件导入 Photoshop 时可以调节分辨率。在 Photoshop 中绘制彩色平面图之前通常先导入从 CAD 软件中打印出的 EPS 格式文件。

GIF 格式：GIF 格式是 CompuServe 提供的一种图形格式，最多只能保存 256 色的 RGB 色阶阶数，它使用 L-zw 压缩方式将文件压缩而不会太占磁盘空间，因此，GIF 格式广泛应用于因特网的 HTML 网页文档中，或网络上图片的传输，但它只能支持 8 位的图像文件。在保存 GIF 格式之前，必须将图像格式转换为位图、灰阶或索引色等颜色模式。

PNG 格式：这是由 Netscape 公司开发的，可以用于网络图像，但它不同于 GIF 格式图像只能保存 256 色，PNG 格式可以保存 24 位的真彩色图像，并且支持透明背景和消除锯齿边缘的功能，可以在不失真的情况下压缩保存图像。但由于 PNG 格式不能支持所有浏览器，所以在网页中使用要比 GIF 和 JPEG 格式少得多。

PDF 格式：这是 Adobe 公司开发的用于 Windows、Mac OS、UNIX 和 DOS 系统的一种电子出版软件的文档格式，适用于不同平台。它以 PostScript Level2 语言为基础，因此可以覆盖矢量式图像和点阵式图像，并且支持超链接。PDF 格式广泛应用于电子文档的发布、分发、存储和打印，是现代电子文档交换的重要格式之一。

在 Photoshop 中图像文件可以分为两大类：位图和矢量图。在绘图或处理图像的过程中，这两种类型的图像可以相互交叉使用。

位图图像也叫点阵图像，它是由许多单独的小方块组成的，这些小方块又称为像素点。每个像素点都有特定的位置和颜色值，位图图像的显示效果与像素点是紧密联系在一起的，不同排列和着色的像素点组合在一起构成了一幅色彩丰富的图像。像素点越多，图像的分辨率越高，相应的，图像的文件量也会随之增大。

一幅位图图像使用放大工具放大后，可以清晰地看到像素的小方块形状与不同的颜色。位图与分辨率有关，如果在屏幕上以较大的倍数放大显示图像，或以低于创建时的分辨率打印图像，图像就会出现锯齿状的边缘，并且会丢失细节。

矢量图也叫向量图，它是一种基于图形的几何特性来描述的图像。矢量图中的各种图形元素称为对象，每一个对象都是独立的个体，都具有大小、颜色、形状、轮廓等属性。矢量图与分辨率无关，可以将它设置为任意大小，其清晰度不变，也不会出现锯齿状的边缘。在任何分辨率下显示或打印，都不会损失细节。

一幅矢量图使用放大工具放大后，其清晰度不变。矢量图所占的容量较少，但这种图形的缺点是不易制作色调丰富的图像，而且绘制出来的图形无法像位图那样精确地描绘各种绚丽的景象。

4. 存储为文件

若要将当前操作文件以不同的格式、或不同名称、或不同存储"路径"再保存一份，可以执行【文件】→【存储为】命令，在弹出的"存储为"对话框中根据需要更改选项并保存。平时绘制的方案图纸为了能更快的展示或者打印出来，一般将 PSD 格式的原稿另存为 JPEG 格式的图片文件，能及时准确的看到图纸效果。

★ "存储为"快捷键：Ctrl＋Shift＋S

5. 关闭文件

关闭文件直接单击图像窗口右上角的关闭图标，或执行【文件】→【关闭】命令即可。

★ "关闭文件"快捷键：Ctrl＋W

第29章 Photoshop 工具选项栏命令

Photoshop 工具栏位于操作界面的左侧，左上角双箭头可以实现绘图工具的单列或双列显示。

29.1 选区工具

选区就是一个限定操作范围的区域，图像中有了选区，一切操作就会被限定在选区中。本小节学习重点是了解选区在 Photoshop 中的作用，掌握选区的绘制方法，熟悉编辑选区及变换选区的相关命令。

Photoshop 中有丰富的创建选区的工具，如"矩形选框工具""椭圆选框工具""套索工具""魔棒工具"等，可以根据需要使用这些工具创建不同的选区。

选择区域表现为封闭的浮动线条围成的区域，称其为"蚂蚁线"（图 29-1），选区工具有四种选框，如图 29-2 所示。

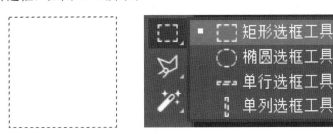

图 29-1　蚂蚁线　　　　　　图 29-2　四种选框工具

1. 矩形选框工具

利用"矩形选框工具"可以制作规则的矩形选区。要制作矩形选区，在工具箱中单击"矩形选框工具"，然后在图像文件中选择需要制作选区的位置，按住鼠标左键向另一个方向进行拖动。

★"矩形选框工具"快捷键：M

矩形选框工具的上方有选项栏，上面的参数对选区有直接影响（图 29-3）。

图 29-3　矩形选框工具选项栏

选区模式："矩形选框工具"在使用时有四种工作模式，分别为四个按钮。要设置选区模式，可以在工具选项栏中通过单击相应的按钮进行选择。选区模式为更灵活地制作选区提供了可能性，使用户可以在已存在的选区基础上执行添加、减去、交叉选区等操作，从而得到不同的选区。选择任意一种选择类工具，在工具选项栏中都会显示四个选区模式按钮，此处介绍的功能具有普遍适用性。

羽化：在此数值框中键入数值可以柔化选区。这样在对选区中的图像进行操作时，可以使操作后的图像更好地与选区外的图像相融合。羽化命令在后面的章节中还会单独讲解。

样式：在该下拉列表中选择不同的选项。

正常：选择此选项，可以自由创建任何宽高比例、任何大小的矩形选区。

固定比例：选择此选项，其后的"宽度"和"高度"数值框将被激活，在其中键入数值以设置选区高度与宽度的比例，可以得到精确的不同宽高比的选区。

固定大小：选择此选项，"宽度"和"高度"数值框将被激活，在此数值框中键入数值，可以确定新选区高度与宽度的精确数值，然后只需在图像中单击，即可创建大小确定、尺寸精确的选区。

调整边缘：在当前已经存在选区的情况下，此按钮将被激活，单击即可弹出"调整边缘"对话框，以调整选区的状态，此项并不常用。

2. 椭圆选框工具

在工具栏中按住"矩形选框工具"工具图标片刻，在弹出的工具图标列表中选择"椭圆选框工具"，使用此工具可以制作正圆形或者椭圆形的选区。该工具与"矩形选框工具"的使用方法大致相同。

选择"椭圆选框工具"，其工具选项栏和"矩形选框工具"相似，只是"消除锯齿"复选框被激活。选中该复选框，可以使椭圆形选区的边缘变得比较平滑。

3. 单行、单列选框工具

在工具栏中鼠标左键按住"矩形选框工具"工具图标片刻，在弹出的工具图标列表中选择"单列选框工具"和"单行选框工具"，操作方式与"矩形选框工具"的使用方法大致相同，在此不再赘述。

29.2　移动工具

在工具箱中单击 移动工具，可以实现对图像或者选区的移动。

★"移动工具"快捷键：V

29.3　套索工具

套索工具有三种，分别是套索工具、多边形套索工
具、磁性套索工具，如图 29-4 所示。

1. 套索工具

图 29-4　套索工具

利用"套索工具"可以制作自由手画线式的选区。此工具的优点是灵活、随意，
缺点是不够精确，但其应用范围还是比较广泛的（图 29-5）。

2. 多边形套索工具

"多边形套索工具"用于制作具有直边的选区，在使用此工具制作选区时，当终点
与起始点重合即可得到封闭的选区。但如果需要在制作过程中封闭选区，则可以在任
意位置双击鼠标左键，以形成封闭的选区（图 29-5）。

3. 磁性套索工具

"磁性套索工具"是一种比较智能的选择类工具，用于选择边缘清晰、对比度明显
的图像。此工具可以根据图像的对比度自动跟踪图像的边缘，并沿图像的边缘生成选
区（图 29-5）。

磁性套索工具的上方有选项栏，上面的参数对选区有直接影响（图 29-6）。

图 29-5　套索工具的运用

图 29-6　磁性套索工具选项栏

宽度：在该数值框中键入数值，可以设置"磁性套索工具"搜索图像边缘的范围。此工具以当前鼠标指针所处的点为中心，以在此键入的数值为宽度范围，并在此范围内寻找对比度强烈的图像边缘以生成定位锚点。如果需要选择的图像的边缘不十分清晰，应该在此将其数值设置得小一些，这样得到的选区较精确，但拖动鼠标指针时需要沿被选图像的边缘进行，否则极易出现失误。当需要选择的图像具有较好的边缘对比度时，此数值的大小不十分重要。

对比度：该数值框中的百分比数值控制"磁性套索工具"可选择图像时确定定位点所依据的图像边缘反差度。数值越大，图像边缘的反差就越大，得到的选区则越精确。

频率：该数值框中的数值对"磁性套索工具"在定义选区边界时插入定位点的数量起着决定性的作用。键入的数值越大，则插入的定位点越多；反之，则越少。

29.4 魔棒工具栏

魔棒工具栏里面有三种选择工具，分别是魔棒工具、快速选择工具和对象选择工具，如图 29-7 所示。

图 29-7　魔棒工具栏

1. 魔棒工具

"魔棒工具"可以依据图像颜色制作选区。使用此工具单击图像中的某一种颜色，即可将在此颜色容差值范围内的颜色选中。选择该工具后，其工具选项栏如图 29-8 所示。

图 29-8　魔棒工具选项栏

容差：该数值框中的数值将定义"魔棒工具"进行选择时的颜色区域，其数值范围在 0～255 之间，默认值为 32。此数值越小，所选择的像素颜色和单击点的像素颜色越相近，得到的选区越小；反之，被选中的颜色区域越大，得到的选区也越大。

连续：选中该复选框，只能选择颜色相近的连续区域；反之，可以选择整幅图像中所有处于"容差"数值范围内的颜色。

对所有图层取样：选中该复选框，无论当前是在哪一个图层中进行操作，所使用的"魔棒工具"将对所有可见颜色都有效。

2. 快速选择工具

"快速选择工具"只需要先在图像某一处单击，然后按住左键向其他要选择的区域拖动，则这些工具所掠过之处都会被选中。

快速选择工具的选项栏如图 29-9 所示。

图 29-9　快速选择工具选项栏

选区运算模式：限于该工具创建选区的特殊性，所以它只设定了 3 种选区运算模式，即新建选区、添加到选区、从选区中减去。可以在已存在的选区基础上执行相关操作，从而得到不同的选区。

画笔：单击右侧的三角按钮，可调出画笔参数设置框，在此设置参数，可以对涂抹时的画笔属性进行设置。在涂抹过程中，可以设置画笔的硬度，以便创建具有一定羽化边缘的选区（图 29-10）。

对所有图层取样：选中此复选框后，将不再区分当前选择了哪个图层，而是将所有看到的图像视为在一个图层上，然后来创建选区。

自动增强：选中此复选框后，可以在绘制选区的过程中，自动增加选区的边缘。

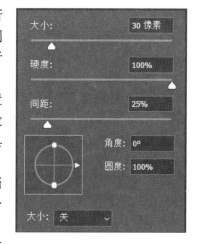

图 29-10　画笔选项参数设置

3. 对象选择工具

Photoshop 2020 版本在魔棒工具栏中新添加了一项"对象选择工具"，能够智能识别图片主体并进行对象选择，实现抠图。

它可以帮助用户自动选择图像中的对象或区域，如人物、汽车、植物等。使用对象选择工具，用户可以通过简单的单击操作来选择图像中的对象，而无需进行复杂的边缘调整或手动绘制选区。

选择主体：使用对象选择工具选择主体后，可以通过添加图层蒙版来隐藏原始背景，从而为所选主体更换新的背景。

选择主体并遮住："选择并遮住"工作区提供了更精确的选区创建和调整功能。在这个工作区中，可以进行更精细的调整，如净化颜色（将彩色边替换为附近完全选中的像素的颜色），以及输出设置（决定调整后的选区是变为当前图层上的选区或蒙版，还是生成一个新图层或文档）。使用这个功能，可以更加精确地选择并遮盖图像中的主体。

29.5　裁剪工具

"裁剪工具"可以根据需要裁掉不需要的像素，还可以使用多种网络线进行辅助裁剪，此工具一般在成图修改完成时根据画面构图需要进行裁剪。

★"裁剪工具"快捷键：C

29.6　吸管工具

"吸管工具"可以根据需要吸取图片中的颜色，在使用后面的填充命令时经常配合使用。

★"吸管工具"快捷键：I

29.7　修复画笔工具

"修复画笔工具"中有五项内容，在建筑学、城乡规划、风景园林专业的图纸绘制过程中通常只用前三项（图 29-11），后面的两项一般在婚纱影楼的修片处理中才会用到。

图 29-11　绘图工具

1. 污点修复画笔工具

"污点修复画笔工具"针对图中的小污点点击一下就可去除，鼠标右键可选择画笔圆圈大小。

例：打开图片文件"29-12 污点修复画笔工具 .jpg"，利用污点修复画笔工具涂抹左下角污点处即可消除污点，如图 29-12 所示。

图 29-12　污点修复画笔工具的使用

2. 修复画笔工具

"修复画笔工具"和后面"仿制图章工具"使用方法一样，需按住 Alt 键拾取没有污点并且纹理和污点处地面尽量相符的一部分再对污点处进行覆盖，可以用上面提供的图片进行练习。

3. 修补工具

修补工具也能达到以上两种修复污点的效果，使用方法是先划定污点范围，然后移动选框，即可实现污点和周边环境的融合。

当修补工具上方工具选项栏选目标时（图 29-13），可实现复制。

图 29-13　目标选项

例：打开文件"29-14 修补工具 .jpg"图片，利用修补工具大致选取图中鸳鸯范围，并选取"闭合拖动选取"即可实现鸳鸯的复制，并能实现新复制鸳鸯和周边环境的融合，如图 29-14 所示。

图 29-14　修补工具的使用

29.8　画笔工具

关于"画笔工具"的使用，我们通过一个设计中经常绘制的分析图实例来讲解。

例：如何绘制分析图圆圈？

（1）新建文件，图层面板新建图层（图层面板右下角倒数第二个按钮），利用椭圆工具按住 Shift 绘制正圆，鼠标右键单击【建立工作路径】（图 29-15）。

（2）在绘图工具栏"前景色背景色"处点击选择红色（图 29-16）。

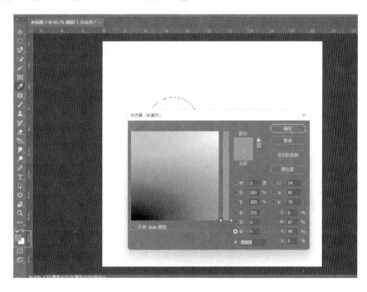

图 29-15　新建图层、绘制　　　　　　　　图 29-16　调颜色
　　　　　正圆、建立工作路径

（3）点击画笔，在上方工具选项栏选择方头画笔，并调整大小（图 29-17）。

（4）按 F5 键进行画笔预设，在画笔笔尖形状处调节间距，点击形状动态将角度抖动设置为方向（图 29-18）。

（5）点击路径浮动面板，在下方执行画笔描边路径，圆圈生成，在工作路径的空白区域点击原路径线型消失（如遇首尾重合，回去调整间距）（图 29-19）。

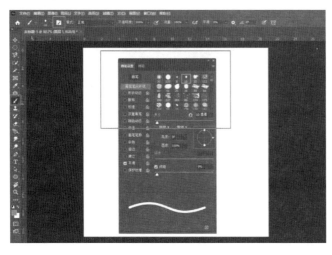 

图 29-17　方头画笔选择　　　　　　图 29-18　画笔预设调节

图 29-19　画笔描边路径

（6）点击图层面板，按 Ctrl 键＋鼠标单击所在图层（载入选区），点击下方添加图层样式，添加阴影可以增加圆圈的立体感（图 29-20）。

 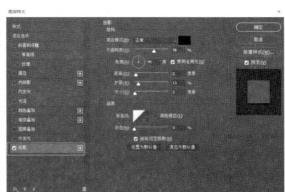

图 29-20　为圆圈添加阴影

（7）点击路径选项面板，按 Ctrl 键＋鼠标单击所在路径图层（使路径载入选区），到图层面板新建图层并下移一层，执行填充命令按 Shift＋F5 键填充颜色，选红颜色，调整不透明度 40％左右（图 29-21）。

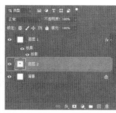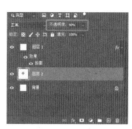

图 29-21　为圆圈添加不透明度

（8）分析图圆圈完成（图 29-22）。

关于分析图圆圈画法如上所述，如果绘制熟练了可变换颜色、可变换画笔形状，总之要做到举一反三，灵活运用。

如果画笔工具中的画笔样式不能满足绘图需要时可以从网络获取一些画笔样式，执行载入命令即可将画笔样式载入（图 29-23）。

图 29-22　分析图圆圈完成效果

图 29-23　载入画笔样式

29.9　仿制图章工具

"仿制图章工具"和前面"修复画笔工具"使用方法一样，有时候并不只用来处理污点，也可用来对画面进行图案仿制。

例：在石材下方建立选区，启动仿制图章工具在上方石材处进行吸取，此时在选区内进行图章仿制，可以在选取区内也做出上方石材纹理效果（图29-24）。

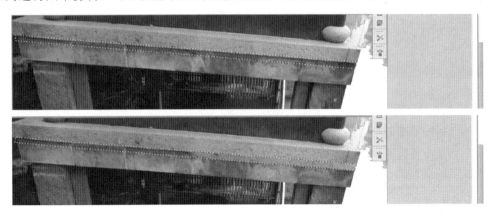

图29-24　仿制图章工具使用

★"仿制图章工具"快捷键：S

29.10　历史记录画笔工具

"历史记录艺术画笔"工具可以实现油画的效果，利用"历史记录画笔"工具可以将利用"历史记录艺术画笔工具"绘制的效果还原到本来面貌，两个工具可配合使用（图29-25），这两个工具可用来做一些场景的特殊效果。

★"历史艺术画笔工具"快捷键：Y

29.11　橡皮擦工具

"橡皮擦工具"可以对场景进行大面积擦除，"背景橡皮擦工具"可以擦出图片的透明背景，"魔术橡皮擦"工具可以小范围成片擦除，大家可以自己尝试一下它们之间有什么不同（图29-26），鼠标右键均可执行画笔样式、大小、硬度的调节。

图29-25　历史记录艺术画笔和
历史记录画笔工具的使用

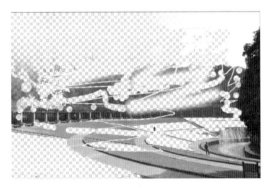

图29-26　橡皮擦工具的使用

29.12 渐变工具

"渐变工具"在此软件中也较为常用，下面以绘制平面图周围的渐变效果来举例说明。

例：平面图周围的渐变效果绘制。

（1）打开文件"29-27 渐变工具 .jpg"图片，利用魔棒工具选择周边颜色区域（图 29-27）。

（2）利用复制选区命令"Ctrl＋J"组合键复制一层，按 Ctrl 键＋鼠标单击新生成图层（载入选区），点击前景色背景色切换处，利用面板中的吸管吸取周边颜色，注意做到色相相同，明暗有所差别（图 29-28）。

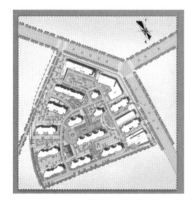

图 29-27　周边颜色区域选择

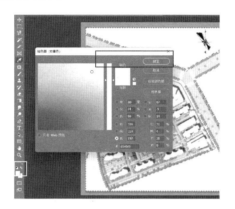

图 29-28　选取颜色

（3）点击左侧工具栏渐变工具，再点击上方工具选项栏的渐变颜色条，然后点击渐变编辑器里的预设基础文件夹，选择第一个渐变框，也可在下方渐变颜色条处进行调整（图 29-29），最后点击确定。

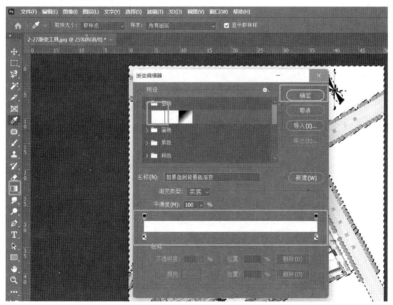

图 29-29　渐变工具启用

（4）点击上方工具选项栏中的渐变模式，此处提供了线性渐变、径向渐变、角度渐变、对称渐变、菱形渐变五种渐变模式，用户可以根据需要选择，此处选择径向渐变（图29-30）。

图 29-30　径向渐变

（5）在平面图中从中间往两边拉动，即可做出渐变效果（图29-31）。

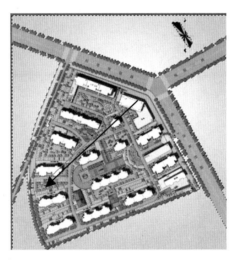

图 29-31　渐变效果

29.13　模糊工具

"模糊工具"可以使所涂抹的图像变模糊，对比度降低；"锐化工具"可以使涂抹的图像对比度加强；"涂抹工具"可以使所涂抹的图像呈现变形效果（图29-32），鼠标右键均可执行画笔样式、大小、硬度的调节。

图 29-32　模糊工具使用

29.14　减淡工具

"减淡工具"可以使所涂抹区域图像对比度降低，变亮，"加深工具"可以使所涂抹区域图像对比度增强，变暗，鼠标右键均可执行画笔样式、大小、硬度的调节。

例：打开文件"29-33减淡工具.jpg"图片，图中看到右侧砖墙墙体受光线影响较弱，光感效果不明显，下面将做出光感效果。

（1）选择砖墙区域，利用复制选区命令按 Ctrl＋J 组合键复制一层（图 29-33）。

（2）利用"减淡工具"将上半部分擦亮，利用"加深工具"将上半部分擦暗，这样光感十足的砖墙就处理完成了（图 29-34）。

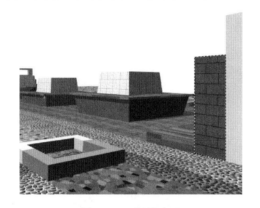

图 29-33　复制选区

图 29-34　光感效果处理

29.15　钢笔工具

钢笔工具按钮下有六个按钮，分别是钢笔工具、自由钢笔工具、弯度钢笔工具、添加锚点工具、删除锚点工具、转换点工具（图 29-35）。

钢笔工具在本软件中也较为常用，对于一些复杂图像进行扣取时可采用钢笔工具，此处的锚点是控制钢笔线条走向的重要控制点。鼠标单击添加锚点，当按住 Alt 键＋鼠标左键单击变为【减号】时，是删除锚点。下面举例来说明钢笔工具的使用。

图 29-35　钢笔工具

例：如何绘制分析图虚线？

（1）新建图层，用钢笔工具绘制路径（图 29-36）。

（2）在绘图工具栏前景色背景色处点击选择红色（图 29-37）。

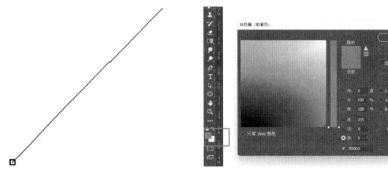

图 29-36　钢笔工具绘制路径　　　　　　　　图 29-37　调颜色

（3）点击画笔，在上方工具选项栏选择方头画笔，并调整大小（图 29-38）。

（4）按 F5 进行画笔预设，在画笔笔尖形状处调节间距，点击形状动态将角度抖动设置为方向（图 29-39）。

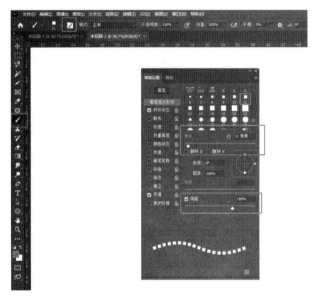

图 29-38　方头画笔选择　　　　　　　　　图 29-39　画笔预设调节

（5）点击路径浮动面板，在下方执行画笔描边路径，分析图虚线生成（图 29-40），也可以参照前面画分析图圆圈的画法为其添加阴影效果。

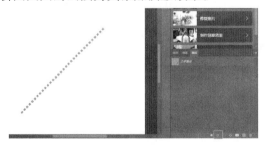

图 29-40　分析图虚线效果

29.16　文字工具

Photoshop 中包括四种直接输入文字的工具，在平时使用过程中前两种比较常用，即"横排文字工具"和"直排文字工具"（图 29-41）。

图 29-41　文字工具

"横排文字工具"就是用来输入横排文字；"直排文字工具"，则可以输入直排文字。工具选项栏的 按钮可以实现文字的横排和直排切换。

文字的输入：点击直排或横排文字工具即可在页面中进行文字输入（图 29-42）点击上方文字工具选项栏的 按钮即可。

图 29-42　文字的输入

文字设置：在输入文字时利用上方的工具选项栏可以对字体、大小、颜色、粗细等进行调节（图 29-43）。

图 29-43　文字设置与编辑

文字的编辑：选择"文字工具"，在已输入完成的文字上单击，将出现一个闪动的光标，即可对文字进行删除、修改等操作。在"文字工具"的工具选项栏中通过设置文字的属性，对所有的文字进行字体、字号等文字属性的更改（图 29-43）。

输入段落文字：选择"文字工具"后在图像中单击并拖曳光标，拖动过程中将在图像中出现一个虚线框，如图 29-44 所示。释放鼠标左键后，在图像中将显示段落定界框，然后在段落定界框中输入相应的文字即可。

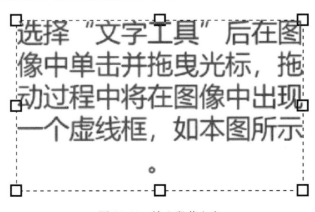

图 29-44　输入段落文字

段落文字的编辑：点击上方工具选项栏的段落编辑按钮，即可对段落进行编辑，操作方法和 Word 软件相似（图 29-45）。

★ "文字工具"快捷键：T

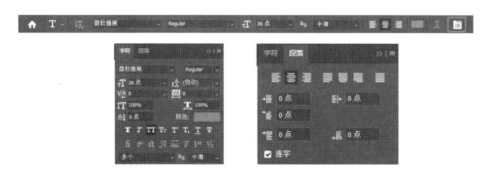

图 29-45　段落文字编辑

29.17　路径选择工具

一条完整的路径由锚点、控制柄、路径线构成，如图 29-46 所示。

路径可能表现为一个点、一条直线或是一条曲线，除了点以外的其他路径均由锚点和锚点间的线段构成。如果锚点间的线段曲率不为零，锚点的两侧还有控制手柄。锚点与锚点之间的相对位置关系决定了这两个锚点之间路径线的位置，锚点两侧的控制手柄控制该锚点两侧路径线的曲率。

图 29-46　路径的组成

此处的路径选择工具需配合"矩形工具""椭圆工具""自定形状工具""钢笔工具"来使用，可以选取路径并实现对锚点的控制。

★ "路径选择工具"快捷键：A

29.18　形状工具

对任意一种路径绘制工作来说，如使用"矩形工具""椭圆工具""自定形状工具""钢笔工具"（此工具没有"像素"模式）等图形绘制工具时，都可以选择形状、路径和像素这 3 种绘图模式，以绘制不同的结果（图 29-47）。

图 29-47　3 种绘图模式

形状：选择后，在画布中拖动鼠标即可创建一个新形状图层。可以将创建的形状对象看成是矢量图形，它们不受分辨率的影响，并可以为其添加样式效果。

路径：选择后，即可在画布中绘制路径。路径也是具有矢量特性的对象，但它与上面介绍的形状不同，路径是虚体，它在打印输出时不会被显示出来；而形状是实体，可以真实地被打印输出。

像素：选择后，将以前景色为填充色，在画布中绘制图形。

利用 Photoshop 中的形状工具，可以非常方便地创建各种几何形状或路径。在工具箱中的形状工具组上单击鼠标右键，将弹出隐藏的形状工具。使用这些工具都可以绘制各种标准的几何图形，比如：矩形、圆形、多边形以及自定义图形等（图 29-48）。特别是自定义形状里的箭头工具，在绘制分析图时经常使用。

★ "形状工具"快捷键：U

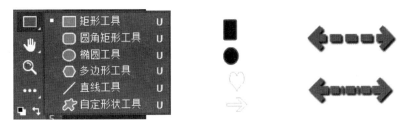

图 29-48　形状工具绘制图形

29.19　抓手工具

"抓手工具"下设两个工具，分别为"抓手工具"和"旋转视图工具"，当图片放大需要对细节进行修改时可以使用"抓手工具"；当图片需要进行旋转操作时可以使用"旋转视图工具"（图 29-49）。

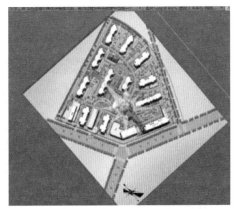

图 29-49　抓手工具的使用

★ "抓手工具"快捷键：H
★ "旋转视图"快捷键：R

29.20　放大、缩小工具

"放大、缩小工具"主要是对图片进行放大或缩小，便于观察和修改。

★ "放大工具"快捷键：Ctrl＋＋

★ "缩小视图"快捷键：Ctrl＋－

29.21　前景色、背景色切换工具

在使用 Photoshop 的绘图工具进行绘图时，选择正确的颜色至关重要，本节介绍在 Photoshop 中选择颜色的各种方法。在实际工作过程中，可以根据需要选择不同的方法。

Photoshop 中的选色操作包括选择前景色与背景色，选择前景色和背景色都非常重要。Photoshop 使用前景色绘画、填充和描边选区等，使用背景色生成渐变填充并在图像的抹除区域中填充。有一些特殊效果滤镜也使用前景色和背景色。

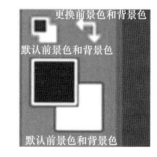

图 29-50　前景色、背景色切换工具

在工具栏中可设置前景色和背景色，工具栏下方的颜色选择区由切换前景色和背景色；设置前景色、背景色；默认前景色和背景色三部分组成（图 29-50）。

切换前景色和背景色：点击按钮可交换前景色和背景色的颜色。

设置前景色和背景色：点击按钮可实现前景色和背景色的颜色更改。

默认前景色和背景色：单击该按钮可恢复前景色为黑色、背景色为白色的默认状态。

无论单击前景色颜色样本块还是背景色颜色样本块，都可以弹出"拾色器"对话框。在"拾色器"对话框中的颜色区域单击任何一点都可选取一种颜色，如果拖动颜色条上的三向形滑块，则可以选择不同颜色范围中的颜色（图 29-51）。

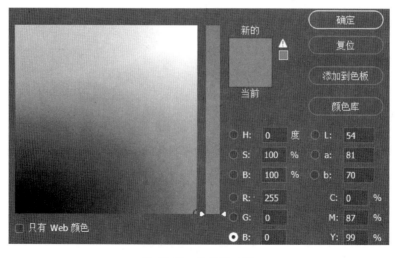

图 29-51　拾色器工具

29.22 快速蒙版工具

"快速蒙版工具"在效果图处理中也较为常用，下面以做鸟瞰图的雾化效果为例进行说明，做雾化效果的方法很多，在此先以快速蒙版的做法进行讲解。

例：如何给鸟瞰图做出雾化效果？

（1）调整"前景色、背景色切换工具"，将其调为默认前景色和背景色（图 29-52）。

图 29-52　前景色、背景色切换工具

（2）打开文件"29-54 雾化效果 .jpg"，新建图层，启动渐变工具，并在工具选项栏上方选择径向渐变（图 29-53），键盘输入"快速蒙版快捷键"（Q 键），从上往下拉取，此时上方变为粉红色（图 29-54）。

图 29-53　径向渐变

图 29-54　拉取渐变

（3）再次按下"快速蒙版快捷键"（Q 键），反选（Ctrl 键＋Shift 键＋I 键），进行颜色填充快捷键（Shift 键＋F5 键），选取白颜色进行填充（图 29-55）。

图 29-55　填充白颜色

（4）用同样的方法依次对其余三个边缘进行填充，直到做出雾化效果（图29-56）。

图 29-56　鸟瞰图雾化效果

29.23　设计模式

"设计模式"是 Photoshop 的不同屏幕显示模式，绘图高手由于熟知 Photoshop 的各种快捷键，往往会在设计模式中进行绘图。

依次点击快捷键 F 键，会有不同的屏幕显示模式效果，各种效果间也可来回变换。

第 30 章　Photoshop 菜单栏常用命令

30.1　编辑菜单

编辑菜单下常用的命令有：还原、前进一步、后退一步、填充、描边、自由变换、定义画笔预设、定义图案等，下面将依次进行讲解。

★ "编辑" 快捷键：Alt＋E

1. 还原

在编辑图像的过程中，如果操作出现了失误或对创建的效果不满意，可以撤销操作或者将图像恢复为最近保存的状态。

执行【编辑】→【还原】命令，或按 Ctrl＋Z 快捷键，可以撤销对图像所做的最后一次修改，将其还原到上一步编辑的状态中。

2. 前进一步

如果要取消还原操作，按 Shift＋Ctrl＋Z 快捷键执行【前进一步】命令。

3. 后退一步

按 Ctrl＋Alt＋Z 快捷键可执行【后退一步】命令，以此点击可执行后退多步命令。

4. 填充

【填充】命令在前面的例子里已经多次运用到。

★ "填充" 快捷键：Shift＋F5

★ "填充前景色" 快捷键：Alt＋Delete

★ "填充背景色" 快捷键：Ctrl＋Delete

5. 描边

【描边】命令在绘制功能分区图时经常会用到（图 30-1），下面举例介绍其运用方法。

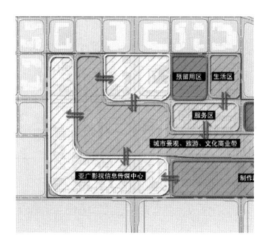

图 30-1　功能分区图

例：功能分区图中描边的运用。

（1）新建文件，新建图层，利用矩形工具绘制选区，并填充颜色，在图层面板将填充图层的不透明度改为 50％左右（图 30-2）。

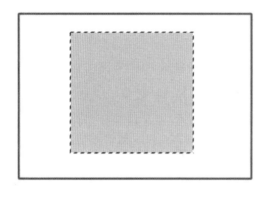

图 30-2　创建选区填充颜色

（2）再次新建图层，执行描边命令，选取和图层 1 相似的颜色，设定宽度，点击确定（图 30-3）。

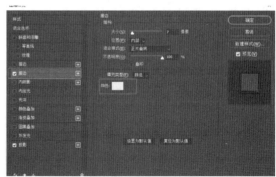

图 30-3　描边设置

（3）图层面板添加图层样式，勾选投影，勾选描边，点击确定（图30-4）。

图 30-4　添加图层样式

（4）依照此方式，绘制不同颜色的功能区块，添加文字，功能分区图即可绘制完成（图30-5）。

6. 自由变换

启动"自由变换"工具，右键可实现图像的缩放、旋转、斜切、扭曲、透视、变形、旋转等命令（图30-6）。

★"自由变换"快捷键：Ctrl＋T

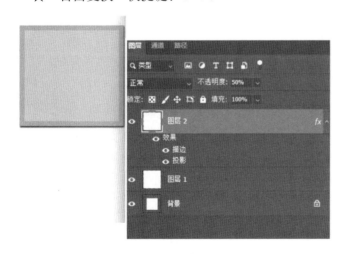

图 30-5　描边完成效果　　　　　　　　图 30-6　自由变换工具

7. 定义画笔预设

很多时候自定义的画笔不能够满足画图需要，可以自己定义画笔，步骤如下。

（1）新建图层，绘制形状，执行定义画笔预设命令，命名为心形画笔（图 30-7）。

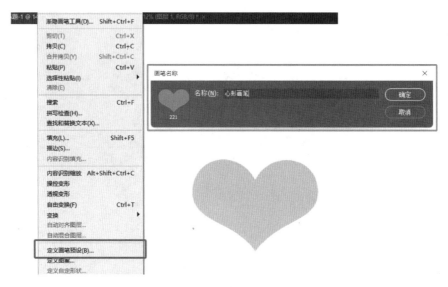

图 30-7 定义画笔

（2）点击工具栏的画笔工具，点击上方画笔工具选项栏可以看到图库的最后一个就是心形画笔，可以在绘图区使用新画笔样式（图 30-8）。

图 30-8 使用新画笔样式

8. 定义图案

定义图案的方法和定义画笔类似，一般在平面图填充铺装样式时经常用到，下面举例说明。

（1）打开文件"30-9 碎拼板 .jpg"，执行定义图案命令，点击确定（图 30-9）。

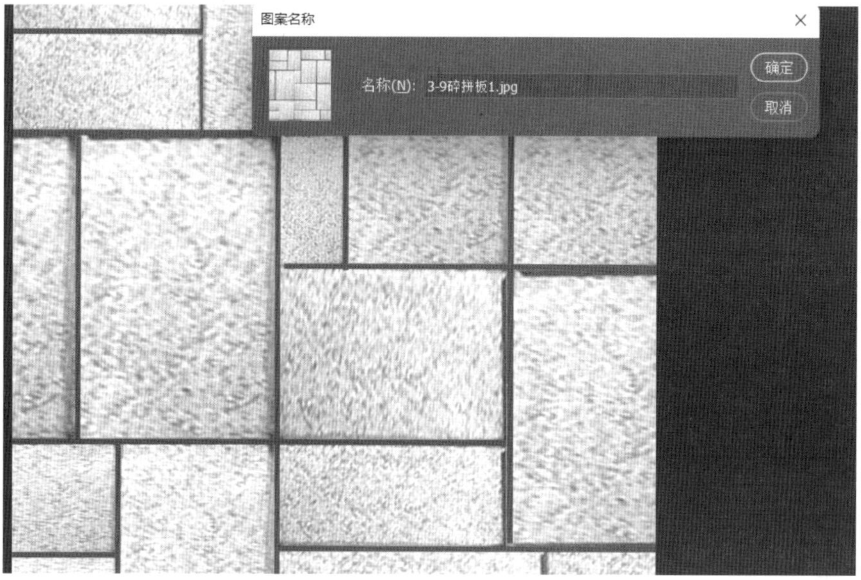

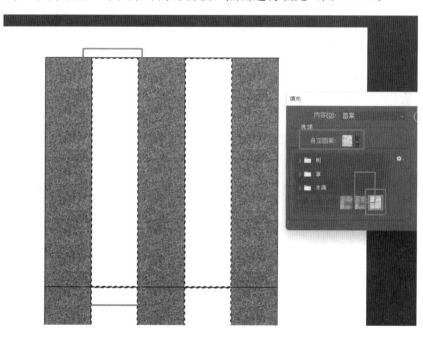

图 30-9　定义图案

（2）打开文件"30-10 碎拼板铺装示意 .jpg"，选择选区，执行填充命令，下拉列表选择图案，图库最后一个图案即为碎拼板，点击进行填充（图 30-10）。

图 30-10　填充图案

（3）图案填充完成，会发现比例不准确，执行 Ctrl＋J 组合键命令，将当前填充区域复制一层，然后可以在图层样式中的图案叠加选项处重新填充图案，并调节下方缩放比例，直到比例准确（图 30-11）。

（4）铺装填充绘制完成（图 30-12）。

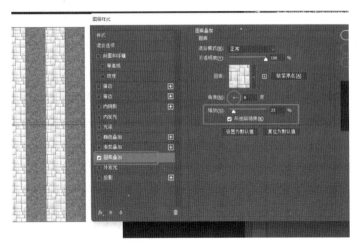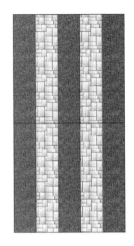

图 30-11　图案叠加调整图案比例　　　　　　图 30-12　铺装填充完成效果

30.2　图像菜单

图像菜单下常用的命令包括：模式、调整、图像大小、画布大小、图像旋转、图层、文字等，其中图层、文字等命令菜单在其他章节有介绍，在此将不再赘述。下面对其他菜单命令进行介绍。

★"图像菜单"快捷键：Alt＋I

1. 模式

模式菜单下有多种模式，其中最为常用的为 RGB 模式（图 30-13）。

图 30-13　多种模式

RGB 模式是 Photoshop 中最常用的一种颜色模式，这是因为在 RGB 模式下处理图像较为方便，而且比 CMYK 图像文件要小得多，可以节省更多的内存和存储空间，在 RGB 模式下，Photoshop 所有的命令和滤镜都能正常使用。

Photoshop 的 RGB 模式给彩色图像中每个像素的 RGB 分量分配一个从 0（黑色）到 255（白色）范围的强度值，例如，一种明亮的红色可能 R 值为 246，G 值为 20，B 值为 50。当 3 种分量的值相等时，结果是灰色；当所有分量的值都是 255 时，结果是纯白色；而当所有值都是 0 时，结果是纯黑色。

新建 Photoshop 图像的默认模式是 RGB，计算机总是使用 RGB 模型显示颜色，这意味着在非 RGB 颜色模式（如 CMYK）下工作时，会临时使用 RGB 模式。

在 Photoshop 的 CMYK 模式中，每个像素的每种印刷油墨会被分配一个百分比值，最亮（高光）颜色分配较低的印刷油墨颜色百分比值，较暗（暗调）颜色分配较高的百分比值。

在 CMYK 图像中，当所有 4 种分量的值都是 0% 时，就会产生纯白色，例如明亮的红色可能有 2% 青色、93% 洋红、90% 黄色和 0% 的黑色。此模式是 Photoshop 在不同颜色模式之间转换时使用的内部颜色模式，它能毫无偏差地在不同系统和平台之间进行转换。

2. 调整

调整命令下有多个对图像进行调节的命令，了解这些命令前需要了解色彩的三种属性。

用于描绘色彩物理属性的 3 个因素是色相、明度和纯度。

色相：表示颜色的属性，如红、蓝、绿等各种颜色。

明度：指色彩的明亮程度，对物体来说还可称为亮度，即深浅程度。

纯度：用来表现色彩的鲜艳或暗淡。纯度是指色彩的纯净程度，也可以指色相感明确及鲜艳的程度。因此还有浓度、彩度、饱和度等说法。

（1）"亮度/对比度"调整命令可以直接调整图像的对比度和亮度（图 30-14）。

亮度：调整图像的亮度，其范围为 -150～+150。将亮度滑块向右滑动，使图像变亮；将滑块向左滑动，使图像变暗。

对比度：调整图像的对比度，其范围为 -50～+100。将对比度滑块向右滑动，提高图像的对比度；将对比度滑块向左滑动，降低图像的对比度。

（2）"色阶"调整命令可以调整图像的明暗、色调范围，在"色阶"对话框中，可以拖动滑杆或输入数值来调整输出及输入的色阶值（图 30-15）。

★ "色阶"快捷键：Ctrl+L

通道：不仅可以选择合成的通道进行调整，而且还可以对不同的颜色通道进行单一调整。如果同时调整两个通道，首先按住 Shift 键，在通道调板中选择两个通道，然后再选择"色阶"命令进行调整。

输入色阶：可以通过分别设置暗部、中间色调和亮部色调值来调整图像的色阶。具体操作是拖动图下部的 3 个三角滑标，左、中、右 3 个三角滑标分别代表暗部、中间色调和亮部色调。

输出色阶：可以减少图像的对比度。向右拖动暗调滑块，第一个栏内的值增大，此时图像变亮；向左拖动高光滑块，第二个栏内的值减小，此时图像变暗。

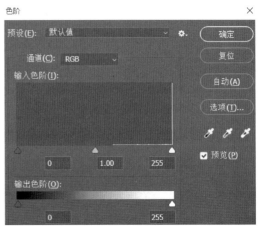

图 30-14　亮度/对比度调整　　　　　　　　　图 30-15　色阶调整

　　吸管工具：设置图像的最暗处、最亮处的色调。暗调吸管用于选择暗部，在图像中点击一下，图像中所有像素的亮度值减去吸管单击处的亮度值，使图像变暗，此时，所有比它更暗的像素都将成为黑色；中间色吸管用于选择中间色，在图像中点击，与图像相反，将图像中所有像素的亮度值加上吸管所点中的亮度值，提高图像的亮度；亮部吸管用于选择亮部，在图像中点击，则会将图像中最亮处的色调值设定为点击处的色调值，所有色调值比它大的像素都将成为白色。也可以双击各吸管，则弹出拾色器对话框，从中可以选择你认为典型的最暗色调和最亮色调。

　　自动：能对图像色阶做自动调整，但是这种方法会造成偏色，在应用时要注意。

　　选项：单击该按钮，即可弹出"自动颜色校正选项"对话框。

　　（3）"曲线"调整命令和"色阶"调整命令类似，都是用来调整图像的色调范围，不同的是，"色阶"命令只能调整亮部、暗部和中间灰度，而"曲线"命令可调整灰阶曲线中的任何一点，"曲线"调整命令是 Photoshop 中最好的色调调整工具（图 30-16）。

　　★ "曲线"快捷键：Ctrl＋M

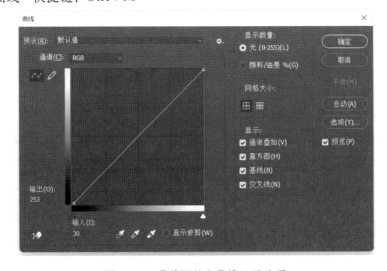

图 30-16　曲线调整和曲线显示选项

通道：选择需要调整色调的通道，例如，有时图像中的某一通道颜色偏差较大，这时可调整此通道，而不影响其他的通道。

预设：包含了 Photoshop 提供的各种预设调整文件，可调整图像，可自己尝试各种预设效果。

曲线图：横坐标是水平色调带，表示图像调整前的亮度分布，即输入色阶；纵坐标是竖直色调带，表示图像调整后亮度的分布，即输出色阶，它们的变化范围为 0～250，调整前的曲线是一条成 45°角的直线，表示所有像素的输入与输出亮度相同。通过调整曲线的形状来改变像素输入输出的亮度，从而改变整个图像的色阶。

曲线工具：是最基本的调节工具，如用鼠标单击曲线，曲线上会出现节点，移动它就可以改变图像的亮度、对比度、色彩等。如果多次点击，曲线上会出现多个节点。要删除节点，只要按住 Alt 键点击节点即可。

曲线显示选项：曲线显示选项可以用于调节网格数量、显示效果等（图 30-16）。

（4）"色相/饱和度"命令主要用于改变像素的色相及饱和度，而且它还可以通过给像素指定新的色相和饱和度，实现给灰度图像上色的功能，能够制作出漂亮的双色调效果（图 30-17）。

★"色相/饱和度"快捷键：Ctrl＋U

图像调整工具：选择该工具后，将光标放在要调整的颜色上，单击并拖动鼠标即可修改单击处的颜色和饱和度，在饱和度行向左拖动鼠标可以降低饱和度，向右拖动鼠标可增加饱和度。在色相行拖动鼠标，则可以修改色相。在明度行拖动鼠标，则可以修改明度值。

双颜色条：对话框下部的两个颜色条中，上面的一条显示的是调整前的颜色，下面的一条显示的是调整后的颜色，拖动滑标可以增减色彩变化的颜色范围。

着色：勾选"着色"可以对黑白图像赋予色彩。

（5）"色彩平衡"调整命令可以对图像的高光、暗调和中间调的颜色分别进行调整，从而改变图像的整体色调。此命令只能对图像进行粗略的调整，不能像"色阶"和"曲线"命令一样进行较准确的调整。（图 30-18）

★"色彩平衡"快捷键：Ctrl＋B

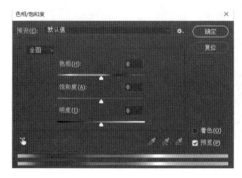

图 30-17　色相/饱和度调整

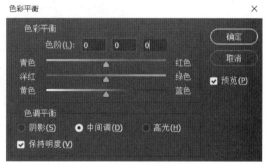

图 30-18　色彩平衡

（6）"去色"命令执行可以使图片变成黑白颜色，在做分析图时底图一般处理为黑白颜色即可执行此命令。

★"去色"快捷键：Shift＋Ctrl＋U

3. 图像大小

"图像大小"命令可以查看并修改图像的尺寸、打印尺寸和分辨率，如图 30-19 所示。

★"图像大小"快捷键：Ctrl＋Alt＋I

像素大小：显示了图像的宽度和高度，它决定图像尺寸的大小。

文档大小：显示了图像的尺寸和打印分辨率，默认的图像宽度及高度是锁定在一起的，其中的一个数值改变后，另外一个也会按比例改变。

约束比例：在进行图像修改时，会自动按比例调整其宽度和高度，图像的比例保持不变。勾选这一复选框后，图像的宽度和高度的比例就会被固定，即使只输入宽度值，高度值也会根据原图像的比例发生改变；如果取消勾选，则与原图像的宽度、高度比例无关，图像的尺寸将会按照输入的数值进行改变。

4. 画布大小

"画布大小"命令调整画布的大小，也就是调整制作图像的区域。"画布大小"可以修改之前制作的图像，即画布尺寸大小，也可以通过该命令减小画布尺寸来裁剪图像。

"画布大小"命令与"图像大小"命令两者有些相似，都是用来调整图像尺寸的，但在编辑操作方面有着根本上的不同，"图像大小"命令会将图像重新取样来放大，而"画布大小"命令则是进行画布大小的修改，但是不会影响图像本身的比例，因此通过该命令编辑后的图像并不会像"图像大小"命令一样重新取样。

如图 30-20 所示，在对话框内可以看到一个白色正方形，周围有箭头指示，这就是"定位区"，表示增加或减少图像的中心位置。在默认的情况下，裁切图像时，以图像中心为裁切中心，如果单击图像左下角的小方格，则裁切将以图像左下角为中心。

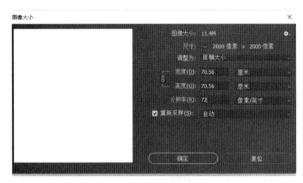

图 30-19　图像大小

图 30-20　画布大小

5. 图像旋转

"图像旋转"命令可以对画布进行旋转，如图 30-21 所示。

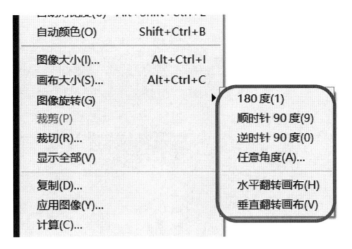

图 30-21　图像旋转

30.3　选择菜单

1. 全选

"全选"命令可以选择当前边界内的全部图像内容。如果想要复制整个图像，可以执行该命令，然后按 Ctrl＋C 快捷键复制，或直接按 Ctrl＋J 快捷键复制图层，这时可以发现，该图像也被复制下来，并且图层面板中还自动生成了一个新的图层。

★"全选"快捷键：Ctrl＋A

2. 反选

创建选区后，执行"反选"命令，即可将选区以外的区域创建为选区。

★"反选"快捷键：Ctrl＋Shift＋I

3. 取消和重新选择选区

创建选区后，执行"取消选择"命令。如果要恢复选区，可以执行"重新选择"命令。

★"取消选择"快捷键：Ctrl＋D

★"重新选择"快捷键：Ctrl＋Shift＋D

4. 色彩范围

"色彩范围"命令类似于"魔棒工具"，但是"色彩范围"命令是通过在"色彩范围"对话框中取样颜色来创建选区，还可以通过设置来增大或减小选择区域，并且可以预览选区效果。

例：利用色彩范围命令扣取植物素材。

（1）打开文件"30-22 色彩范围.jpg"，启动"色彩范围"命令。

（2）点击第一个吸管，勾选反相，将色彩容差调高，点击确定，如图 30-22 所示。

图 30-22　色彩范围调节

（3）点击左侧工具栏移动命令，可将植物素材移动出来放入场景使用，如图 30-23 所示。

图 30-23　移动植物素材

30.4　滤镜菜单

执行【滤镜】→【滤镜库】命令，弹出如图 30-24 所示的对话框。由图中的"滤镜库"对话框及对话框标注可以看出，"滤镜库"命令只是将众多的滤镜集合至该对话框中，通过打开某一个滤镜并执行相应命令的缩略图即可对当前图像应用该滤镜，应用滤镜后的效果显示在左侧的"预览区"中。

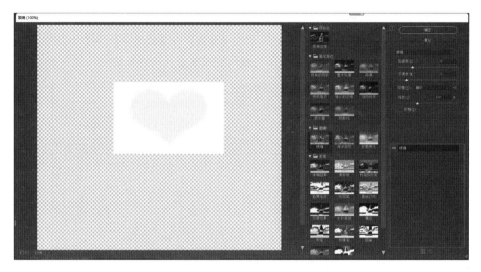

图 30-24　滤镜库

下面介绍"滤镜库"对话框中各个区域的作用。

（1）预览区：左侧区域中显示了由当前滤镜命令处理后的效果。

在该区域中，光标会自动变为"抓手工具"，拖动它可以查看图像其他部分执行"滤镜"命令后的效果。

按住 Ctrl 键则"抓手工具"切换为"放大缩放工具"，在"预览区"中单击可以放大当前效果的显示比例。

按住 Alt 键则"抓手工具"切换为"缩小缩放工具"，在"预览区"中单击可以缩小当前效果的显示比例。

按住 Ctrl 键的同时，"取消"按钮会变为"默认值"按钮；按住 Alt 键的同时，"取消"按钮会变为"复位"按钮。无论单击"默认值"或"复位"按钮，"滤镜库"对话框都会切换至本次打开该对话框时的状态。

（2）显示比例调整区：在该区域可以调整预览区中图像的显示比例。

（3）命令选择区：在该区域中，显示的是已经被集成的滤镜，单击各滤镜序列的名称即可将其展开，并显示出该序列中包含的命令，单击相应命令的缩略图即可执行该命令。

单击命令选择区右上角处的双箭头按钮可以隐藏该区域，以扩大预览区，从而更方便地观看应用滤镜后的效果，再次单击该按钮则可重新显示命令选择区。

（4）参数调整区：在该区域中，可以设置当前已选命令的参数。

（5）滤镜层控制区在该对话框中对图像同时应用多个滤镜命令，并将所添加的命令效果叠加起来，而且还可以像在"图层"面板中修改图层的顺序那样调整各个滤镜层的顺序。

1. 风格化

"风格化滤镜"通过置换像素并且查找和增加图像中的对比度，在选区上产生如同印象派，或者其他画派般的作画风格的滤镜，该滤镜包括 9 种不同风格的滤镜。

这 9 种风格滤镜操作方法大致相同，现以浮雕效果滤镜为例进行讲解。无论是建筑设计还是风景园林设计都会运用到一些浮雕素材，同学们根据需要可以自己制作一些。

例：制作文圣孔子浮雕效果。

（1）打开文件"30-25 孔子浮雕.jpg"，启动【滤镜】→【风格化】→【浮雕效果】命令。

（2）调节角度、亮度、数量等参数值，就可完成文圣孔子浮雕效果，如图 30-25 所示。

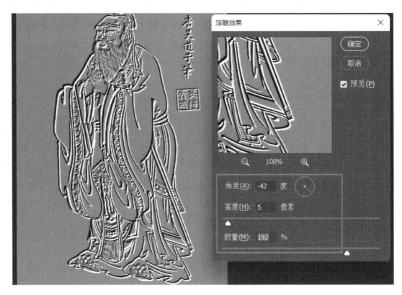

图 30-25　文圣孔子浮雕效果

2. 模糊

模糊效果滤镜可以平衡图像中已定义的线条和遮蔽区域清晰边缘旁边的像素，使变化显得柔和，其中包括 6 种滤镜，下面就设计中常用的几种模糊滤镜进行介绍。

（1）表面模糊：表面模糊滤镜可以在对图像进行模糊处理的同时，对图像的边线保持清晰。该滤镜对于创造特别效果以及移除杂色和颗粒非常有用，如图 30-26 所示。

图 30-26　表面模糊

半径：数值越大，图像模糊的范围就越大。

阈值：数值越大，图像模糊前后的差别就越大。

（2）动感模糊：可以模拟出高速移动下所造成的残影效果，可将静态画面营造出速度感，如图 30-27 所示。

图 30-27　动感模糊

角度：设置动感模糊的方向，用户可以转动圆角线或直接输入数值来确定模糊方向。

距离：设置模糊残影的长度，即运动物体留下的痕迹长度。

（3）高斯模糊：执行高斯模糊滤镜后，系统即会以高斯演算法计算出图像模糊后的效果，并可以即时预览，是相当方便的一个滤镜。

半径：设置滤镜进行高斯演算的半径值。

预览：为了获得极高的精度，勾选该选项，可以获得即时预览的效果。

例：为人物添加影子。

① 打开文件"30-28 人物影子 .psd"，选中人物图层，将人物图层复制一层作为人物影子图层。

② 选中人物影子图层，下移一层，放到人物后面，执行"自由变换"命令，将人物调节成如图 30-28 所示。

③ 将人影图层载入选区（Ctrl＋单击人影图层），填充灰颜色，如图 30-29 所示。

④ 将人影图层载入选区（Ctrl＋单击人影图层），执行"高斯模糊"命令，将半径值调大，人物影子完成，如图 30-30 所示。

图 30-28　人物调节　　　　图 30-29　填充人影　　　　图 30-30　人影完成

3. 锐化

锐化滤镜的主要功能是增加图形的对比度，使画面达到清晰的效果，通常用于增强扫描图像的轮廓。Photoshop 提供了 5 种锐化滤镜。在效果图处理中最为常用的是 USM 锐化。

USM 锐化滤镜用于调理图案边缘细节的对比。执行该滤镜，系统将查找颜色边缘，并用在每一边缘处，制作出一条更亮或更暗的线条，强调边缘从而产生更清晰的效果，如图 30-31 所示。

图 30-31　USM 锐化效果

数量：设置锐化的强度。

半径：设置锐化边缘清晰程度的大小。

阈值：确定参与运算的像素之间的最低差值。

4. 渲染

渲染滤镜主要功能在于图形着色以及明亮化作用上。该滤镜可以对图像进行云彩、分层云彩、纤维、镜头光晕和光照效果处理，包括 5 个滤镜效果。效果图处理中常用渲染滤镜来做一些光照效果，其中镜头光晕最为常用，可以作为处理建筑高光电的一种手段，如图 30-32 所示。

图 30-32　镜头光晕效果

30.5 视图菜单

视图菜单中大部分命令前面已经讲过，下面就以下未讲解并且常用的几个命令进行讲解。

1. 实际像素

显示器上的图像是由点构成的，也就是说同一块大的尺寸，上面的点越多，它的实际像素就越大。比如一张屏幕分辨率为 1024×768 的照片，大概就是约 80 万像素，也就是说横向由 1024 个点构成，纵向由 768 个点构成。实际像素能真实反映图像的分辨率。

2. 打印尺寸

打印时能显示出来的实际效果，便于效果图处理时做到心中有数。

3. 标尺

★ "标尺" 快捷键：Ctrl＋R

使用鼠标在标尺上拖拉就可以得到想要的参考线，如图 30-33 所示。要想运用参考线，就必须先显示标尺。图像上的参考线是不会被打印出来的，其用途只是帮助用户在操作时度量或对齐版面，将参考线拖拉出绘图区就可删除参考线。

图 30-33 标尺工具

30.6　窗口菜单

1. 排列

"排列"命令为用户提供了界面的多种排列方式，用户可以根据需要选用，如图 30-34 所示。

图 30-34　排列命令

2. 工具条显示

窗口菜单下可以对软件中的各种工具显示进行设置，勾选即为显示，如图 30-35 所示。

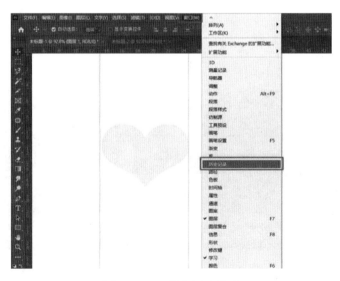

图 30-35　工具条显示设置

第 31 章

常用浮动窗口面板解析

31.1 历史记录窗口面板

利用窗口菜单下可以对历史记录窗口面板的显示进行设置，勾选即为显示。

记录的次数在前面第 28 章第 2 小节 Photoshop 相关参数设置中已经讲解过，设置中设置了多少次，此处就能最大显示多少次，如图31-1 所示。

鼠标在不同的记录层上点击可以退回到之前的操作步骤上。

图 31-1　历史记录窗口面板

31.2 图层窗口面板

熟练地掌握图层的相关操作尤为重要。在 Photoshop 中，对特定的图层选择复制、删除、改变叠放次序、合并，以及增加蒙版等操作，这些操作一般都不会影响其他的图层。同一个文件内所有图层的像素和色彩模式都是相同的。

在 Photoshop 2020 版本中，如果机器内存和磁盘空间允许的话，一幅图像最多可以创建 8000 个图层，但是通常在创建了几十个或上百个图层之后，机器的运行速度将受到严重影响，因为这些图层通常要占用一定的磁盘空间，所以在编辑图像时，要尽量控制图层的创建数量。

1. 图层面板

"图层"面板集成了 Photoshop 中绝大部分与图层相关的常用命令及操作。使用此面板，可以快速地对图像进行新建、复制及删除等操作，如图 31-2 所示。

"图层"面板中的各参数释义如下。

类型：在其下拉列表中可以快速查找、选择及编辑不同属性的图层。

模式：在其下拉列表中可以设置当前图层的混合模式。

不透明度：在此数值框中键入数值，可以控制当前图层的透明属性，数值越小，则当前图层越透明。

填充：在此数值框中键入数值，可以控制当前图层中非图层样式部分的不透明度。

锁定：在此可以分别控制图层的透明区域可编辑性、图像区域可编辑性以及移动图层等。

眼睛：单击此图标，可以控制当前图层的显示与隐藏状态。

图 31-2　图层窗口面板

图层缩览图：在"图层"面板中用来显示图像的图标。通过观察此图标，能够方便地选择图层。

链接图层：单击此按钮，可以将选中的图层链接起来，以便于统一执行变换、移动等操作。

添加图层样式：单击此按钮，可以在弹出的菜单中选择图层样式，然后为当前图层添加图层样式。

添加图层蒙版：单击此按钮，可以为当前图层添加图层蒙版。

创建新的填充图层或调整图层：单击此按钮，可以在弹出的菜单中为当前图层创建新的填充图层或者调整图层。

创建新组：单击此按钮，可以新建图层组。

创建新图层：单击此按钮，可以新建图层。

删除图层：单击此按钮，在弹出的提示对话框中单击"是"按钮，即可删除当前所选图层。

2. 图层组及嵌套图层组

创建图层组有助于提高绘图效率，也能提高绘图的便捷性。

（1）新建图层组

直接单击"图层"面板底部的"创建新组"按钮，则可以创建默认设置的图层组。

（2）将图层移入、移出图层组

① 将图层移入图层组。

如果新建的图层组中没有图层，则可以通过鼠标拖动的方式将图层移入图层组中。将图层拖动至图层组的目标位置，待出现黑色线框时，释放鼠标左键即可。

② 将图层移出图层组。

将图层移出图层组，可以使该图层脱离图层组，操作时只需要在"图层"面板中选中图层，然后将其拖出图层组，当目标位置出现黑色线框时，释放鼠标左键即可。

在由图层组向外拖动多个图层时，如果要保持图层间的相互顺序不变，则应该从最底层图层开始向上依次拖动，否则原图层顺序将无法保持。

3. 合并图层

图像所包含的图层越多，所占用的计算机空间就越大。因此，当图像的处理基本完成时，可以将图层合并起来以节省系统资源。当然，对于需要随时修改的图像最好不要合并图层。

合并任意多个图层：按住 Ctrl 键单击想要合并的图层并将其全部选中，然后按Ctrl＋E 组合键合并图层。

合并所有图层：合并所有图层是指合并"图层"面板中所有未隐藏的图层。要完成这项操作，可以执行【图层】→【拼合图像】命令，如果"图层"面板中含有隐藏的图层，则执行此操作时，将会弹出提示对话框，如果单击"确定"按钮，则 Photo-shop 会拼合图层，然后删除隐藏的图层。

向下合并图层：向下合并图层是指合并两个相邻的图层。要完成这项操作，可以先将位于上面的图层选中，然后执行【图层】→【向下合并】命令。

合并可见图层：合并可见图层是将所有未隐藏的图层合并在一起。要完成此操作，可以执行【图层】→【合并可见图层】命令。

合并图层组：如果要合并图层组，则在"图层"面板中选择该图层组，然后按 Ctrl＋E 组合键，合并时必须确保所有需要合并的图层可见，否则该图层将被删除。

4. 图层样式

在"图层样式"对话框中共集成了 10 种各具特色的图层样式，但该对话框的总体结构大致相同，如图 31-3 所示。从中可以看出，"图层样式"对话框在结构上分为以下3 个区域。

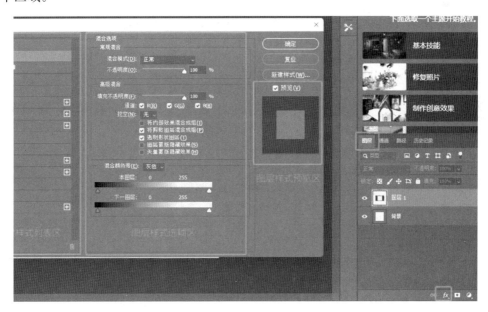

图 31-3　图层样式面板

图层样式列表区：在该区域中列出了所有图层样式，如果要同时应用多个图层样式，只需要选中图层样式名称左侧的复选框即可；如果要对某个图层样式的参数进行编辑，直接单击该图层样式的名称，即可在对话框中间的选项区显示出其参数设置。

图层样式选项区：在选择不同图层样式的情况下，该区域会显示出与之对应的参数设置。

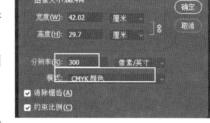

图层样式预览区：在该区域中可以预览当前所设置的所有图层样式叠加在一起时的效果。

在效果图处理过程中，经常运用到图层样式列表里面的命令。

例：制作植物平面素材。

（1）打开"植物.eps"文件，设置分辨率为300dpi，模式为RGB模式，如图31-4所示。

图 31-4　栅格化.eps格式文件

（2）新建图层，填充背景色为白色。将图层1上移一层。再新建图层，创建正圆选区，填充绿颜色，模式改为正片叠底，如图31-5所示。

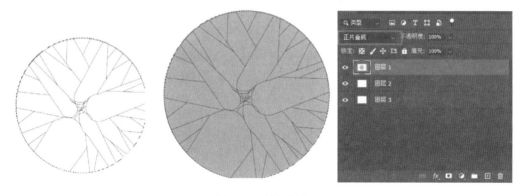

图 31-5　填充颜色

（3）打开图层样式，选择阴影选项，调整阴影、距离、扩展、大小选项，如图31-6所示。

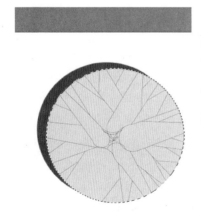
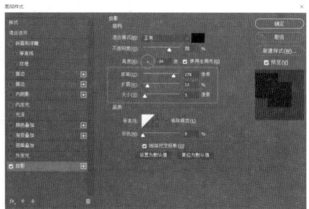

图 31-6　添加阴影样式

（4）植物平面素材创建完成，如图 31-7 所示。

阴影样式选项区下面有"设置为默认值""复位为默认值"按钮。前者可以将当前的参数保存为默认的数值，以便后面应用，而后者则可以复位到系统或之前保存过的默认参数。

5. 创建新的填充或调整图层按钮

单击创建新的填充或调整图层按钮，可以在弹出的菜单中为当前图层创建新的填充图层或者调整图层。此命令按钮一般运用在效果图处理的最后，执行此按钮里面的命令，可以整体对画面进行调整。按钮里面的命令均为常用的画面调节工具，如图31-8所示。

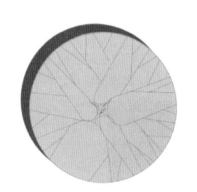

图 31-7　完成效果　　　　图 31-8　创建新的填充或调整图层按钮面板

31.3　通道窗口面板

通道是 Photoshop 最重要的功能，虽然没有通过菜单的形式表现出来，但是它所表现的存储颜色信息和选择范围功能是非常强大的。在通道中可以存储选区、单独调整通道的颜色，进行应用图像以及计算命令的高级操作。

颜色通道是图像颜色信息的载体，它是 Photoshop 默认的通道，每一幅图像都有颜色通道。此通道用来表示每个颜色分量的灰度图像，每个通道中都存储着图像颜色的相关信息。在编辑图像时，对图像应用的滤镜实际上是在改变颜色通道中的信息，改变一个颜色通道的信息，会使整个图像的效果发生变化。

在 Photoshop 通道的几个类型中，颜色通道存放的是图像固有的颜色信息，每个通道都有它固有的颜色通道，在相同的图像中，在不同的颜色模式下，通道的显示也是不同的。当图像颜色为 RGB 模式时，通道包括 3 个颜色通道，即"红"通道、"绿"通道和"蓝"通道，还有一个复合通道，即 RGB 通道，如图 31-9 所示，在通道面板下有四个按钮。

将通道作为选区载入：将某一通道拖至该按钮可以载入选区。还可以通过按住

Ctrl 键的同时单击某一通道，也可以载入选区，白色为选中部分；黑色为非选区部分，灰色表示部分被选中。该功能同载入选区的命令功能相同。

将选区存储为通道：单击此按钮可以将选区作为蒙版存储在 Alpha 通道中，以便将来随时调用。

创建新通道：单击此按钮，可以以默认方式建立一个新通道。

删除通道：单击此按钮，可以删除当前作用通道，或者用鼠标直接拖曳通道到该按钮上，也可删除此通道。合成通道不能被删除。

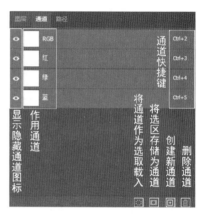

图 31-9　通道面板

31.4　路径窗口面板

在"路径"面板中，可以通过描绘和填充路径得到各种漂亮的图像，也可以将路径与选择区进行转换。使用路径制作图像和建立选区的精度较高，且便于调整，因此在图像处理中的应用非常广泛，如图 31-10 所示。关于路径的使用已经在前面绘制分析图圆圈时讲到过，在此将不赘述，下面介绍一下路径窗口面板的组成。

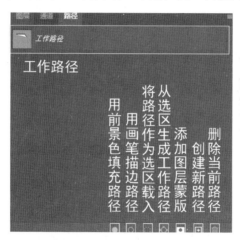

图 31-10　路径窗口面板

工作路径：在"路径"面板中，若路径栏为深灰色，则表示该路径为当前工作路径。

用前景色填充路径：使用前景色填充路径所包围的区域。

用画笔描边路径：用当前描绘工具使用前景色对路径进行描边。

将路径作为选区载入：将当前路径转化为选区。

从选区生成工作路径：将当前选区转化为路径。

添加图层蒙版：为选区添加图层蒙版。

创建路径，创建新的路径。

删除当前路径：删除当前路径。

第 32 章　效果图绘制实例

前面介绍了 Photoshop 中常用的绘图工具，本章将重点通过示例介绍其命令工具的应用，包括总平面图的绘制、效果图的绘制和鸟瞰图的绘制。

32.1　彩色总平面图绘制实例

1. 添加虚拟打印机

在进行彩色总平面图的绘制之前，需将 CAD 的图纸导入 Photoshop 进行处理，为了便于操作，需在 CAD 中进行虚拟打印，打印出常用的矢量图 EPS 格式。

（1）打开 CAD，如图 32-1 所示。

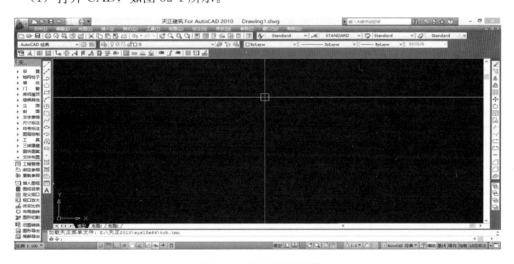

图 32-1　CAD 绘图界面

（2）在【文件】中打开绘图仪管理器，如图 32-2 所示。

（3）双击添加绘图仪向导，如图 32-3 所示。

（4）点击"下一步"，如图 32-4 所示。

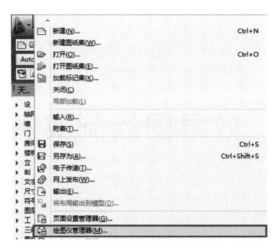

图 32-2　绘图仪管理器

名称	修改日期	类型	大小
▸ 计算机 ▸ Windows8_OS (C:) ▸ 用户 ▸ Think ▸ AppData ▸ Roaming ▸ Autodesk ▸ AutoCAD			
Plot Styles	2013/10/14 23:07	文件夹	
PMP Files	2013/12/2 11:29	文件夹	
Default Windows System Printer.pc3	2003/3/3 19:36	AutoCAD 绘图仪...	2 KB
DWF6 ePlot.pc3	2004/7/29 2:14	AutoCAD 绘图仪...	5 KB
DWFx ePlot (XPS Compatible).pc3	2007/6/21 9:17	AutoCAD 绘图仪...	5 KB
dwg to eps.pc3	2013/11/30 21:26	AutoCAD 绘图仪...	2 KB
DWG To PDF.pc3	2008/10/23 8:32	AutoCAD 绘图仪...	2 KB
PublishToWeb JPG.pc3	2013/12/2 11:29	AutoCAD 绘图仪...	1 KB
PublishToWeb PNG.pc3	2000/11/21 23:18	AutoCAD 绘图仪...	1 KB
添加绘图仪向导	2013/10/14 22:52	快捷方式	1 KB

位置: addplwiz (C:\Program Files\AutoCAD 2010)

图 32-3　绘图仪向导

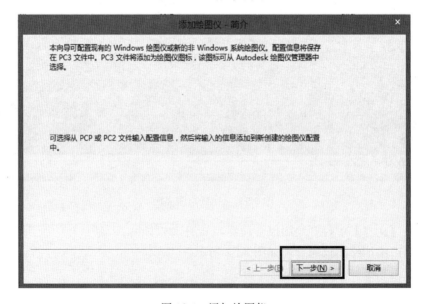

图 32-4　添加绘图仪

（5）默认选择，点击"下一步"，如图 32-5 所示。

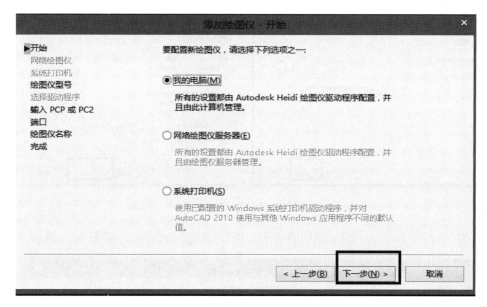

图 32-5　默认选择

（6）选择 Adobe，选择 Level 1，点击"下一步"，如图 32-6 所示。

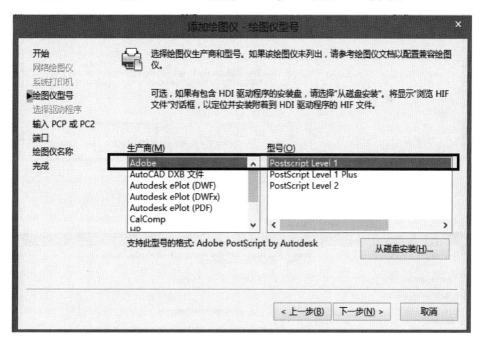

图 32-6　选择绘图仪型号

（7）点击"下一步"，如图 32-7 所示。

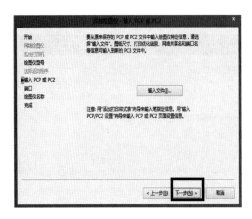

图 32-7　下一步操作

（8）给打印机取一个便于识别的名字，然后单击"下一步"，如图 32-8 所示。

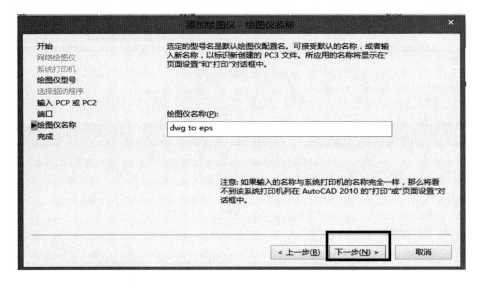

图 32-8　打印机命名

（9）添加绘图仪完成，如图 32-9 所示。

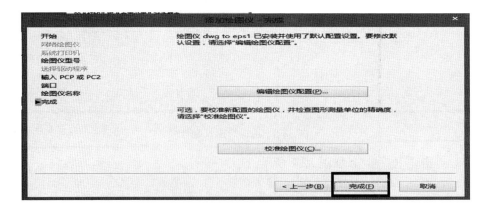

图 32-9　添加绘图仪完成

2. 彩色总平面图绘制实例

（1）用 CAD 软件打开"32-10 幼儿园平面 .dwg"文件，执行打印命令。选择刚才创建的打印机，勾选打印到文件，选择图纸尺寸，在打印区域选择窗口，选择居中打印，打印样式选 momochrome.ctb，图形方向选横向，如图 32-10 所示。

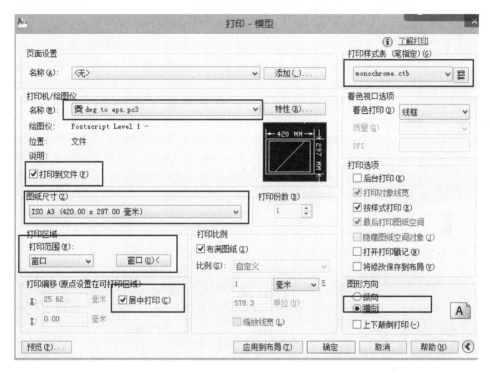

图 32-10　打印设置

（2）在打印区域点击窗口，将植物图层、文字图层和剩余图层分别打印，为了便于区分需进行不同的文件命名，选择打印区域，然后单击确定，如图 32-11 所示。

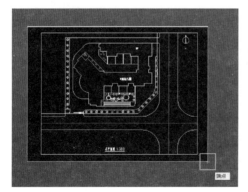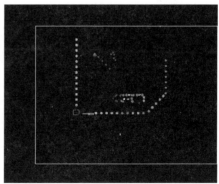

图 32-11　分内容打印

（3）指定打印文件的保存位置，如图 32-12 所示。

图 32-12 文件保存路径

（4）打印完成，如图 32-13 所示。

图 32-13 打印完成

（5）启动 Photoshop 文件，打开"32-10 幼儿园平面.eps 文件"，设置分辨率为300，模式改为 RGB 颜色，如图 32-14 所示。

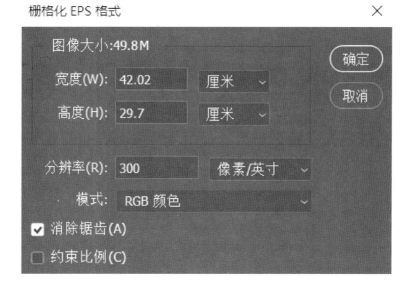

图 32-14　打开文件

（6）新建图层，填充为白色，将图层 1 上移一层，分别将植物和文字图层拖入，按住 Shift 键可实现无缝衔接，如图 32-15 所示。

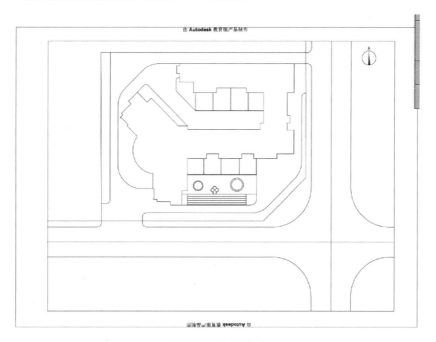

图 32-15　打开文件

（7）为建筑平面填充颜色，添加阴影图层样式，如图 32-16 所示。

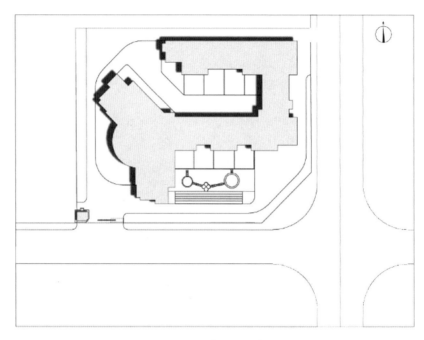

图 32-16　建筑平面填充

（8）为道路平面填充颜色，如图 32-17 所示。

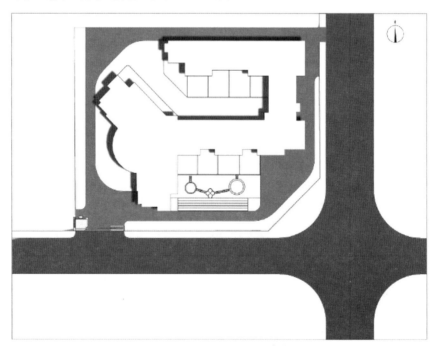

图 32-17　道路平面填充

（9）为人行道和校园内硬化填充图案，如图 32-18 所示。

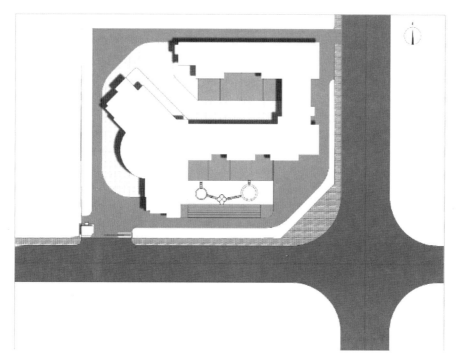

图 32-18　人行道和硬化填充

（10）校园内沙坑和水池填充颜色，添加内阴影图层样式，如图 32-19 所示。

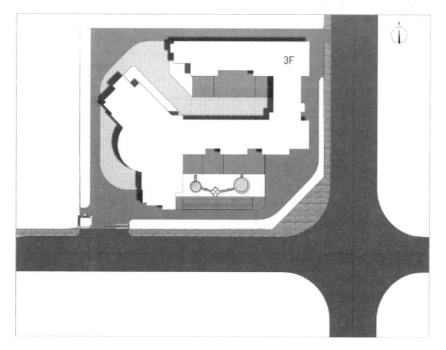

图 32-19　沙坑和水池填充

（11）参照植物图层，添加植物，如图 32-20 所示。

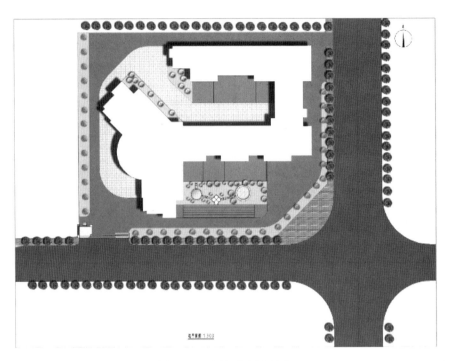

图 32-20　添加草坪和植物

（12）利用渐变工具处理周边环境，将文字图层显示出来，利用创建新的填充或调整图层命令调节色相/饱和度、亮度/对比度，完成平面图绘制，如图 32-21 所示。

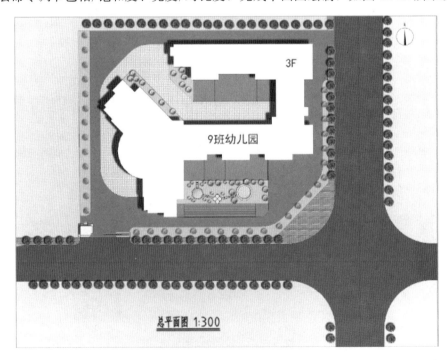

图 32-21　总平面图完成

32.2 效果图处理实例

1. 建筑效果图实例

（1）用 Photoshop 软件打开"32-22 幼儿园效果图 . tga"和"32-22 幼儿园效果图 Material _ ID"文件，按住 shift 键将"32-22 幼儿园效果图 Material _ ID"拖入"32-22 幼儿园效果图 . tga"文件，可实现无缝衔接，并分别命名为建筑和通道，如图 32-22 所示。

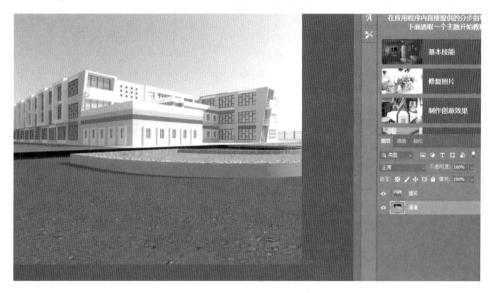

图 32-22　渲染图片打开

（2）利用通道图层，选中天空区域并删除，如图 32-23 所示。

图 32-23　删除天空

（3）选中图中黑颜色区域，填充灰色，如图 32-24 所示。

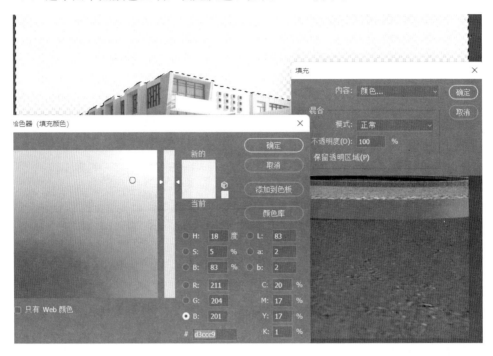

图 32-24　填充灰色

（4）添加天空背景，调节其色相，添加建筑背景，如图 32-25 所示。

图 32-25　添加背景

（5）利用通道图层，选中草坪区域，复制一层，拖入花卉素材，放置在刚复制的草坪层上，为其添加剪切蒙版，调节其色相，如图 32-26 所示。

图 32-26　添加花卉

（6）添加角树，调节其色相，如图 32-27 所示。

图 32-27　添加角树

（7）添加阴影将前景加重，模式改为正片叠底，裁剪图像，如图 32-28 所示。

图 32-28　加重前景阴影

（8）利用创建新的填充或调整图层命令调节色相→饱和度、亮度→对比度、色阶等处理画面，最终效果图完成，如图 32-29 所示。

图 32-29　建筑效果图

2. 景观节点效果图实例

（1）用 Photoshop 软件打开"景观节点 .psd"和文件，图中为处理好的渲染文件，如图 32-30 所示。

图 32-30　渲染原图

（2）添加背景，蓝色为建筑，后面添加背景建筑以增加空间深远感，如图 32-31 所示。

（3）选中草地选取，按 Ctrl+J 组合键复制一层，打开草地文件，位于刚才复制的草地图层的上层，鼠标在图层区右键创建剪切蒙版，这时草地只会在草地图层显示，如图 32-32 所示。

图 32-31　添加背景

图 32-32　为草地创建剪切蒙版

　　（4）添加植物素材，绘制远处的植物群落，适当降低不透明度，增加空间感，如图 32-33 所示。

图 32-33　植物群落处理

（5）添加大乔木，注意植物的明暗关系需和场景保持一致，并注意前后关系，越远越虚，越近越实，如图 32-34 所示。

图 32-34　添加大乔木

（6）添加陶罐和美人蕉植物，注意植物的明暗关系需和场景保持一致，如图 32-35所示。

图 32-35　添加前景植物

（7）添加人物，为任务制作影子，注意人物的明暗关系需和场景保持一致，如图 32-36所示。

图 32-36　添加人物

（8）制作前景阴影，突出画面重点，如图 32-37 所示。

图 32-37　添加前景阴影

（9）为景墙制作光影效果，方法在前面章节已讲过，如图 32-38 所示。

图 32-38　景墙光影效果

（10）利用多边形套索工具和方向模糊滤镜做阳光光束效果，如图 32-39 所示。

图 32-39　光束效果

（11）利用创建新的填充或调整图层命令调节色相/饱和度、亮度/对比度、色阶等处理画面，最终效果图完成，如图 32-40 所示。

图 32-40　景观节点效果图

参 考 文 献

[1] 钱立敏，高素梅，张荣新．计算机辅助设计与应用：AutoCAD 2005 实例教程［M］．北京：清华大学出版社，2006.

[2] 郭大洲．建筑 CAD［M］．北京：中国水利水电出版社，2008.

[3] 马鹏程，胡仁喜．AutoCAD 2022 中文版从入门到精通［M］．北京：人民邮电出版社，2022.

[4] 李波，吕开平．TArch 8.5 天正建筑设计从入门到精通．［M］．北京：清华大学出版社，2013.

[5] CAD/CAM/CAE 技术联盟．天正建筑 T20 V4.0 建筑设计入门与提高［M］．北京：清华大学出版社，2019.

[6] 布克科技，高彦强，迟福桥，等．T20 天正建筑 V8.0 实战从入门到精通［M］．北京：人民邮电出版社，2024.

[7] 陈岭．Sketchup 8 经典教程：规划设计应用精讲［M］．北京：化学工业出版社，2011.

[8] 麓山文化．建筑·室内·景观设计 Sketchup 2014 从入门到精通［M］．北京：机械工业出版社，2014.

[9] 孙哲，潘鹏．SketchUp 建模思路与技巧［M］．北京：清华大学出版社，2022.

[10] 卫涛，徐亚琪，张城芳，等．草图大师 SketchUp 效果图设计基础与案例教程［M］．北京：清华大学出版社，2021.

[11] 孙哲，潘鹏．SketchUp 要点精讲［M］．北京：清华大学出版社，2021.

[12] 成琨，吴冰，高莹．Photoshop CS6 实训教程［M］．2 版．武汉：华中科技大学出版社，2022.

[13] 刘义，杨春元．Photoshop 2020 图像处理标准教程（全彩版）［M］．北京：清华大学出版社，2021.

[14] 夏磊，林洁，吴桥，等．Adobe Photoshop 官方认证标准教材［M］．北京：清华大学出版社，2022.

[15] 石坤泉，汤双霞．Photoshop 图像处理基础教程（Photoshop 2020）（微课版）［M］．北京：人民邮电出版社，2024.